全国各类普通高等院校计算机及相关专业“十三五”规划精品教材

计算机数学基础

主　编　白瑞云　宋从芝　赵会引
副主编　张西敏　程东立　高亚平

中国商业出版社

图书在版编目(CIP)数据

计算机数学基础/白瑞云、宋从芝、赵会引主编．
— 北京:中国商业出版社，2020.10(重印)
ISBN 978 - 7 - 5044 - 8469 - 7

Ⅰ．①计… Ⅱ．①白… ②宋… ③赵… Ⅲ．①电子计算机 - 数学基础 - 高等职业教育 - 教材 Ⅳ．①TP301.6

中国版本图书馆 CIP 数据核字(2014)第 091888 号

责任编辑:蔡凯

中国商业出版社出版发行
010 - 63180647　www.c - chook.com
(100053　北京广安门内报国寺 1 号)
新华书店经销
北京京丰印刷厂印刷

*

787 毫米×1092 毫米　16 开　14.5 印张　300 千字
2014 年 8 月第 1 版　　2020 年 10 月第 2 次印刷

*　*　*　*

定价:32.80 元

前　言

根据教育部关于高职高专数学教学改革的要求，为了更有利于计算机专业高端技能型人才的培养，结合我院河北工业职业技术学院近几年数学教学改革和精品课程建设的经验，我们编写了这本面向高职高专计算机专业的数学教材。

在编写过程中，我们遵循"定位高职，注重简洁直观，强化应用意识，融入数学思想"的原则，具体特点如下：

1. 对基本概念和基本理论，注重产生背景的引入，并强化几何直观表示，让学生知道数学从哪里来，让学生感到数学并非深不可测，提高学生学习数学的兴趣；

2. 对数学知识的应用，多引进了一些贴近生活实际的例子，引用与计算机专业结合的例子，强化模型思想，让学生知道数学到哪里去，让学生体会数学真的大有用处，提高学生学习数学的动力；

3. 对于数学的基本计算，适当做了一些淡化处理，只介绍基本公式和基本方法，但通过教材的"数学实验"一章，学生可以利用数学软件进行相关的运算。

4. 融入数学思想，发挥育人功能。本教材重视数学思想方法的渗透，如极限思想、变化率思想、化归思想等，引导学生逐步领会数学的思想和方法，提高学生的综合素质。

本教材的主要内容包括：函数、极限、连续、导数、微分、导数的应用、不定积分、定积分及其应用、行列式、矩阵、方程组、数学实验（受教学时数的限制，概率统计和离散数学相关内容本教材没有包括）。每节后配有习题，供学生练习，每章后配有复习题，便于学生对该章知识的复习、巩固和提高。书后有部分题目的参考答案。

本教材由河北工业职业技术学院白瑞云、宋从芝（第6、7、8章）、赵会引（第4、5章及附录一、附录二）任主编，河北工业职业技术学院张西敏（第1章）、河北建材职业技术学院程东立（第2章）、河北女子职业学院高亚平（第3章）担任副主编。最后由河北工业职业技术学院白瑞云老师负责统稿。

编写期间得到我院有关领导和同行的大力支持，在此一并致谢。

因编者水平有限，书中难免有不妥与错漏之处，敬请读者批评指正。

编　者

2020年10月

目 录

第1章 函数、极限与连续

微积分是高等数学的主要内容，函数是微积分的研究对象，极限是所使用的工具. 本章将在中学已有函数知识的基础上，进一步理解函数的概念、性质，学习建立实际问题的函数模型，讨论函数的极限和函数的连续性等问题.

§1.1 函数

1.1.1 函数概念

16 世纪，随着世界生产力发展的需要，运动变化成为当时科学研究的主题，在对各种变化过程以及其中的变量与变量之间依赖关系的研究中产生了函数的概念，因此函数就是用数学语言描述现实世界的工具.

例如，圆的面积 A 依赖于圆的半径 R，且 $A = \pi R^2$，我们称面积 A 是半径 R 的函数；邮件的邮费 C 依赖于邮件的重量 m，且对确定的邮件重量 m，都有唯一确定的邮费 C 与之对应，我们称邮费 C 是邮件的重量 m 的函数.

1. 定义 设 D 是一个实数集. 如果对每一个 $x \in D$，按照某个对应关系 f，y 都有确定的值和它对应，那么 y 就叫做定义在数集 D 上的 x 的函数，记作 $y = f(x)$.

其中 x 叫做自变量，数集 D 叫做函数的定义域. 函数 $y = f(x)$ 当 $x = x_0 \in D$ 时，对应的函数值可以记为 $f(x_0)$. 当 x 取遍 D 中一切实数值时与它对应的函数值的集合 M 叫做函数的值域. 几何表示如图 1－1：

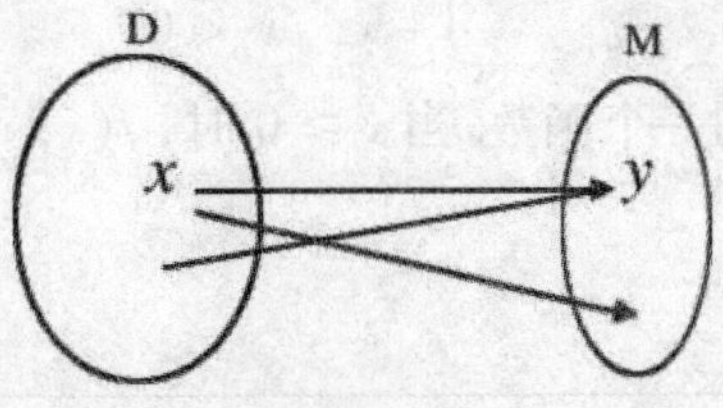

图 1－1

【注1】由函数的定义可知，确定函数要满足：(1)定义域 $D \neq \varnothing$；(2) 对应规则 f 要保证每个 x 都有唯一的 y 与之对应.

【注2】当涉及多个函数时，应取不同的函数记号. 如 $y = F(x)$、$s = G(t)$、$u = \varphi(x)$、$y = y(x)$ 等.

例1　$y = \sqrt{\sin x - 2}$ 不表示函数关系.

例2　$y = x$ 与 $y = \dfrac{x^2}{x}$ 不是相同函数，而 $y = |x|$ 与 $y = \sqrt{x^2}$ 是相同函数.

例3　求函数 $y = \dfrac{1}{\sqrt{4 - x^2}} + \ln(x - 1)$ 的定义域

解：就是找使函数表达式有意义的 x 的取值范围，称为自然定义域.

$4 - x^2 > 0$ 且 $x - 1 > 0$，即 $-2 < x < 2$ 且 $x > 1$

$\therefore$ 函数的定义域为 $(-1,2)$

例4　已知 $f(x) = \dfrac{1}{1 - x}$，求 $f(2)$、$f(1 - x)$、$f[f(x)]$、$f[f(2)]$

解：$f(2) = \dfrac{1}{1 - 2} = -1$；　　$f(1 - x) = \dfrac{1}{1 - (1 - x)} = \dfrac{1}{x}$

$f[f(x)] = \dfrac{1}{1 - \dfrac{1}{1 - x}} = \dfrac{1 - x}{-x} = \dfrac{x - 1}{x}$；　　$f[f(2)] = \dfrac{2 - 1}{2} = \dfrac{1}{2}$

1.1.2 函数的表示法

在17世纪之前，函数一直和公式紧密相连，人们认为函数就是一个解析表达式，直到1837年，德国数学家狄利克雷(P. G. L. dirichlet，1805－1859)关于函数的定义才比较清楚地说明：无论其对应法则以什么形式呈现，只要变量 x 和 y 之间具有“对于 x 的每一个取值，y 都有一个完全确定的值与之对应”，则 x 和 y 之间就形成函数关系.

表示函数的方法常用的有三种：公式法、表格法、图像法. 本书所讨论的函数常用公式法表示.

用公式法表示函数时，常遇到在自变量不同的取值范围内函数需要用不同的式子来表示的情形.

例如，函数

$$f(x) = \begin{cases} \sqrt{x}, & x \geqslant 0 \\ -x, & x < 0 \end{cases},$$

是定义在区间 $(-\infty, +\infty)$ 内的一个函数. 当 $x \geqslant 0$ 时，$f(x) = \sqrt{x}$；当 $x < 0$ 时，$f(x) = -x$. 它的图像如图 1－2 所示.

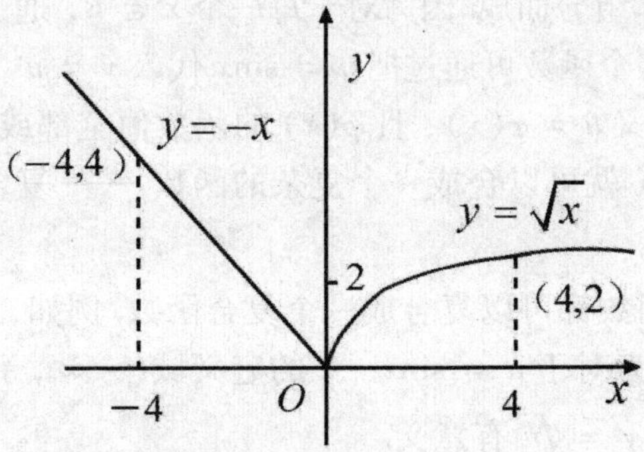

图 1－2

在不同的区间内用不同的式子来表示的函数称为**分段函数**.

求分段函数的函数值时，应把自变量的值代入相应取值范围的表示式进行计算.

例如，在上面的分段函数中，

$$f(4)=\sqrt{4}=2;$$
$$f(-4)=-(-4)=4.$$

在计算机科学中，还经常用到另一种特殊的函数——**递归函数**. 对于某些问题，通过构造"递归函数"，采用递归的思想和方法编写计算机程序，能使程序设计简单、快捷.

例 5 计算正整数 n 的阶乘

解：按阶乘的定义，$f(n)=n!=1\times2\times3\times\cdots\times(n-1)\times n$

用"递归"方法可定义如下：

$$f(n)=\begin{cases}1, & n=1\\ nf(n-1), & n>1\end{cases}$$

在递归定义中，表达式的两端都用到了函数记号 f，好像是"自己定义自己"，但作用对象不同，等号右端的 f 作用于 $n-1$，而左端的 f 作用于 n. 只要 $f(1)$ 有明确的值，就能确定 $f(2)$，如此递推下去，就可以计算出对应于所有正整数的阶乘的值.

1.1.3 初等函数

微积分研究的对象主要是初等函数，而初等函数是由基本初等函数形成的.

1. 基本初等函数

常函数　$y=C$（C 为常数）

幂函数　$y=x^a$（a 为任意实数）；

指数函数　$y=a^x$（$a>0$，$a\neq1$，a 为常数）；

对数函数　$y=\log_a x$（$a>0$，$a\neq1$，a 为常数）；

三角函数　$y=\sin x$，$y=\cos x$，$y=\tan x$，$y=\cot x$，$y=\sec x$，$y=\csc x$；

反三角函数　$y=\arcsin x$，$y=\arccos x$，$y=\arctan x$，$y=\text{arccot}\, x$.

它们统称为基本初等函数，这些常用的基本初等函数的定义域、值域、图像和特性见【附录一】.

2. 复合函数

复杂的函数都是由一些简单的函数构成的. 例如，函数 $y=\sin^2 x$ 可以看成是由幂函数

$y = u^2$ 与正弦函数 $u = \sin x$ 组合而成. 因为对于每一个 $x \in R$, 通过变量 u, 都有确定的 y 与之对应, 所以 y 是 x 的函数. 这个函数可通过把 $u = \sin x$ 代入 $y = u^2$ 而得到.

一般地, 设 $y = f(u)$, 又 $u = \varphi(x)$, 且 $\varphi(x)$ 的函数值全部或部分落在 $f(u)$ 的定义域内, 则由 $y = f(u)$ 和 $u = \varphi(x)$ 就可以合成一个复杂的函数 —— 复合函数, 记作 $y = f[\varphi(x)]$, 其中变量 u 叫做中间变量.

【注 1】不是任何两个函数都可以复合成一个复合函数. 例如, $y = \sqrt{u}$ 与 $u = \sin x - 2$ 就不能复合成一个复合函数. 因为对于 $u = \sin x - 2$ 的定义域 $(-\infty, +\infty)$ 中任何 x 值所对应的 u 值都小于 0, 它们都不能使 $y = \sqrt{u}$ 有意义.

【注 2】复合函数也可以由两个以上的函数复合而成, 即复合函数的中间变量可以不止一个. 例如, 设 $y = \sin u$, $u = \sqrt{v}$, $v = 1 - x^2$, 则 $y = \sin\sqrt{1 - x^2}$, 这里的 u, v 都是中间变量.

【注 3】研究复合函数时, 常常需要把它化归成简单函数, 称为复合函数的分解.

例 6 指出下列复合函数的复合过程和定义域:

① $y = \sqrt{1 - x^2}$; ② $y = \sin 2x$; ③ $y = 10^{-x^2}$

解 ① $y = \sqrt{1 - x^2}$ 是由 $y = \sqrt{u}$ 与 $u = 1 - x^2$ 复合而成, 它的定义域是 $-1 \leqslant x \leqslant 1$, 只是 $u = 1 - x^2$ 的定义域 R 的一部分.

② $y = \sin 2x$ 是由 $y = \sin u$ 与 $u = 2x$ 复合而成, 它的定义域与 $u = 2x$ 的定义域一样, 都是 $x \in R$.

③ $y = 10^{-x^2}$ 是由 $y = 10^u$ 与 $u = -x^2$ 复合而成, 它的定义域与 $u = -x^2$ 的定义域一样, 都是 $x \in R$.

3. 初等函数

由基本初等函数经过有限次四则运算或有限次复合所构成的, 可用一个解析式子表示的函数称为初等函数. 例如 $y = 1 + \sqrt{x}$、$y = x\ln x$、$y = 2\sin\sqrt{1 - x^2}$、$y = \arcsin(\ln x)$、$y = \dfrac{e^x}{1 + x}$ 等都是初等函数. 在本课程中研究的函数大多是初等函数.

分段函数不一定是初等函数, 例如函数 $y = \begin{cases} x^2, & x < 0 \\ 1, & x \geqslant 0 \end{cases}$, 是分段函数, 但不是初等函数. 又如分段函数 $f(x) = \begin{cases} x, & x \geqslant 0 \\ -x, & x < 0 \end{cases}$ 能化为 $f(x) = \sqrt{x^2}$, 所以这个分段函数是初等函数.

1.1.4 函数模型实例

函数关系可以说是一种变量相依关系的数学模型, 数学模型方法 (Mathematical Modeling) 称为 MM 方法, 它是针对所考察的实际问题构造出相应的数学模型, 通过对数学模型的研究, 使问题得以解决的一种数学方法. (相关知识可参阅知识拓展)

建立函数模型的步骤可分为:

(1) 分析问题中哪些是变量, 哪些是常量, 分别用字母表示;

(2) 根据所给条件, 运用数学或物理等相关知识, 找到变量与变量之间的等式关系即函数关系式;

(3) 指明定义域.

下面通过例子看如何建立实际问题的函数模型.

例 7 【制造圆柱形桶的用料问题】

用薄铁板做一容积为 V 的有盖圆柱形桶，试建立所用材料与桶的底面半径之间的函数模型.

解：设底面半径 r，高 h，

则所用材料即总表面积 $S = 2\pi r^2 + 2\pi rh$

又 $V = \pi r^2 h$，所以 $h = \dfrac{V}{\pi r^2}$

$$S = 2\pi r^2 + \frac{2V}{r} \qquad r \in (0, +\infty)$$

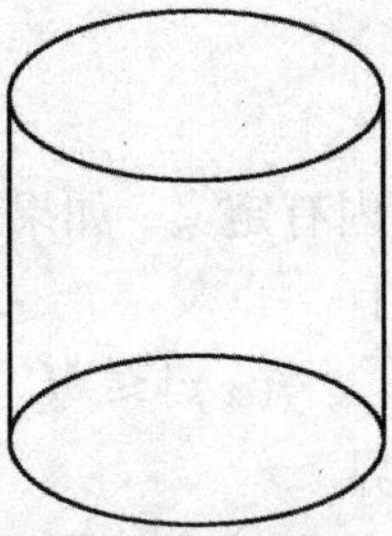

图 1－3

有了制造圆柱形桶时所用材料与底面半径之间的这个函数模型，在此基础上还可以进一步考量用料最省的问题.

例 8 【货运收费问题】

某运输公司规定货物的吨公里运价为：在 akm 以内，每公里 k 元，超过 akm，超过部分每公里为 $\dfrac{4}{5}k$ 元，求运价 m 和里程 s 之间的函数关系.

解：由题意知，里程不同，运价不同，因此它们之间的关系要分段表示.

当 $0 < s \leqslant a$ 时，$m = ks$；

当 $s > a$ 时，$m = ka + \dfrac{4}{5}k(s - a)$.

综上讨论，得函数关系式为

$$m = \begin{cases} ks, & 0 < s \leqslant a \\ ka + \dfrac{4}{5}k(s-a), & s > a \end{cases},$$

定义域为 $(0, +\infty)$.

这个函数模型就可以作为该运输公司的收费标准和依据.

1.1.5 函数的性态

1. 函数的奇偶性

定义 设函数 $y = f(x)$ 的定义域 D 关于原点对称，如果对于任一 $x \in D$，都有 $f(-x) = -f(x)$，则称 $f(x)$ 为奇函数；如果对于任一 $x \in D$，都有 $f(x) = f(-x)$，则称为偶函数. 如果对于任一 $x \in D$，$f(x)$ 既非奇函数，也非偶函数，则称其为非奇非偶函数.

奇函数的图像关于原点对称，偶函数的图像关于 y 轴对称.

2. 函数的单调性

定义 如果函数 $f(x)$ 在区间 (a,b) 内随 x 的增大而增大，即对于 (a,b) 内任意两点 x_1 及 x_2，当 $x_1 < x_2$ 时，有 $f(x_1) < f(x_2)$，则称 $f(x)$ 在区间 (a,b) 内单调增加，区间 (a,b) 称为函数 $f(x)$ 的单调增加区间，单调增加的函数，其图像自左向右是上升的.

如果函数 $f(x)$ 在区间 (a,b) 内随 x 的增大而减小，即对于 (a,b) 内任意两点 x_1 及 x_2，当 $x_1 < x_2$ 时，有 $f(x_1) > f(x_2)$，则称 $f(x)$ 在区间 (a,b) 内单调减少，区间 (a,b) 称为函数 $f(x)$ 的单调减少区间. 单调减少的函数，它的图像自左向右是下降的.

上述定义也适用于其他有限区间和无限区间的情形.

在某一区间内单调增加或单调减少的函数都称为这个区间内的单调函数，该区间叫做这个函数的单调区间.

3. 函数的有界性

定义 设函数 $f(x)$ 在区间 (a,b) 内有定义，如果存在一个正数 M，使得对于区间 (a,b) 内的一切 x 值，对应的函数值 $f(x)$ 都有

$$|f(x)| \leq M$$

成立，则称 $f(x)$ 为在区间 (a,b) 内有界.

如果这样的正数 M 不存在，则称 $f(x)$ 为在区间 (a,b) 内无界.

上述定义也适用于闭区间的情形.

4. 函数的周期性

定义 对于函数 $f(x)$，如果存在一个正数 T，使得对于定义域内的一切 x，等式

$$f(x+T) = f(x)$$

都成立，则称 $f(x)$ 为周期函数，T 叫做这个函数的周期. 一个以 T 为周期的函数，它的图像在定义域内每隔长度为 T 的相邻区间上有相同的形状(图 1－4).

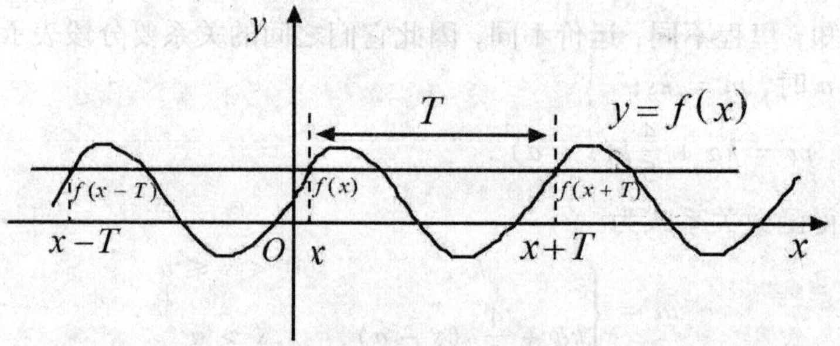

图 1－4

显然，如果函数 $f(x)$ 以正数 T 为周期，则 $2T$, $3T$, …, $nT(n \in N)$ 也是它的周期，通常最小的正数 T 称为周期函数的最小正周期.

习题 1.1

1. 指出下列函数中哪些是奇函数？哪些是偶函数？哪些是非奇非偶函数？

(1) $f(x) = x^5 - x^3 + 2x$；　　(2) $f(x) = x + x^2$；

(3) $f(x) = \cos x + x^2$；　　(4) $\varphi(x) = \sin x - 5x^3$.

2. 函数 $y = \dfrac{1}{x}$ 在 $(-\infty, 0)$、$(0, +\infty)$ 上是否为单调减少的？能否说在 $(-\infty, +\infty)$ 上是单调减少的？

3. 指出下列各复合函数的复合过程.

(1) $y = (1 + x)^4$；　　(2) $y = \sqrt{1 + x^3}$；

(3) $y = e^{x+1}$；　　(4) $y = \cos^2(3x + 1)$.

4. 设 $f(x) = \begin{cases} \sqrt{3 - x} & -3 < x < -1 \\ 0, & -1 \leqslant x \leqslant 1 \\ x^2 - 1, & 1 < x < 3 \end{cases}$，求 $f(-2)$、$f(1)$、$f(2)$、$f(4)$.

5. 如图 1－5 所示，有边长为 a 的正方形铁片，从它的四个角截去相同的小正方形，然后折起各边做成一个无盖的盒子，求它的容积与截去的小正方形边长之间的关系式，并指出定义域.

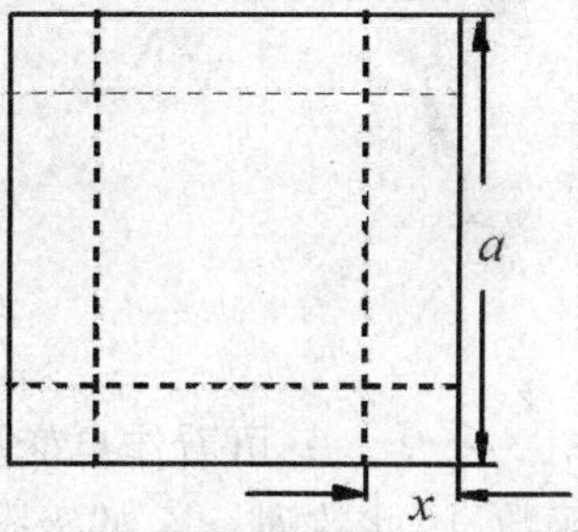

图 1－5

6. 一物体做直线运动，已知阻力 f 的大小与物体运动的速度 v 成正比，但方向相反，而物体以 $1m/s$ 的速度运动时，阻力为 $1.96 \times 10^{-2} N$. 试建立阻力 f 与速度 v 之间的函数关系.

7. 火车站收取行李费的规定如下：当行李不超过 $50kg$ 时，按基本运费计算，每 $1kg$ 收费 0.40 元；当超过 $50kg$ 时，超重的部分按每 $1kg$ 收费 0.65 元. 试求运费 y(元) 与质量 $x(kg)$ 之间的函数关系式，并作出函数的图形.

8. 将直径 d 的圆木料锯成为矩形的木材，并且要求最大可能利用材料，请列出矩形截面两条边长之间的函数关系.

§1.2　极限

1.2.1 极限的思想方法

极限的思想方法产生于某些实际问题的求解过程. 公元263年，刘徽研究圆周率π时，用“割圆术”推求圆的面积的过程，就蕴含了极限的思想方法，其大致步骤是:作圆的内接正n边形(如$n=6$、12、24…)，设其面积分别为s_1、s_2、s_3… 易知，当圆的内接正多边形的边数越来越多时，正多边形的面积将越来越接近圆的面积. 不难想像，当边数无限增加时，正多边形面积就是圆的面积，即πr^2. 在这里，无限的过程和有限的目标辩证而巧妙地结合了起来，构成一个由有限(每一个正多边形的面积)组成无限(无穷多个正多边形的面积组成一个无穷数列)，又由无限(当正多边形的边数无限增加时)逼近有限(圆的面积)的过程. 即通过一个无限的过程，用一个变量去逼近一个常量，使变量最终转化为常量，这就是极限的基本思想. 所以，极限思想是数学从有限进入无限的钥匙，是有限和无限的辩证统一;是实现某些无穷步骤的工具，是过程和目标的巧妙结合.

极限的思想和方法是微积分的基本思想和方法.

1.2.2 数列的极限

1. 数列

一个无穷数列$\{x_n\}$:$x_1, x_2, x_3, \cdots, x_n, \cdots$ 可看作自变量为正整数n的函数，即$x_n=f(n)$ ($n=1,2,3,\cdots$)，即数列也是函数. 因此数列$\{x_n\}$的极限可看作整变量函数$f(n)$当$n\to\infty$时的极限.

2. 数列的极限的概念

先看一个实例:一个篮球，从距地面1米高处自由下落，受地心引力及空气阻力的作用，每次触地后篮球又反弹到前一次高度的$\frac{1}{2}$处，如此反复不止…… 请思考:(1) 每一次篮球所处的高度分别是多少?(2) 最后一次篮球所处的高度是多少?

不难知道，(1) 每一次篮球所处的高度形成一个数列

$$1, \frac{1}{2}, \frac{1}{4}, \frac{1}{8}, \frac{1}{16}, \cdots, \frac{1}{2^{n-1}}, \cdots$$

(2) 篮球最终会停在地面上，即最后一次篮球所处的高度为0.

这个例子说明，随着反弹次数n的无限增大，反弹高度即数列通项$x_n=\frac{1}{2^{n-1}}$的值将趋向0. 参考图1-6(1).

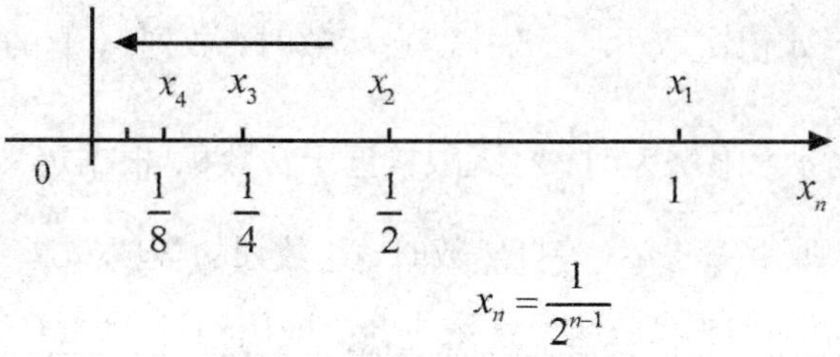

图 1－6(1)

再观察图 1－6(2) 考查下列数列 $\{x_n\}$：

$$2,\ \frac{1}{2},\ \frac{4}{3},\ \frac{3}{4},\ \cdots,\ \frac{n+(-1)^{n-1}}{n},\ \cdots.$$

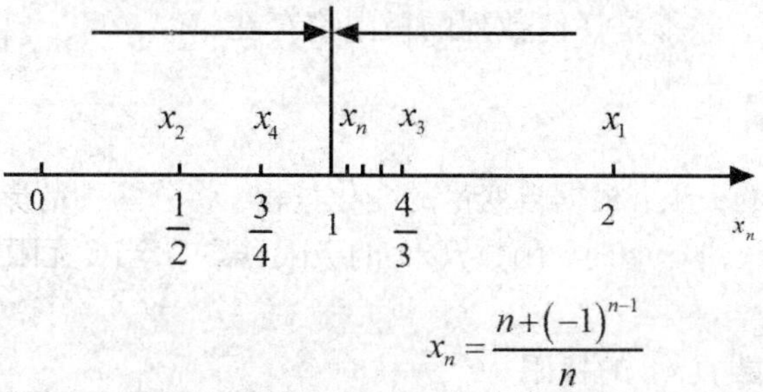

图 1－6(2)

不难发现，当 n 无限增大时，表示数列 $x_n=\frac{1}{2^{n-1}}$ 的点逐渐密集在 $x=0$ 的右侧近旁，即该数列无限接近于0；而数列 $x_n=\frac{n+(-1)^{n-1}}{n}$ 的点逐渐密集在 $x=1$ 的左右近旁，即该数列无限接近于1. 这两个数列的变化趋势有共同特点：当 n 无限增大时，两个数列都分别无限接近于一个确定的常数. 为此，给出下面的定义.

定义 如果当 n 无限增大，即 $n\to\infty$ 时，数列 $\{x_n\}$ 无限接近于一个确定的常数 A，则称常数 A 为数列 $\{x_n\}$ 的极限，记为

$$\lim_{n\to\infty}x_n=A \quad 或 \quad 当 n\to\infty 时，x_n\to A$$

依照定义，上述两个数列的极限可记为 $\lim\limits_{n\to\infty}\frac{1}{2^{n-1}}=0$；$\lim\limits_{n\to\infty}\frac{n+(-1)^{n-1}}{n}=1$.

例1 观察下列数列的变化趋势，写出它们的极限：

①$x_n=2-\frac{1}{n^2}$； ②$x_n=(-1)^n\frac{1}{3^n}$； ③$x_n=-3$；

④$x_n=2^n$； ⑤$x_n=(-1)^{n+1}$.

解 ①$x_n=2-\frac{1}{n^2}$. 当 n 依次取1, 2, 3⋯等自然数时，数列 $\{x_n\}$ 的各项依次为 $2-1,\ 2-\frac{1}{4},\ 2-\frac{1}{9},\ 2-\frac{1}{16},\ \cdots$. 即当 n 无限增大时，x_n 无限接近于常数2，根据定义可知 $\lim\limits_{n\to\infty}\left(2-\frac{1}{n^2}\right)=2$.

②$x_n=(-1)^n\frac{1}{3^n}$. 当 n 依次取1, 2, 3… 等自然数时，数列 $\{x_n\}$ 的各项依次为 $-\frac{1}{3}$，$\frac{1}{9}$，$-\frac{1}{27}$，$\frac{1}{81}$，$-\frac{1}{243}$，…. 即当 n 无限增大时，x_n 无限接近于常数0，根据定义可知 $\lim\limits_{n\to\infty}(-1)^n\frac{1}{3^n}=0$.

③$x_n=-3$. 当 n 依次取1, 2, 3… 等自然数时，这数列的各项都是 -3，故 $\lim\limits_{n\to\infty}(-3)=-3$；一般地，任何一个常数列的极限就是这个常数本身，即 $\lim\limits_{n\to\infty}C=C$（$C$ 为常数）.

④$x_n=2^n$. 当 n 无限增大时，x_n 随 n 的增大而无限增大，且不能无限接近于一个确定的常数. 因此，称数列 $x_n=2^n$ 的极限不存在.

⑤$x_n=(-1)^{n+1}$. 当 n 无限增大时，x_n 在1与 -1 两个数之间跳动，不能无限接近于一个确定的常数，因此，称数列 $x_n=(-1)^{n+1}$ 的极限不存在.

由此例中④、⑤说明，并不是任何数列的极限都存在.

1.2.3 函数的极限

关于函数 $y=f(x)$ 的极限，根据自变量的变化过程，将分两种情形讨论：第一，当自变量 x 的绝对值无限增大（记为 $x\to\infty$）时，函数 $f(x)$ 的极限；第二，当 x 无限接近于 x_0（记为 $x\to x_0$）时，函数 $f(x)$ 的极限.

1. 当 $x\to\infty$ 时，函数 $f(x)$ 的极限

为了易于理解函数极限的概念，先从下面几个函数图形来观察当 $x\to\infty$ 时，函数 $f(x)$ 的变化趋势.

由图1－7、图1－8、图1－9可直观地看出，当 $x\to\infty$（包括 $x\to+\infty$ 与 $x\to-\infty$ 两种情况）时，它们的变化趋势是各不相同的.

在图1－7中，当 $x\to\infty$ 时，$y=\frac{1}{x}$ 无限接近于0. 在图1－8中，当 $x\to\infty$ 时，$y=\sin x$ 没有确定的变化趋势，它的值总是在 -1 与1之间摆动. 在图1－9中，当 $x\to+\infty$ 时，$y=\arctan x$ 无限接近于 $\frac{\pi}{2}$. 当 $x\to-\infty$ 时，$y=\arctan x$ 无限接近于 $-\frac{\pi}{2}$.

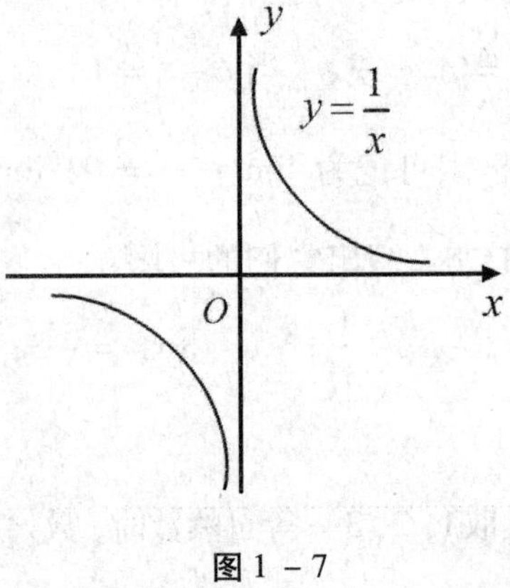

图1－7

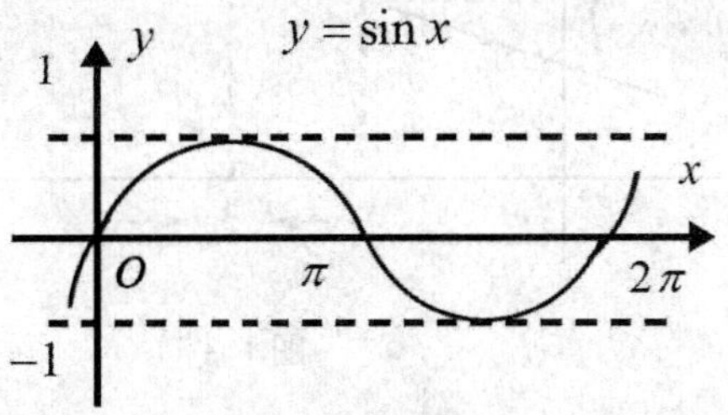

图1－8

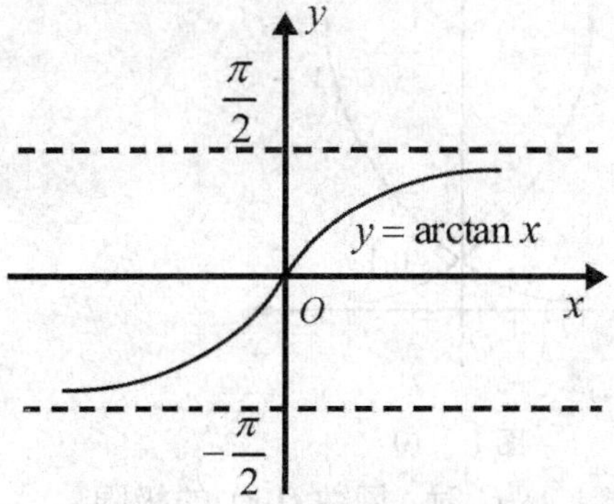

图1－9

对于当 $x\to\infty$ 时，函数 $f(x)$ 有确定变化趋势的情形，给出下面的定义：

定义 如果当 x 的绝对值无限增大，即 $x\to\infty$ 时，函数 $f(x)$ 无限接近于一个确定的常数 A，则称常数 A 为 $f(x)$ 当 $x\to\infty$ 时的极限，记为

$$\lim_{x\to\infty}f(x)=A \quad 或 \quad 当 x\to\infty 时, f(x)\to A.$$

注意: 在这里假定函数 $f(x)$ 在 $x\to\infty$ 的过程中每一点都是有定义的. $x\to\infty$ 包括 $x\to+\infty$ 与 $x\to-\infty$. 若 x 取正值无限增大时，极限为 A，可记为 $\lim\limits_{x\to+\infty}f(x)=A$. 若 x 取负值且绝对值无限增大时，极限为 A，可记为 $\lim\limits_{x\to-\infty}f(x)=A$.

根据极限的定义可知，当 $x\to\infty$ 时，函数 $\frac{1}{x}$ 的极限是0，可记为

$$\lim_{x\to\infty}\frac{1}{x}=0.$$

而当 $x\to\infty$ 时，函数 $\sin x$ 不能无限接近于一个确定常数，故称 $\lim\limits_{x\to\infty}\sin x$ 不存在.

当 $x\to+\infty$ 时，$y=\arctan x$ 无限接近于 $\frac{\pi}{2}$，$\lim\limits_{x\to+\infty}\arctan x=\frac{\pi}{2}$；

当 $x\to-\infty$ 时，$y=\arctan x$ 无限接近于 $-\frac{\pi}{2}$，记 $\lim\limits_{x\to-\infty}\arctan x=-\frac{\pi}{2}$.

定理 $\lim\limits_{x\to\infty}f(x)=A\Leftrightarrow\lim\limits_{x\to+\infty}f(x)=\lim\limits_{x\to-\infty}f(x)=A$.

若 $\lim\limits_{x\to+\infty}f(x)$ 与 $\lim\limits_{x\to-\infty}f(x)$ 中至少有一个不存在或两个极限存在但不相等，则 $\lim\limits_{x\to\infty}f(x)$ 不存在. 例如上例中尽管 $\lim\limits_{x\to+\infty}\arctan x=\frac{\pi}{2}$，$\lim\limits_{x\to-\infty}\arctan x=-\frac{\pi}{2}$，但 $\lim\limits_{x\to\infty}\arctan x$ 不存在.

例2 求 $\lim\limits_{x\to-\infty}e^{x}$ 和 $\lim\limits_{x\to+\infty}e^{-x}$.

解 如图1－10所示，可知 $\lim\limits_{x\to-\infty}e^{x}=0$，$\lim\limits_{x\to+\infty}e^{-x}=0$.

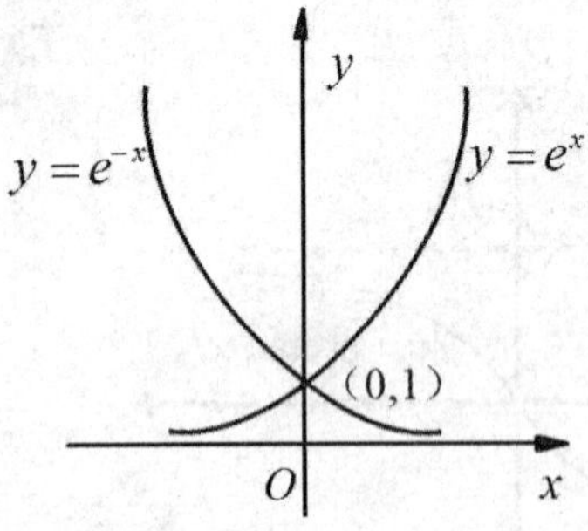

图1－10

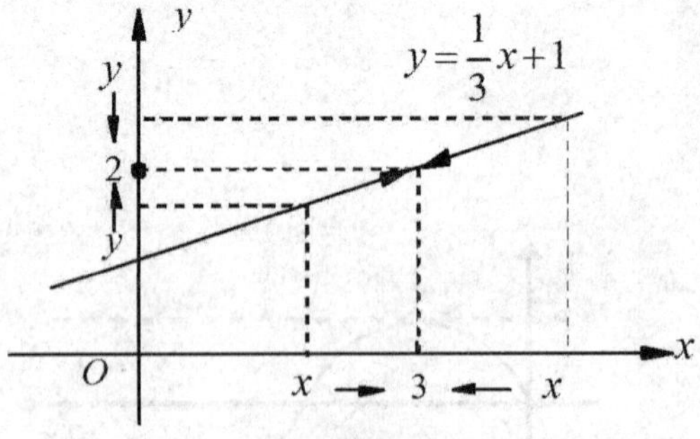

图1－11

2. 当 $x\to x_0$ 时，函数 $f(x)$ 的极限

为了讨论当 x 无限接近于 x_0 时，函数 $f(x)$ 的变化情况，先看一个例子. 考察当 $x\to 3$ 时，函数 $f(x)=\frac{1}{3}x+1$ 的变化趋势(图1－11).

若 x 从3的左侧($x<3$)无限接近于3，不妨设取2.9，2.99，2.999，$\cdots\to 3$，则对应的 $f(x)$ 的值1.97，1.997，1.9997，$\cdots\to 2$.

若 x 从3的右侧($x>3$)无限接近于3，不妨设 x 取3.1，3.01，3.001，$\cdots\to 3$，则对应的 $f(x)$ 的值2.03，2.003，2.0003，$\cdots\to 2$.

由此可见，当 $x\to 3$ 时，函数 $f(x)=\frac{1}{3}x+1$ 的值无限接近于2.

定义　如果 x 无限接近于定值 x_0 时，即 $x\to x_0$(x 可以不等于 x_0)时，函数 $f(x)$ 无限接近于一个确定的常数 A，则称常数 A 为函数 $f(x)$ 当 $x\to x_0$ 时的极限，记为 $\lim\limits_{x\to x_0}f(x)=A$ 或当 $x\to x_0$ 时，$f(x)\to A$.

注意:在上述定义中，假定函数 $f(x)$ 在点 x_0 的左右近旁是有定义的. 而 $f(x)$ 在 x_0 处是否有定义与当 $x\to x_0$ 时，函数 $f(x)$ 的变化趋势没有关系，即 $f(x)$ 在 x_0 处的极限与 x_0 处是否有定义无关.

由上述定义可知，当 $x\to 3$ 时，$f(x)=\frac{1}{3}x+1$ 的极限为2，可记作

$$\lim_{x\to 3}\left(\frac{1}{3}x+1\right)=2.$$

例3　考察极限 $\lim\limits_{x\to x_0}C$(C 为常数)和 $\lim\limits_{x\to x_0}x$.

解　设 $f(x)=C$，$\varphi(x)=x$. 因为当 $x\to x_0$ 时，$f(x)$ 恒等于 C，所以

$$\lim_{x\to x_0}f(x)=\lim_{x\to x_0}C=C.$$

因为当 $x\to x_0$ 时，$\varphi(x)$ 无限接近于 x_0，所以 $\lim\limits_{x\to x_0}\varphi(x)=\lim\limits_{x\to x_0}x=x_0$.

3. 当 $x\to x_0$ 时，函数 $f(x)$ 的左、右极限

前面讨论 $\lim\limits_{x\to x_0}f(x)=A$ 时，$x\to x_0$ 的方式是任意的，x 既可以从 x_0 的左侧趋向于 x_0($x\to x_0^-$)，又可以从 x_0 的右侧趋向于 x_0($x\to x_0^+$)，但在有些问题中，往往只能或只需考虑这两种变化中的一种情形来研究函数 $f(x)$ 的极限. 为此，下面给出左、右极限的定义.

定义　如果当 $x\to x_0^-$ ($x\to x_0^+$)时，函数 $f(x)$ 无限接近于一个确定的常数 A，则称常数

A 为函数 $f(x)$ 当 $x \to x_0$ 时的左(右)极限，记为

$$\lim_{x \to x_0^-} f(x) = A \text{ 或 } f(x_0 - 0) = A$$
$$(\lim_{x \to x_0^+} f(x) = A \text{ 或 } f(x_0 + 0) = A).$$

例如，函数 $f(x) = \frac{1}{3}x + 1$ 当 $x \to 3$ 时的左极限为

$$\lim_{x \to 3^-}\left(\frac{1}{3}x + 1\right) = 2, \tag{1}$$

右极限为

$$\lim_{x \to 3^+}\left(\frac{1}{3}x + 1\right) = 2. \tag{2}$$

定理 $\lim\limits_{x \to x_0} f(x) = A \Leftrightarrow \lim\limits_{x \to x_0^-} f(x) = \lim\limits_{x \to x_0^+} f(x) = A$.

若 $\lim\limits_{x \to x_0^-} f(x)$ 与 $\lim\limits_{x \to x_0^+} f(x)$ 至少一个不存在或两个极限存在但不等，则 $\lim\limits_{x \to x_0} f(x)$ 就不存在.

由式(1)与式(2)可知，$\lim\limits_{x \to 3}\left(\frac{1}{3}x + 1\right) = 2$

又如，$f(x) = \begin{cases} x - 1 & x \leqslant 0 \\ x + 1 & x > 0 \end{cases}$，(图 1 - 12)，当 $x \to 0$ 时的左、右极限分别为

$$f(0 - 0) = \lim_{x \to 0^-} f(x) = \lim_{x \to 0^-}(x - 1) = -1,$$
$$f(0 + 0) = \lim_{x \to 0^+} f(x) = \lim_{x \to 0^+}(x + 1) = 1.$$

虽然函数的左、右极限存在，但不相等，故 $\lim\limits_{x \to 0} f(x)$ 不存在.

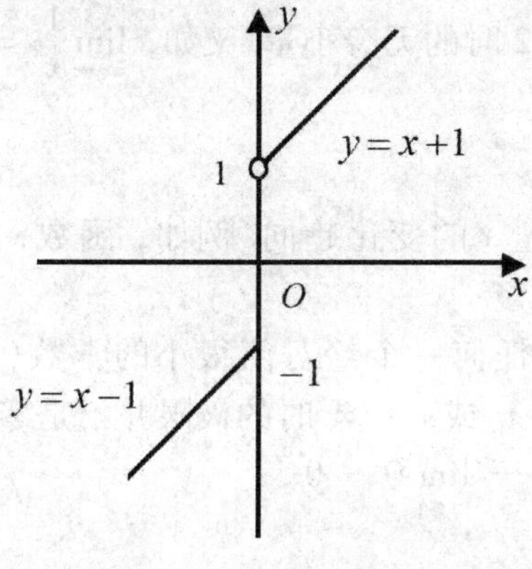

图 1 - 12

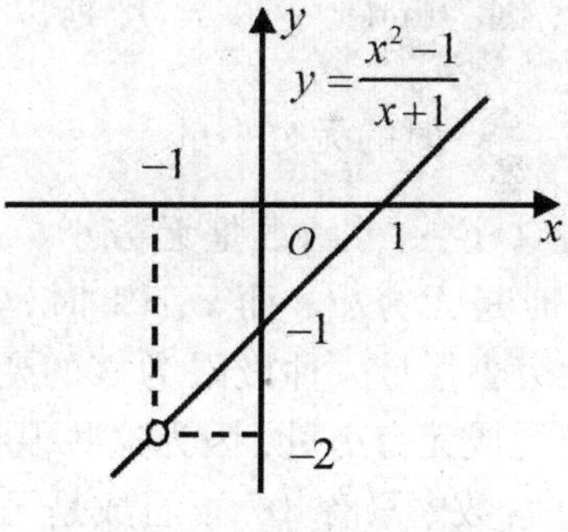

图 1 - 13

例 4 讨论函数 $f(x) = \frac{x^2 - 1}{x + 1}$ 当 $x \to -1$ 时的极限.

解 函数的定义域 $(-\infty, -1) \cup (-1, +\infty)$. 因为 $x \neq -1$，所以 $f(x) = \frac{x^2 - 1}{x + 1} = x - 1$，由图 1 - 13 可知函数的左、右极限分别为

$$f(-1 - 0) = \lim_{x \to -1^-} \frac{x^2 - 1}{x + 1} = \lim_{x \to -1^-}(x - 1) = -2;$$
$$f(-1 + 0) = \lim_{x \to -1^+} \frac{x^2 - 1}{x + 1} = \lim_{x \to -1^+}(x - 1) = -2.$$

由于$f(-1-0)=f(-1+0)=-2$，则$\lim\limits_{x\to-1}\frac{x^2-1}{x+1}=-2$.

通过上例可以进一步看到，一个函数当$x\to x_0$时的极限是否存在，与函数在$x=x_0$处是否有定义无关. 函数极限若存在，则极限只有一个.

1.2.4 无穷小量与无穷大量

在自变量的一定变化趋势下($x\to x_0$或$x\to\infty$)，函数$f(x)$的极限可能存在，也可能不存在，其中有两种特殊的情况：一种是函数的绝对值“无限变小”；一种是函数的绝对值“无限变大”. 下面就这两种特殊情况加以研究.

1. 无穷小量

前面实例：一个篮球，从距地面1米高处自由下落，受地心引力及空气阻力的作用，每次触地后篮球又反弹到前一次高度的$\frac{1}{2}$处，如此反复不止…… 最后一次篮球所处的高度是0，即数列$\lim\limits_{n\to\infty}\frac{1}{2^{n-1}}=0$.

在实际问题中，经常会遇到极限为零的变量.

一般地，给出下面的定义：

定义　如果当$x\to x_0$(或$x\to\infty$)时，函数$f(x)$的极限为零，即$\lim\limits_{\substack{x\to x_0\\(x\to\infty)}}f(x)=0$，则函数$f(x)$称为当$x\to x_0$(或$x\to\infty$)时的无穷小量，简称为无穷小.

无穷小常用α、β、γ表示.

例如，因为$\lim\limits_{x\to2}(x-2)=0$，所以$x-2$是当$x\to2$时的无穷小量. 又如，$\lim\limits_{x\to\infty}\frac{1}{x}=0$，所以$\frac{1}{x}$是当$x\to\infty$时的无穷小量.

注意：① 说一个函数是无穷小，必须指明自变量x的变化趋向. 例如，函数$x-2$只有当$x\to2$时是无穷小，而$x\to1$时，$x-2$就不是无穷小.

② 无穷小量是一种极限为零的变量，绝不能把任何一个绝对值很小的常数(如10^{-10}，10^{-100}等)说成无穷小量，因为这些很小的常数在$x\to x_0$或$x\to\infty$时的极限并不是零，而是常数本身. 在常数中只有“0”可看成是无穷小量. 这是由于$\lim\limits_{\substack{x\to x_0\\(x\to\infty)}}0=0$.

2. 无穷小量的性质

性质　有界函数与无穷小量的乘积是无穷小量.

特别地，常数与无穷小量的乘积是无穷小量.

例5　求$\lim\limits_{x\to0}x\sin\frac{1}{x}$.

解　因为$\lim\limits_{x\to0}x=0$，则当$x\to0$时x是无穷小量，而$\left|\sin\frac{1}{x}\right|\leqslant1$，故$\sin\frac{1}{x}$为有界函数，由性质得$\lim\limits_{x\to0}x\sin\frac{1}{x}=0$.

3. 无穷大量

在极限不存在的情况下，着重讨论函数的绝对值无限增大的情形. 例如 $f(x)=\dfrac{1}{x-1}$，当 $x\to 1$ 时，$\left|\dfrac{1}{x-1}\right|$ 无限增大. 一般地，给出下面定义.

定义 如果当 $x\to x_0$（或 $x\to\infty$）时，函数 $f(x)$ 的绝对值无限增大，则称函数 $f(x)$ 是当 $x\to x_0$（或 $x\to\infty$）时的无穷大量，简称为无穷大，记为

$$\lim_{\substack{x\to x_0\\(x\to\infty)}} f(x)=\infty \quad 或 \quad 当 \begin{matrix}x\to x_0\\(x\to\infty)\end{matrix} 时, f(x)\to\infty .$$

例如，当 $x\to 1$ 时，$\left|\dfrac{1}{x-1}\right|$ 无限增大，故 $\dfrac{1}{x-1}$ 是当 $x\to 1$ 时的无穷大.

又如，当 $x\to\dfrac{\pi}{2}$ 时，$|\tan x|$ 无限增大，故 $\tan x$ 是当 $x\to\dfrac{\pi}{2}$ 时的无穷大.

如果当 $x\to x_0$（或 $x\to\infty$）时，函数 $f(x)$ 取正值而绝对值无限增大（取负值而绝对值无限增大），则称函数 $f(x)$ 为正（负）无穷大，记作

$$\lim_{\substack{x\to x_0\\(x\to\infty)}} f(x)=+\infty \quad (或 \lim_{\substack{x\to x_0\\(x\to\infty)}} f(x)=+\infty).$$

例如，$\lim\limits_{x\to\frac{\pi}{2}^-}\tan x=+\infty$，$\lim\limits_{x\to\frac{\pi}{2}^+}\tan x=-\infty$.

又如，$\lim\limits_{x\to+\infty}\ln x=+\infty$，$\lim\limits_{x\to\infty}(1-x^2)=-\infty$.

注意：① 说一个函数 $f(x)$ 是无穷大，必须指明自变量的变化趋向. 例如，函数 $\dfrac{1}{x}$，当 $x\to 0$ 时是无穷大；当 $x\to\infty$ 时是无穷小了.

② 无穷大量是指绝对值可以无限增大的变量，绝不能与任何一个绝对值很大的常数（如 10^{10}，10^{100} 等）混为一谈.

③ 当 $x\to x_0$（或 $x\to\infty$）时，函数 $f(x)$ 的绝对值无限增大，按通常的意义来说，极限是不存在的. 但为了便于叙述，也说"函数的极限为无穷大".

4. 无穷大量与无穷小量的关系

在自变量的同一变化过程中

①若 $f(x)$ 为无穷大，则 $\dfrac{1}{f(x)}$ 为无穷小；

② 若 $f(x)$ 为无穷小，且 $f(x)\neq 0$，则 $\dfrac{1}{f(x)}$ 为无穷大.

例如，当 $x\to 1$ 时，$f(x)=x-1$ 是无穷小，则 $\dfrac{1}{f(x)}=\dfrac{1}{x-1}$ 是无穷大.

又如，当 $x\to+\infty$ 时，$f(x)=e^x$ 是正无穷大，则 $\dfrac{1}{f(x)}=\dfrac{1}{e^x}=e^{-x}$ 是无穷小.

1.2.5 极限的运算

1. 四则运算

法则：设 $x\to x_0$（或 $x\to\infty$）时，有 $\lim f(x)=A$，$\lim g(x)=B$，则

Ⅰ $\lim[f(x)\pm g(x)]=\lim f(x)\pm\lim g(x)=A\pm B$；

Ⅱ $\lim[f(x)\cdot g(x)]=\lim f(x)\cdot\lim g(x)=AB$;

特别地 $\lim C\cdot f(x)=C\cdot\lim f(x)=CA$ (C 为常数)

$$\lim[f(x)]^n=[\lim f(x)]^n=A^n(n\in N).$$

Ⅲ $\lim\dfrac{f(x)}{g(x)}=\dfrac{\lim f(x)}{\lim g(x)}=\dfrac{A}{B}$ $(B\neq 0)$.

其中，法则Ⅰ、Ⅱ可推广到有限个函数的情况. 由于数列可视为整变量函数，则此法则对数列极限也完全适用.

例 6 ① $\lim\limits_{x\to 3}\left(\dfrac{1}{3}x+1\right)$; ② $\lim\limits_{x\to 2}x^3$; ③ $\lim\limits_{x\to 1}\dfrac{x^2-2x+5}{x^3+7}$.

解 ① $\lim\limits_{x\to 3}\left(\dfrac{1}{3}x+1\right)=\lim\limits_{x\to 3}\left(\dfrac{1}{3}x\right)+\lim\limits_{x\to 3}1=\dfrac{1}{3}\lim\limits_{x\to 3}x+\lim\limits_{x\to 3}1=\dfrac{1}{3}\times 3+1=2$.

② $\lim\limits_{x\to 2}x^3=(\lim\limits_{x\to 2}x)^3=2^3=8$.

③ $\lim\limits_{x\to 1}\dfrac{x^2-2x+5}{x^3+7}=\dfrac{\lim\limits_{x\to 1}(x^2-2x+5)}{\lim\limits_{x\to 1}(x^3+7)}=\dfrac{\lim\limits_{x\to 1}x^2-2\lim\limits_{x\to 1}x+\lim\limits_{x\to 1}5}{(\lim\limits_{x\to 1}x)^3+\lim\limits_{x\to 1}7}=\dfrac{1-2+5}{1+7}=\dfrac{1}{2}$.

从例 10 可以看出，求有理整函数(即多项式)和分母极限不为零的有理分式函数的极限时，只要把自变量用其极限值代入函数就可以得到. 对于分母极限为零的情况，不能直接用法则Ⅲ求极限. 下面举例说明.

例 7 ① $\lim\limits_{x\to 1}\dfrac{x+4}{x-1}$; ② $\lim\limits_{x\to 3}\dfrac{x-3}{x^2-9}$.

解 ① 因为$\lim\limits_{x\to 1}\dfrac{x-1}{x+4}=0$，即函数$\dfrac{x-1}{x+4}$是当 $x\to 1$ 时的无穷小，根据无穷大与无穷小的关系得$\lim\limits_{x\to 1}\dfrac{x+4}{x-1}=\infty$.

② 当 $x\to 3$ 时，$x\neq 3$，故分子分母可先约去不为零的因子 $x-3$，再求极限. 所以有

$$\lim_{x\to 3}\frac{x-3}{x^2-9}=\lim_{x\to 3}\frac{x-3}{(x+3)(x-3)}=\lim_{x\to 3}\frac{1}{x+3}=\frac{1}{6}.$$

例 8 ① $\lim\limits_{x\to\infty}\dfrac{3x^3-4x^2+2}{x^3+2x+1}$; ② $\lim\limits_{x\to\infty}\dfrac{x^2+2}{2x^3+x^2+1}$; ③ $\lim\limits_{x\to\infty}\dfrac{2x^3+x^2+1}{x^2+2}$.

解 ① 当 $x\to\infty$ 时，分子分母均为无穷大. 此时，不能直接用极限的运算法则. 若将分子分母分别除以 x^3，则可利用极限运算法则. 于是

$$\lim_{x\to\infty}\frac{3x^3-4x^2+2}{x^3+2x+1}=\lim_{x\to\infty}\frac{3-\dfrac{4}{x}+\dfrac{2}{x^3}}{1+\dfrac{2}{x^2}+\dfrac{1}{x^3}}=\frac{\lim\limits_{x\to\infty}3-\lim\limits_{x\to\infty}\dfrac{4}{x}+\lim\limits_{x\to\infty}\dfrac{2}{x^3}}{\lim\limits_{x\to\infty}1+\lim\limits_{x\to\infty}\dfrac{2}{x^2}+\lim\limits_{x\to\infty}\dfrac{1}{x^3}}=3.$$

② 先将分子、分母分别除以 x^3，再求极限. 于是

$$\lim_{x\to\infty}\frac{x^2+2}{2x^3+x^2+1}=\lim_{x\to\infty}\frac{\dfrac{1}{x}+\dfrac{2}{x^3}}{2+\dfrac{1}{x}+\dfrac{1}{x^3}}=\frac{0}{2}=0.$$

③ 由上例可知

$$\lim_{x\to\infty}\frac{2x^3+x^2+1}{x^2+2}=\lim_{x\to\infty}\frac{1}{\frac{x^2+2}{2x^3+x^2+1}}=\infty .$$

一般地，可得以下结论：即当 $a_0\neq 0$，$b_0\neq 0$ 时，有

$$\lim_{x\to\infty}\frac{a_0x^m+a_1x^{m-1}+\cdots+a_{m-1}x+a_m}{b_0x^n+b_1x^{n-1}+\cdots+b_{n-1}x+b_n}=\begin{cases}\frac{a_0}{b_0}, & m=n\\ 0, & m<n\\ \infty, & m>n\end{cases}.$$

例 9 求 $\lim_{x\to -2}\left(\frac{1}{x+2}-\frac{12}{x^3+8}\right)$.

解 当 $x\to -2$ 时，$\frac{1}{x+2}\to\infty$，$\frac{12}{x^3+8}\to\infty$，故不能直接用法则 Ⅰ，但在 $x\to -2$ 时，$x\neq -2$，故 $x+2\neq 0$，于是

$$\frac{1}{x+2}-\frac{12}{x^3+8}=\frac{(x^2-2x+4)-12}{(x+2)(x^2-2x+4)}=\frac{(x+2)(x-4)}{(x+2)(x^2-2x+4)}=\frac{x-4}{x^2-2x+4}.$$

所以 $\lim_{x\to -2}\left(\frac{1}{x+2}-\frac{12}{x^3+8}\right)=\lim_{x\to -2}\frac{x-4}{x^2-2x+4}=\frac{-6}{4+4+4}=-\frac{1}{2}$.

例 10 求 $\lim_{n\to\infty}\left(\frac{1}{n^2}+\frac{2}{n^2}+\cdots+\frac{n}{n^2}\right)$.

解 已知 $1+2+3+\cdots+n=\frac{n(n+1)}{2}$，所以

$$\lim_{n\to\infty}\left(\frac{1}{n^2}+\frac{2}{n^2}+\cdots+\frac{n}{n^2}\right)=\lim_{n\to\infty}\frac{1+2+3+\cdots+n}{n^2}=\lim_{n\to\infty}\frac{n(n+1)}{2n^2}=\lim_{n\to\infty}\frac{n^2+n}{2n^2}=\frac{1}{2}.$$

2. 两个重要极限

以下讨论两个重要的极限：

(1) $\lim_{x\to 0}\frac{\sin x}{x}=1$

图 1－14 是 $y=\frac{\sin x}{x}$ 的图像的一部分，易知极限 $\lim_{x\to 0}\frac{\sin x}{x}=1$ 的正确性.

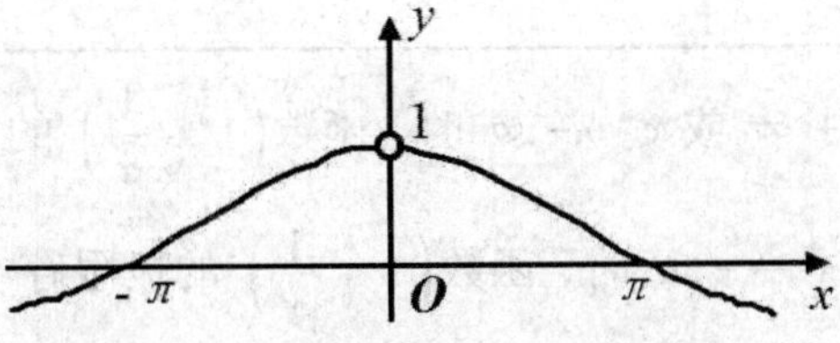

图 1－14

例 11 求 $\lim_{x\to 0}\frac{\sin 2x}{x}$.

解 $\lim_{x\to 0}\frac{\sin 2x}{x}=\lim_{x\to 0}\left(\frac{\sin 2x}{2x}\cdot 2\right)=2\lim_{x\to 0}\frac{\sin 2x}{2x}$.

设 $t=2x$，则当 $x\to 0$ 时，$t\to 0$. 所以

$$\lim_{x\to0}\frac{\sin2x}{x}=2\lim_{t\to0}\frac{\sin t}{t}=2\cdot1=2.$$

例 12 求 $\lim\limits_{x\to0}\frac{\tan x}{x}$.

解 $\lim\limits_{x\to0}\frac{\tan x}{x}=\lim\limits_{x\to0}\left(\frac{\sin x}{\cos x}\cdot\frac{1}{x}\right)=\lim\limits_{x\to0}\left(\frac{\sin x}{x}\cdot\frac{1}{\cos x}\right)=\lim\limits_{x\to0}\frac{\sin x}{x}\cdot\lim\limits_{x\to0}\frac{1}{\cos x}=1$

例 13 求 $\lim\limits_{x\to0}\frac{1-\cos x}{x^2}$.

解 $\lim\limits_{x\to0}\frac{1-\cos x}{x^2}=\lim\limits_{x\to0}\frac{2\sin^2\frac{x}{2}}{x^2}=\lim\limits_{x\to0}\frac{1}{2}\left(\frac{\sin\frac{x}{2}}{\frac{x}{2}}\right)^2=\frac{1}{2}.$

例 14 求 $\lim\limits_{x\to0}\frac{\sin(\sin x)}{\sin x}$.

解 设 $t=\sin x$，则当 $x\to0$ 时，$t\to0$. 所以

$$\lim_{x\to0}\frac{\sin(\sin x)}{\sin x}=\lim_{t\to0}\frac{\sin t}{t}=1.$$

一般地，$\lim\limits_{\square\to0}\frac{\sin\square}{\square}=1$，其中 □ 可以是满足 □ → 0 的任何函数.

(2) $\lim\limits_{x\to\infty}\left(1+\frac{1}{x}\right)^x=e$

先考察当 $x\to+\infty$，$x\to-\infty$ 时，函数 $\left(1+\frac{1}{x}\right)^x$ 的变化趋势.

x	1	2	5	10	100	1000	10000	100000	…	$\to+\infty$
$\left(1+\frac{1}{x}\right)^x$	2	2.25	2.49	2.59	2.705	2.717	2.718	2.71827	…	

x	-10	-100	-1000	-10000	-100000	…	$\to-\infty$
$\left(1+\frac{1}{x}\right)^x$	2.88	2.732	2.720	2.7183	2.71827	…	

由上表可看出，当 $x\to+\infty$ 或 $x\to-\infty$ 时，函数 $\left(1+\frac{1}{x}\right)^x$ 的对应值无限接近于 2.718.

可以证明，$x\to+\infty$ 及 $x\to-\infty$ 时，函数 $\left(1+\frac{1}{x}\right)^x$ 的极限存在且相等，用 e 来表示极限值，即

$$\lim_{x\to\infty}\left(1+\frac{1}{x}\right)^x=e.\qquad(1)$$

这个数 e 是个无理数，它的值是

$$e=2.718281828459045\cdots.$$

在式(1)中，设 $t=\frac{1}{x}$，则当 $x\to\infty$ 时，$t\to0$，则极限又可写成

$$\lim_{t\to 0}(1+t)^{\frac{1}{t}}=e. \qquad (2)$$

例 15 求 $\lim\limits_{x\to\infty}\left(1+\dfrac{2}{x}\right)^{x}$.

解 先将 $1+\dfrac{2}{x}$ 写成下列形式

$$1+\frac{2}{x}=1+\frac{1}{\frac{x}{2}},$$

然后令 $\dfrac{x}{2}=t$，由于当 $x\to\infty$ 时，$t\to\infty$，从而

$$\lim_{x\to\infty}\left(1+\frac{2}{x}\right)^{x}=\lim_{t\to\infty}\left(1+\frac{1}{t}\right)^{2t}=\lim_{t\to\infty}\left[\left(1+\frac{1}{t}\right)^{t}\right]^{2}=e^{2}.$$

例 16 求 $\lim\limits_{x\to\infty}\left(1-\dfrac{1}{x}\right)^{x}$.

解 $\lim\limits_{x\to\infty}\left(1-\dfrac{1}{x}\right)^{x}=\lim\limits_{x\to\infty}\left[1+\left(-\dfrac{1}{x}\right)\right]^{-x\cdot(-1)}=e^{-1}$.

例 17 求 $\lim\limits_{x\to 0}(1+\tan x)^{\cot x}$.

解 $\lim\limits_{x\to 0}(1+\tan x)^{\cot x}=\lim\limits_{x\to 0}(1+\tan x)^{\frac{1}{\tan x}}=e$.

例 18 $\lim\limits_{x\to\infty}\left(\dfrac{2x-1}{2x+1}\right)^{x+\frac{3}{2}}$.

解 先对函数变形

$$\frac{2x-1}{2x+1}=\frac{2x+1-2}{2x+1}=1-\frac{2}{2x+1}.$$

设 $t=-\dfrac{2}{2x+1}$，则 $x=-\dfrac{1}{2}-\dfrac{1}{t}$. 由于当 $x\to\infty$ 时，$t\to 0$，所以

$$\begin{aligned}\lim_{x\to\infty}\left(\frac{2x-1}{2x+1}\right)^{x+\frac{3}{2}}&=\lim_{x\to\infty}\left(1-\frac{2}{2x+1}\right)^{x+\frac{3}{2}}=\lim_{t\to 0}(1+t)^{1-\frac{1}{t}}\\&=\lim_{t\to 0}\left[(1+t)(1+t)^{-\frac{1}{t}}\right]\\&=\lim_{t\to 0}(1+t)\cdot\lim_{t\to 0}(1+t)^{-\frac{1}{t}}=e^{-1}.\end{aligned}$$

一般地，$\lim\limits_{\square\to\infty}\left(1+\dfrac{1}{\square}\right)^{\square}=e$，$\lim\limits_{\square\to 0}(1+\square)^{\frac{1}{\square}}=e$.

1.2.6 极限模型实例

【实例 1】正数方根的计算模型

试一试，用计算器对数字 2 连续开若干次平方后得到什么，为什么？

经过尝试，你会得到结论，数字 2 连续开若干次平方后得到的结果是 1. 为什么呢？

我们探究一下：对 2 开平方一次为 $\sqrt{2}=2^{\frac{1}{2}}$；开平方两次为 $\sqrt{\sqrt{2}}=2^{\frac{1}{4}}=2^{\frac{1}{2^2}}$；开平方三次为 $\sqrt{\sqrt{\sqrt{2}}}=2^{\frac{1}{8}}=2^{\frac{1}{2^3}}$；…；开平方 n 次为 $\sqrt{\sqrt{\cdots\sqrt{2}}}=2^{\frac{1}{2^n}}$；…

这样数字 2 连续开平方得到一个数列:$2^{\frac{1}{2}}$, $2^{\frac{1}{2^2}}$, $2^{\frac{1}{2^3}}$, …, $2^{\frac{1}{2^n}}$, …

易知，随着开平方次数增多，数列各项的指数$\frac{1}{2^n}$越来越接近 0，从而数列就会越来越接近$2^0=1$．由于计算器设计了对计算结果的位数处理，因此对数字 2 连续开若干次平方后就得到结果 1 了.

不难知道，利用计算器，任何正数经过一定次数的开平方运算都得到 1.

思考:$0.3+0.03+0.003+\cdots=?$

【实例 2】银行利息模型

设有一笔存款的本金为 A_0，年利率为 r，若每年结算一次.

(1) 若按“单利”计算

一年后的本利和为 $A_1=A_0+A_0r=A_0(1+r)$

两年后的本利和为 $A_2=A_1+A_0r=A_0(1+r)+A_0r=A_0(1+2r)$

…

k 年后的本利和为 $A_k=A_0(1+kr)$

(2) 若按“一年计一次利息的复利”计算

一年后的本利和为 $A_1=A_0+A_0r=A_0(1+r)$

两年后的本利和为 $A_2=A_1+A_1r=A_0(1+r)+A_0(1+r)r=A_0(1+r)^2$

…

k 年后的本利和为 $A_k=A_0(1+r)^k$

(3) 若按“一年分 n 期计息的复利”计算

如果一年分 n 期计息，即一年中结算 n 次，年利率仍为 r，而每期利率变为$\frac{r}{n}$，则

一年后的本利和为 $A_1=A_0\left(1+\frac{r}{n}\right)^n$

两年后的本利和为 $A_2=A_0\left(1+\frac{r}{n}\right)^{2n}$

…

k 年后的本利和为 $A_k=A_0\left(1+\frac{r}{n}\right)^{kn}$

(4) 若按“连续复利”计算

如果计息期数无限变大，即结算次数无限增大，也就是立即变现，则 k 年后的本利和为

$A_k=\lim\limits_{n\to\infty}A_0\left(1+\frac{r}{n}\right)^{kn}$

习题 1.2

1. 观察并写出下列各极限值：

(1) $\lim\limits_{x\to\infty}\dfrac{1}{x^2}$；　(2) $\lim\limits_{x\to-\infty}2^x$；　(3) $\lim\limits_{x\to\infty}\left(2+\dfrac{1}{x}\right)$；

(4) $\lim\limits_{x\to1}\ln x$；　(5) $\lim\limits_{x\to\frac{\pi}{4}}\tan x$；　(6) $\lim\limits_{x\to-1}\dfrac{x^3+1}{x+1}$.

2. 说明下列极限不存在的原因：

(1) $\lim\limits_{x\to\infty}\sin x$；　(2) $\lim\limits_{x\to1}\dfrac{|x-1|}{x-1}$.

3. 观察下列数列当 $n\to\infty$ 时的变化趋势，写出它们的极限：

(1) $x_n=(-1)^n\dfrac{1}{n}$；　(2) $y_n=\dfrac{n}{n+1}$；　(3) $x_n=1-\dfrac{1}{10^n}$；

(4) $y_n=n(-1)^n$；　(5) $x_n=\sin\dfrac{n\pi}{2}$.

4. 下列函数在自变量怎么变化时是无穷小?无穷大?

(1) $y=\dfrac{1}{x^3}$；　(2) $y=\dfrac{1}{x+1}$；　(3) $y=\dfrac{x}{2}$；　(4) $y=\sqrt[3]{x}$；

(5) $y=-x$；　(6) $y=\cot x$；　(7) $y=\ln x$.

5. 计算下列各极限：

(1) $\lim\limits_{x\to1}(x^2-4x+5)$；　(2) $\lim\limits_{x\to-1}\dfrac{x^2+2x+5}{x^2+1}$；　(3) $\lim\limits_{x\to-2}\dfrac{x^2-4}{x+2}$；

(4) $\lim\limits_{x\to1}\dfrac{x}{x-1}$；　(5) $\lim\limits_{x\to1}\left(\dfrac{1}{1-x}-\dfrac{1}{1-x^3}\right)$；　(6) $\lim\limits_{x\to1}\dfrac{x^2-2x+1}{x^3-x}$.

6. 计算下列各极限：

(1) $\lim\limits_{x\to\infty}\dfrac{x^2-1}{2x^2-x-1}$；　(2) $\lim\limits_{x\to\infty}\dfrac{x^2+x}{x^4-3x^2+1}$；　(3) $\lim\limits_{x\to\infty}\dfrac{4x^3-2x+8}{3x^2+1}$；

(4) $\lim\limits_{x\to\infty}\dfrac{8x^3-1}{6x^3-5x^2+1}$；　(5) $\lim\limits_{n\to\infty}\left(1+\dfrac{1}{2}+\dfrac{1}{4}+\cdots+\dfrac{1}{2^n}\right)$；　(6) $\lim\limits_{n\to\infty}\dfrac{n(n+1)}{(n+2)(n+3)}$；

(7) $\lim\limits_{x\to\infty}\left(\dfrac{2x}{3-x}-\dfrac{2}{3x^2}\right)$.

7. 计算下列各极限：

(1) $\lim\limits_{x\to0}\dfrac{\sin\omega x}{x}$；　(2) $\lim\limits_{x\to0}\dfrac{\sin3x}{\sin2x}$；　(3) $\lim\limits_{x\to0}\dfrac{\tan3x}{x}$；

(4) $\lim\limits_{x\to0}x\cot x$；　(5) $\lim\limits_{x\to0}\dfrac{1-\cos2x}{x\sin x}$；　(6) $\lim\limits_{x\to\infty}\dfrac{\sin2x}{x^2}$；

(7) $\lim\limits_{x\to0}\dfrac{x(x+3)}{\sin x}$；　(8) $\lim\limits_{x\to\infty}x^2\sin^2\dfrac{1}{x}$.

8. 计算下列各极限：

(1) $\lim\limits_{x\to0}(1-x)^{\frac{1}{x}}$；　(2) $\lim\limits_{x\to0}(1+2x)^{\frac{1}{x}}$；　(3) $\lim\limits_{x\to\infty}\left(1+\dfrac{1}{x}\right)^{\frac{x}{2}}$；

(4) $\lim\limits_{x\to\infty}\left(\dfrac{1+x}{x}\right)^{2x}$；　(5) $\lim\limits_{x\to\infty}\left(1-\dfrac{1}{x}\right)^{kx}$；　(6) $\lim\limits_{x\to\infty}\left(\dfrac{2x+3}{2x+1}\right)^{x+1}$.

§1.3 函数的连续性

1.3.1 连续与间断

有许多自然现象，如气温的变化、河水的流动、植物的生长等，都是随着时间在连续不断地变化的，这些现象反映在数学上就是函数的连续性. 前面学过的许多函数，例如 $y = x^2$、$y = \sin x$，它们的图像是一条连续变化的曲线. 连续变化的概念从变量关系上看是当自变量的变化很微小时，函数相应的变化也很微小，这就是连续函数的本质特征. 本节将利用极限来研究函数的连续性.

先引入增量的概念.

1. 函数的增量

定义 如果变量 u 从初值 u_0 变到终值 u_1，那么终值与初值的差 $u_1 - u_0$，叫做变量 u 的增量(或改变量)，记为 $\triangle u$，即

$$\triangle u = u_1 - u_0 \tag{1}$$

注意:记号 $\triangle u$ 并不表示 $\triangle$ 与 u 的乘积，而是一个整体记号. 增量并不都是正值，当 $u_1 > u_0$ 时，$\triangle u > 0$;当 $u_1 < u_0$ 时，$\triangle u < 0$;当 $u_1 = u_0$ 时，$\triangle u = 0$. 此外，式(1) 又可改写为

$$u_1 = u_0 + \triangle u, \tag{2}$$

即终值 u_1 也可用 $u_0 + \triangle u$ 来表示.

对函数 $y = f(x)$ 而言，

定义 设函数 $y = f(x)$ 在点 x_0 及其近旁有定义，当自变量 x 从 x_0 变到 $x_0 + \triangle x$ 有增量 $\triangle x$，函数 $f(x)$ 相应地从 $f(x_0)$ 变到 $f(x_0 + \triangle x)$ 也有增量 $\triangle y$，即

$$\triangle y = f(x_0 + \triangle x) - f(x_0).$$

我们称之为函数的增量(或改变量).

例 1 设 $f(x) = 3x^2 - 1$，求适合下列条件的自变量的增量 $\triangle x$ 和函数增量 $\triangle y$:

① 当 x 由 1 变到 1.5； ② 当 x 由 1 变到 0.5； ③ 当 x 由 1 变到 $1 + \triangle x$.

解 ①$\triangle x = 1.5 - 1 = 0.5$;

$\triangle y = f(1.5) - f(1) = 5.75 - 2 = 3.75$.

②$\triangle x = 0.5 - 1 = -0.5$;

$\triangle y = f(0.5) - f(1) = -0.25 - 2 = -2.25$.

③$\triangle x = (1 + \triangle x) - 1 = \triangle x$;

$\triangle y = f(1 + \triangle x) - f(1) = 3(1 + \triangle x)^2 - 3 = 6\triangle x + 3(\triangle x)^2$.

2. 函数连续性

首先从函数的图像上来观察在给定点 x_0 处函数 $f(x)$ 的变化情况.

由图1-15可以看出，函数 $y = f(x)$ 是连续变化的，它的图像是一条不间断的曲线. 当 x_0 保持不变而让 $\triangle x$ 趋近于零时，曲线上的点 N 就沿着曲线趋近于 M，即 $\triangle y$ 趋近于零.

图1－15　　　　　　　　　　　　　图1－16

由图1－16可以看出，函数 $y=\varphi(x)$ 不是连续变化的. 它的图像是一条在点 x_0 处间断的曲线. 当 x_0 保持不变而让 $\triangle x$ 趋近于0时，曲线上的点 N 就沿着曲线趋近于 N'，$\triangle y$ 不能趋近于零.

下面给出了函数 $y=f(x)$ 在点 x_0 处连续的定义.

定义1　设函数 $y=f(x)$ 在点 x_0 及其近旁有定义，如果当自变量 x 在 x_0 处的增量 $\triangle x$ 趋近于0时，函数 $y=f(x)$ 相应的增量 $\triangle y=f(x_0+\triangle x)-f(x_0)$ 也趋近于0，即 $\lim\limits_{\triangle x\to 0}\triangle y=0$，那么就称 $y=f(x)$ 在点 x_0 处连续.

例2　根据定义1，证明 $y=3x^2-1$ 在点 $x_0=1$ 处连续.

证明　函数 $y=3x^2-1$ 在点 $x_0=1$ 及近旁有定义.

设自变量 x 在 $x_0=1$ 处有增量 $\triangle x$，则函数相应的增量

$$\triangle y=f(1+\triangle x)-f(1)=6\triangle x+3\triangle x^2.$$

且有 $\lim\limits_{\triangle x\to 0}\triangle y=\lim\limits_{\triangle x\to 0}[6\triangle x+3\triangle x^2]=0$.

根据定义1得，函数 $y=3x^2-1$ 在点 $x_0=1$ 处连续.

在定义1中，若设 $x=x_0+\triangle x$，则 $\triangle y=f(x_0+\triangle x)-f(x_0)=f(x)-f(x_0)$. 由 $\triangle x\to 0$ 就有 $x\to x_0$，$\triangle y\to 0$ 就有 $f(x)\to f(x_0)$，因此，函数 $y=f(x)$ 在点 x_0 处连续的定义也可如下叙述.

定义2　设函数 $y=f(x)$ 在点 x_0 及其近旁有定义，若当 $x\to x_0$ 时，函数 $f(x)$ 的极限存在，且等于它在 x_0 处的函数值，即

$$\lim_{x\to x_0}f(x)=f(x_0),$$

则称 $y=f(x)$ 在点 x_0 处连续.

例3　根据定义2，证明 $y=3x^2-1$ 在点 $x_0=1$ 处连续.

证明　① 函数 $y=3x^2-1$ 在点 $x_0=1$ 及近旁有定义；

② $\lim\limits_{x\to 1}f(x)=\lim\limits_{x\to 1}(3x^2-1)=2$；

③ $\lim\limits_{x\to 1}f(x)=2=f(1)$.

根据定义2得，函数 $y=3x^2-1$ 在点 $x_0=1$ 处连续.

若 $f(x)$ 在开区间 (a,b) 内每一点都连续，则称 $f(x)$ 在 (a,b) 内连续，(a,b) 就是函数 $f(x)$ 的连续区间.

若 $\lim\limits_{x \to x_0^+} f(x) = f(x_0)$，则称 $f(x)$ 在 x_0 右连续.

若 $\lim\limits_{x \to x_0^-} f(x) = f(x_0)$，则称 $f(x)$ 在 x_0 左连续.

定理　$f(x)$ 在 x_0 处连续 $\Leftrightarrow f(x)$ 在 x_0 处左、右连续.

若函数 $f(x)$ 在 (a,b) 内连续，且在 a 点右连续，b 点左连续，则称函数 $f(x)$ 在闭区间 $[a,b]$ 上连续.

若函数 $f(x)$ 在定义域内连续，则称 $f(x)$ 是连续函数. 例如，$y = \sin x$ 在 $(-\infty, +\infty)$ 内连续，则称 $\sin x$ 是连续函数. 连续函数的图像就是一条连续不间断的曲线.

可以证明，基本初等函数在其定义域内都是连续的.

3. 函数的间断点

根据函数在一点处连续的定义，可得函数 $f(x)$ 在点 x_0 处连续必须满足以下三个条件：

① $f(x)$ 在点 x_0 及其近旁有定义；

② $f(x)$ 在 x_0 的极限存在；

③ $\lim\limits_{x \to x_0} f(x) = f(x_0)$.

如果上述条件中有一个不满足，则称函数 $f(x)$ 在点 x_0 处不连续或间断. 点 x_0 叫做函数 $f(x)$ 的不连续点或间断点.

例 4　考虑下列三个函数在 $x = 1$ 处的连续性.

解　① $f(x) = \dfrac{x^2 - 1}{x - 1}$；

因为函数 $f(x)$ 在 $x = 1$ 处无定义，则 $f(x)$ 在 $x = 1$ 处不连续(图 1 - 17).

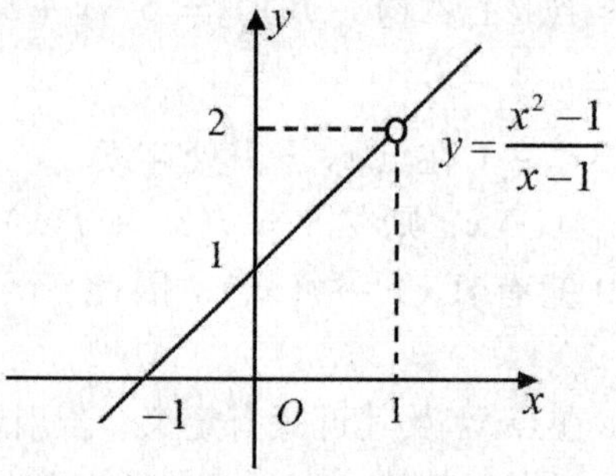

图 1 - 17

② $f(x) = \begin{cases} x + 1, & x > 1 \\ x - 1, & x \leqslant 1 \end{cases}$；

函数 $f(x)$ 在 $x = 1$ 处及近旁有定义，但因为

$f(1-0) = \lim\limits_{x \to 1^-} f(x) = \lim\limits_{x \to 1^-} (x - 1) = 0$，$f(1+0) = \lim\limits_{x \to 1^+} f(x) = \lim\limits_{x \to 1^+} (x + 1) = 2$，即有 $f(1-0) \neq f(1+0)$，于是 $\lim\limits_{x \to 1} f(x)$ 不存在，则 $f(x)$ 在 $x = 1$ 处不连续(图 1 - 18).

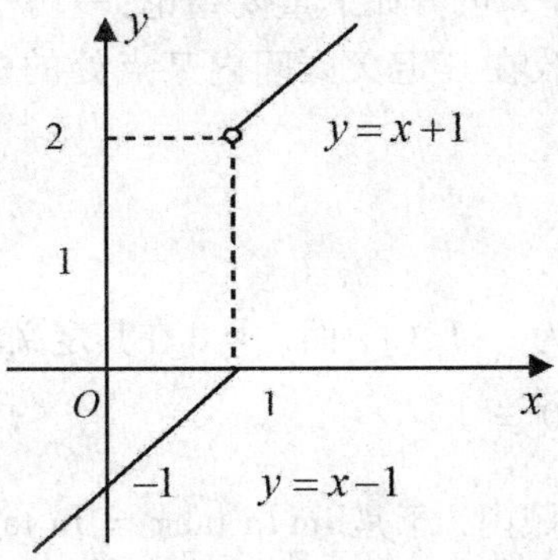

图1-18

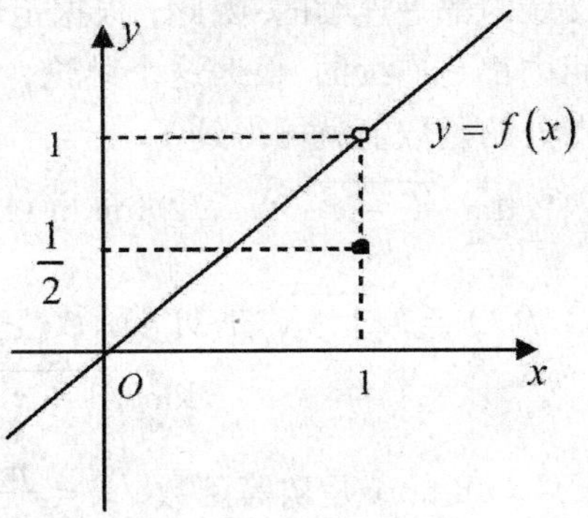

图1-19

③ $f(x)=\begin{cases}x, & x\neq 1\\ \dfrac{x}{2}, & x=1\end{cases}$.

函数$f(x)$在$x=1$处及近旁有定义，且有$\lim\limits_{x\to 1}f(x)=\lim\limits_{x\to 1}x=1$，但$f(1)=\dfrac{1}{2}$，于是$\lim\limits_{x\to 1}f(x)\neq f(1)$. 故函数$f(x)$在$x=1$处不连续(图1-19).

1.3.2 初等函数的连续性

1. 连续函数的四则运算

定理1 如果函数$f(x)$和$g(x)$在点x_0处连续，则

① $f(x)\pm g(x)$;

② $f(x)\cdot g(x)$;

③ $\dfrac{f(x)}{g(x)}$ $(g(x_0)\neq 0)$，也在x_0处连续.

下面只证①的情形，其他情况可类似证明.

证明 由函数$f(x)$和$g(x)$在点x_0处连续，得

$$\lim_{x\to x_0}f(x)=f(x_0),\ \lim_{x\to x_0}g(x)=g(x_0),$$

根据极限的运算法则，有

$$\lim_{x\to x_0}[f(x)\pm g(x)]=\lim_{x\to x_0}f(x)\pm\lim_{x\to x_0}g(x)=f(x_0)\pm g(x_0).$$

由函数连续性定义知，函数$f(x)\pm g(x)$在点x_0处连续.

2. 复合函数的连续性

定理2 设$u=g(x)$在x_0处连续，$y=f(u)$在u_0处连续，且$u_0=g(x_0)$，则复合函数$y=f[g(x)]$在x_0处也连续.

3. 反函数的连续

定理3 设函数$y=f(x)$是在区间$[a,b]$上的单调连续函数，且$f(a)=\alpha$，$f(b)=\beta$，则反函数$x=\varphi(y)$在区间$[\alpha,\beta]$上也单调连续.

4. 初等函数的连续性

初等函数是由基本初等函数与常数经过有限次四则运算和有限次复合的，而基本初等函

数在其定义域内都是连续的. 因此，根据定理 1 及定理 2 可得如下重要结论：一切初等函数在其定义区间内都是连续的. 根据这个结论，求初等函数在其定义区间内某点处的极限时，只要求出该点处的函数值就可得到了.

例 5 ① $\lim\limits_{x\to 0}\sqrt{1-x^2}$；　② $\lim\limits_{x\to\frac{\pi}{4}}\ln\tan x$.

解 ① $f(x)=\sqrt{1-x^2}$ 是初等函数. 它的定义域为 $[-1,1]$，而 $x=0$ 在其定义域内，于是

$$\lim_{x\to 0}\sqrt{1-x^2}=\sqrt{1-0}=1 .$$

② $f(x)=\ln\tan x$ 是初等函数，$x=\frac{\pi}{4}$ 在其定义域内，于是 $\lim\limits_{x\to\frac{\pi}{4}}\ln\tan x=\ln\tan\frac{\pi}{4}=0$.

再看下面几个初等函数求极限的例子：

例 6 求极限：$\lim\limits_{x\to 4}\dfrac{\sqrt{x+5}-3}{x-4}$.

解 ① 由于 $\dfrac{\sqrt{x+5}-3}{x-4}=\dfrac{(\sqrt{x+5}-3)(\sqrt{x+5}+3)}{(x-4)(\sqrt{x+5}+3)}=\dfrac{1}{\sqrt{x+5}+3}$.

函数 $\dfrac{1}{\sqrt{x+5}+3}$ 在 $x=4$ 处连续，所以

$$\lim_{x\to 4}\frac{\sqrt{x+5}-3}{x-4}=\lim_{x\to 4}\frac{1}{\sqrt{x+5}+3}=\frac{1}{\sqrt{4+5}+3}=\frac{1}{6} .$$

1.3.3 闭区间上连续函数的性质

性质 1(最大值和最小值定理) 设函数 $f(x)$ 在闭区间 $[a,b]$ 上连续，则 $f(x)$ 在该区间上必有最大值和最小值.

如图 1－20，函数 $y=f(x)$ 在闭区间 $[a,b]$ 上连续，则在 $[a,b]$ 上至少有一点 ξ_1 和 ξ_2，使当 $x\in[a,b]$ 时，

$$f(\xi_1)\leqslant f(x),\ f(\xi_2)\geqslant f(x)$$

恒成立，则 $f(\xi_1)$ 和 $f(\xi_2)$ 分别称为函数 $y=f(x)$ 在 $[a,b]$ 上的最小值和最大值，ξ_1 和 ξ_2 称为最小值点和最大值点.

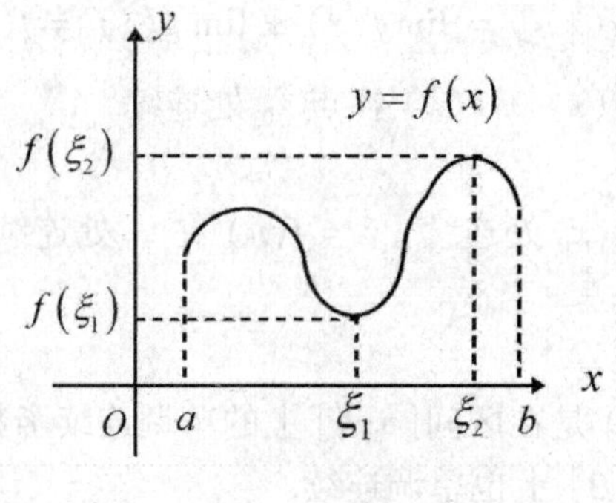

图 1－20

例如，函数 $y=\sin x$ 在闭区间 $[0,3\pi]$ 上连续，由性质 1 可知，$y=\sin x$ 在 $[0,3\pi]$ 上

必存在最大值和最小值. 事实上，在 $\xi_1 = \frac{\pi}{2}$，$\xi_2 = \frac{5\pi}{2}$ 时，$\sin x$ 有最大值 1，即 $f\left(\frac{\pi}{2}\right) = f\left(\frac{5\pi}{2}\right) = 1$. 在 $\xi_3 = \frac{3\pi}{2}$ 时，$\sin x$ 有最小值 -1，即 $f\left(\frac{3\pi}{2}\right) = -1$.

注意: 此性质对开区间不成立. 如果函数在开区间 (a,b) 内连续或函数在闭区间上有间断点，则函数在该区间上不一定有最大值和最小值. 例如，函数 $y = x$ 在 $[-1,1]$ 上最大值为 1，最小值为 -1 . 但是在 $(-1,1)$ 上无最值(因为最大值无限接近于 1，但不为 1，则无最大值)(图 1－21).

又如，函数

$$f(x) = \begin{cases} -x+1, & 0 \leqslant x < 1 \\ 1, & x = 1 \\ -x+3, & 1 < x \leqslant 2 \end{cases},$$

$f(x)$ 在闭区间 $[0,2]$ 上有间断点 $x = 1$，这时函数 $f(x)$ 在 $[0,2]$ 上既无最大值又无最小值(图 1－22).

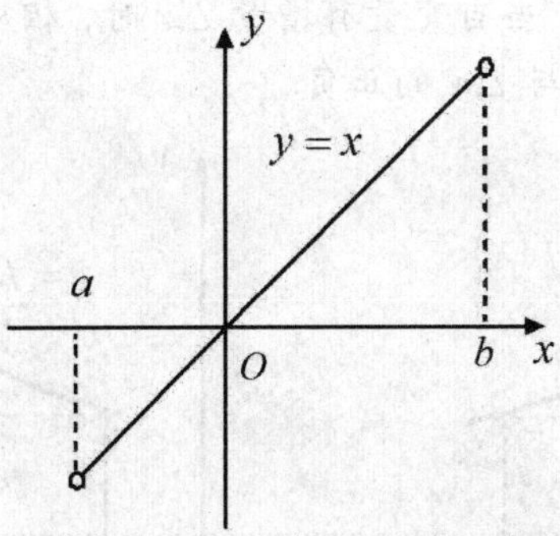

图 1－21

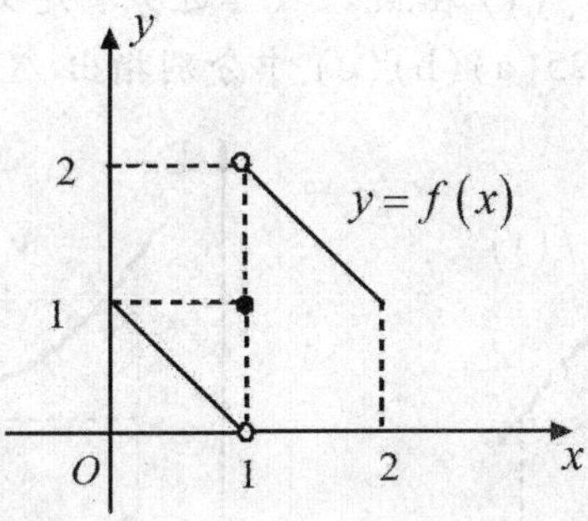

图 1－22

性质 2(介值定理) 设函数 $f(x)$ 在闭区间 $[a,b]$ 上连续，m 和 M 分别为 $f(x)$ 在 $[a,b]$ 上的最大值和最小值，则对于介于 m 和 M 之间的任何实数 C，至少有一点 $\xi \in (a,b)$，使得 $f(\xi) = C(a < \xi < b)$.

由图 1－23 可以看出，在闭区间 $[a,b]$ 上连续的曲线 $y = f(x)$ 与直线 $y = C(A < C < B)$ 至少有一交点，设其中一交点的坐标为 $[\xi, f(\xi)]$，则 $f(\xi) = C$.

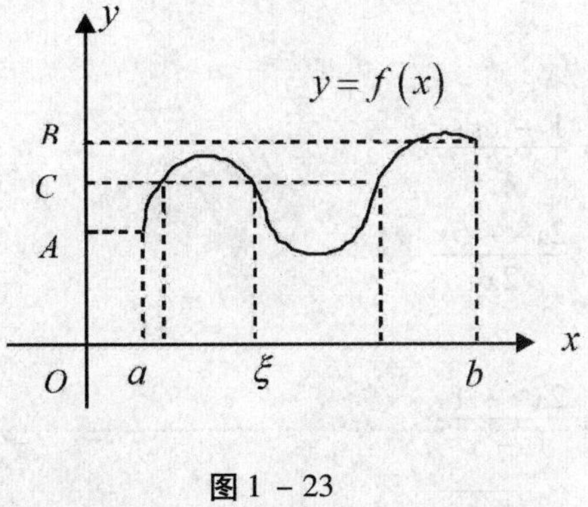

图 1－23

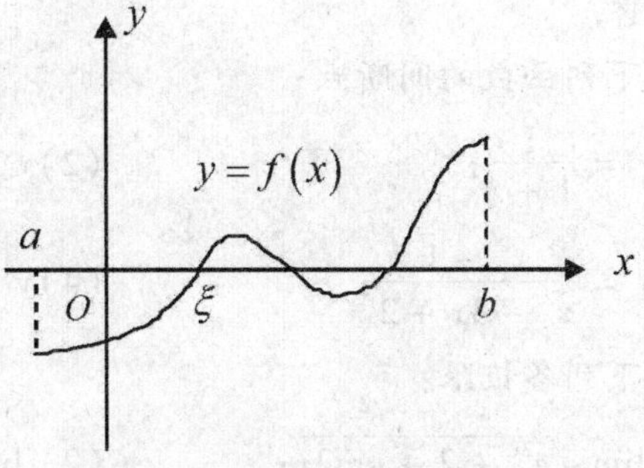

图 1－24

推论(零点定理) 若函数 $f(x)$ 在闭区间 $[a,b]$ 上连续，且 $f(a)$ 和 $f(b)$ 异号，则至少有

一点 $\xi \in (a,b)$，使得 $f(\xi) = 0(a < \xi < b)$.

由图 1 - 24 可以看出，如果 $f(a)$ 和 $f(b)$ 异号，那么曲线 $y = f(x)$ 与 x 轴至少有一个交点，设其中一交点坐标为 $(\xi, f(\xi))$，即 $f(\xi) = 0$.

显然，若函数仅在开区间 (a,b) 内连续，或在闭区间上有间断点，那么介值定理的结论就不一定成立了.

习题 1.3

1. 设函数 $f(x) = x^3 - 2x + 5$，求适合下列条件的自变量的增量和对应的函数的增量：

(1) 当 x 由 2 变到 3；　　(2) 当 x 由 2 变到 1；

(3) 当 x 由 2 变到 $2 + \Delta x$；　　(4) 当 x 由 x_0 变到 x_1.

2. 设函数 $y = f(x)$ 在点 x_0 及其近旁有定义，当自变量有增量 Δx 时，相应地函数也有增量 Δy，在图 1 - 25(a)(b)(c) 中分别指出 Δx 与 Δy 的正负.

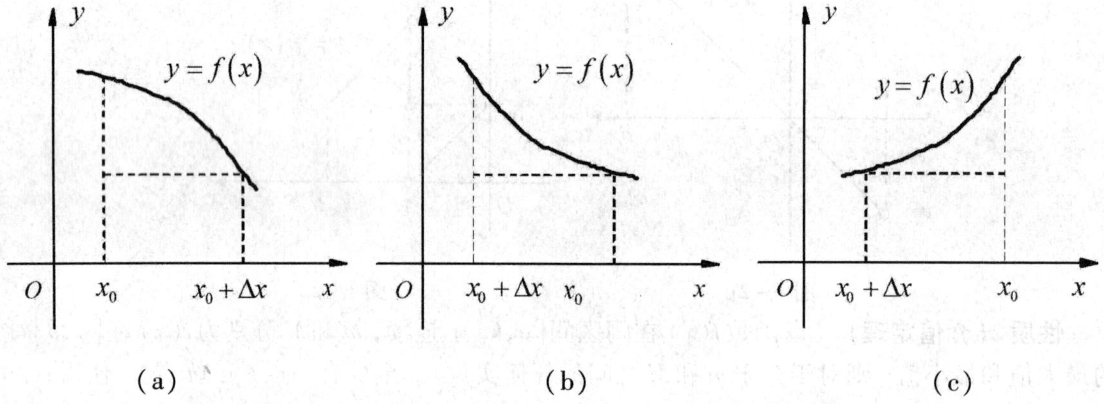

图 1 - 25

3. 讨论函数 $f(x) = \begin{cases} x^2 - 1, & -1 \leqslant x \leqslant 1 \\ x + 2, & x > 1 \end{cases}$ 在 $x = 0, x = 1, x = 2$ 各点的连续性. 并画出它的图像.

4. 求下列函数的间断点：

(1) $y = \dfrac{1}{1 + x}$；　　(2) $y = \dfrac{1 - \cos x}{x^2}$；

(3) $y = \dfrac{x^2 - 1}{x^2 - 3x + 2}$；　　(4) $y = \dfrac{2x^2 - 5x}{2x}$.

5. 求下列各极限：

(1) $\lim\limits_{x \to 0} \sqrt{e^{2x} + 2 + \sin 2x}$；　　(2) $\lim\limits_{x \to 2} \dfrac{2x^2 + 1}{1 - x}$；

(3) $\lim\limits_{t \to -2} \dfrac{e^t + 1}{t}$；　　(4) $\lim\limits_{x \to 0} \dfrac{\sqrt{1 + x} - 1}{x}$；

(5) $\lim\limits_{x\to 3}\dfrac{\sqrt{1+5x}-4}{\sqrt{x}-\sqrt{3}}$；　(6) $\lim\limits_{x\to 0}\dfrac{\sqrt{x+4}-2}{\sin 5x}$；

(7) $\lim\limits_{x\to \frac{\pi}{4}}\dfrac{\sin 2x}{2\cos(\pi-x)}$；　(8) $\lim\limits_{x\to \frac{\pi}{4}}\dfrac{\sin x-\cos x}{\cos 2x}$.

复习题一

1. 判别下列函数是否具有奇偶性?

(1) $y=1+\cos x$；　(2) $y=\sin x+\cos x$；　(3) $y=\dfrac{x^2-x}{x-1}$.

2. 设 $f(x)$ 为奇函数，$g(x)$ 为偶函数，观察下列复合函数的奇偶性：

(1) $f[g(x)]$；　(2) $g[f(x)]$；　(3) $f[f(x)]$.

3. 求下列各极限：

(1) $\lim\limits_{x\to 1}\dfrac{x^4-1}{x^3-1}$；　(2) $\lim\limits_{x\to 5}\dfrac{x^2-7x+10}{x^2-25}$；

(3) $\lim\limits_{x\to \infty}\dfrac{3x^2+2}{1-4x^3}$；　(4) $\lim\limits_{x\to \infty}\dfrac{3x^3+2}{1-4x^2}$；

(5) $\lim\limits_{x\to \infty}\dfrac{(x-1)(x-2)(x-3)}{(1-4x)^3}$；　(6) $\lim\limits_{x\to 0}\dfrac{\sqrt{1+x}-\sqrt{1-x}}{x}$；

(7) $\lim\limits_{x\to 3}\dfrac{\sqrt{1+x}-2}{\sqrt{x}-\sqrt{3}}$；　(8) $\lim\limits_{x\to +\infty}\sqrt{x}(\sqrt{x+a}-\sqrt{x})$；

(9) $\lim\limits_{x\to -1}\dfrac{\sin(x+1)}{2(x+1)}$；　(10) $\lim\limits_{x\to \infty}\left(\dfrac{2x-1}{2x+1}\right)^x$；

(11) $\lim\limits_{x\to 1}\dfrac{\sqrt{x}-1}{\sqrt[4]{x}-1}$；　(12) $\lim\limits_{x\to 0}x^2\cos\dfrac{1}{x}$.

4. 如图 1－26 所示，$OABC$ 的边长为 1 的正方形，另有一直线 $x+y=t$. 设正方形与平面区域 $x+y<t$ 的公共部分(阴影部分)的面积为 $s(t)$：

(1) 写出 $s(t)$ 的表达式；

(2) 证明 $s(t)$ 是 t 的连续函数.

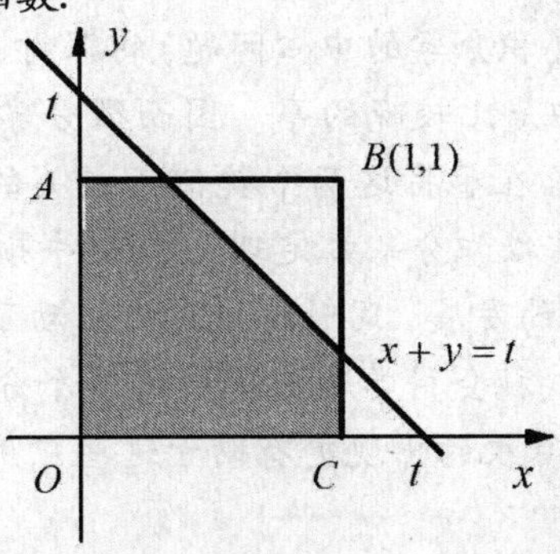

图 1－26

【知识拓展】

微积分简介

在16世纪末、17世纪初的欧洲，随着资本主义生产萌芽的出现，产生了新的生产关系，社会生产力有了很大的发展。社会和生产实践中有大量处于不断运动和变化的关系需要人们去认识和处理，有许多科学问题需要解决，正是在解决这些问题的过程中，拓展了人们对世界的认识，引起了人类思想上的质变，促成了微积分的诞生。当时的问题归结起来，大致有四种主要类型：第一类是研究运动的时候直接出现的，也就是求瞬时速度的问题；第二类问题是求曲线的切线的问题；第三类问题是求函数的最大值和最小值问题；第四类问题是求曲线长、曲线围成的面积、曲面围成的体积、物体的重心、一个体积相当大的物体作用于另一物体上的引力等。

具体说来，微积分出现于17世纪后半叶的西欧。牛顿(Newton, I.(英)1642 ~ 1727)和莱布尼茨(Leibniz, G. W.(德)1646 ~ 171)在17世纪后半叶各自独立地建立了微积分。微积分的建立可以说它是继欧氏几何后，全部数学中的最大的一个创造，在数学史上具有里程碑的意义。

微积分是经过长时间的酝酿才产生的。微积分的原理可以追溯到古代。公元前3世纪，古希腊的阿基米德在研究解决抛物弓形的面积、球和球冠面积、螺线下面积和旋转双曲体的体积的问题中，就隐含着近代积分学的思想。作为微分学基础的极限理论来说，早在中国古代已有比较清楚的论述。比如我国的庄周所著的《庄子》一书的“天下篇”中，记有“一尺之棰，日取其半，万世不竭”。三国时期的刘徽在他的割圆术中提到“割之弥细，所失弥小，割之又割，以至于不可割，则与圆周和体而无所失矣。”这些都是朴素的、也是很典型的极限思想。许多著名的数学家、天文学家、物理学家都为微积分的创立做出了贡献，如法国的费尔玛、笛卡尔、罗伯瓦、笛沙格；英国的巴罗、瓦里士；德国的开普勒；意大利的卡瓦列利等。但他们的工作大都局限于一些具体问题的细节之中，还缺乏普遍性的规律。

17世纪下半叶，在前人工作的基础上，英国大科学家牛顿和德国数学家莱布尼茨分别在自己的国度里独自研究和完成了微积分的创立工作。牛顿研究微积分着重于从运动学来考虑，莱布尼茨却是侧重于几何学来考虑的。他们将前人创立的特殊技巧统一为一般的算法，并且有效地创立了微积分的基本定理和运算法则，从而使微积分能成为一门独立的学科。

历史上看，人类对求积问题(积分学的中心问题)的探讨，可以追溯到远古，但对切线问题(微分学的中心问题)的探讨却是比较晚的事。因而微分学的起点远远落后于积分学。牛顿、莱布尼茨超越前人的功绩恰恰在于将这两个貌似不相关的问题联系起来，确立了微分与积分这两类运算的互逆关系，用“微积分基本定理”或称“牛顿—莱布尼茨公式”表达了出来。

微积分学极大的推动了数学的发展，同时也极大的推动了天文学、力学、物理学、化学、生物学、工程学、经济学等自然科学、社会科学及应用科学各个分支中的发展。并在这些学科中有越来越广泛的应用，特别是计算机的出现更有助于这些应用的不断发展。

第2章 导数与微分

微积分在自然科学和工程技术中有着广泛的应用.微分学是微积分的一个重要组成部分,它的基本内容包括导数与微分.本章将从求变速直线运动的速度和平面曲线在某点处的切线斜率这两个问题入手引出导数的概念,建立求导法则和计算公式,最后介绍函数的微分的概念及其计算方法.

§2.1 导数的概念

在许多实际问题中,不仅要研究变量之间的函数关系,而且要研究由于自变量的变化而引起的函数变化的快慢问题,即函数的变化率问题.

2.1.1 引例

1. 变速直线运动的瞬时速度问题

由物理学知道,物体做匀速直线运动时,它在任何时刻的速度可用公式 $v=\frac{s}{t}$ 来计算,这里 s 为物体在时间 t 内经过的路程.若物体做变速直线运动,它在不同时刻的速度一般是不同的.例如自由落体运动,物体在下落过程中速度是越来越快的.如何精确地计算物体做变速直线运动时在任意时刻的速度(又称瞬时速度)呢?

设一物体做变速直线运动,物体的位移 s 与经过的时间 t 之间的函数关系为 $s=s(t)$,现求 t_0 时刻的瞬时速度 $v(t_0)$.

物体在 t_0 时刻的位移为 $s(t_0)$,在 $t_0+\Delta t$ 时刻的位移是 $s(t_0+\Delta t)$,则在 Δt 这段时间内,物体经过的路程为 $\Delta s=s(t_0+\Delta t)-s(t_0)$.

于是 $\frac{\Delta s}{\Delta t}=\frac{s(t_0+\Delta t)-s(t_0)}{\Delta t}$ 就是物体在 Δt 这段时间内的平均速度 $\bar{v}$.

显然,这个平均速度是随着 Δt 的变化而变化的.一般地,当 $|\Delta t|$ 很小时,$\bar{v}$ 可近似看作 $v(t_0)$,且当 $|\Delta t|$ 越小,$\bar{v}$ 与 $v(t_0)$ 就越接近,当 $\Delta t\to 0$ 时,平均速度 $\bar{v}$ 的极限就是物体在 t_0 时刻的瞬时速度,即

$$v(t_0)=\lim_{\triangle t\to 0}\bar{v}=\lim_{\triangle t\to 0}\frac{\triangle s}{\triangle t}=\lim_{\triangle t\to 0}\frac{s(t_0+\triangle t)-s(t_0)}{\triangle t}.$$

2. 平面曲线在某点处的切线斜率问题

如图2－1(a)所示曲线为$y=f(x)$的图像，在曲线上任取两点$M(x,y)$，$N(x+\triangle x,y+\triangle y)$，作割线$MN$，其斜率为

$$\tan\varphi=\frac{\triangle y}{\triangle x}\ (\varphi\text{ 是割线 }MN\text{ 的倾斜角}).$$

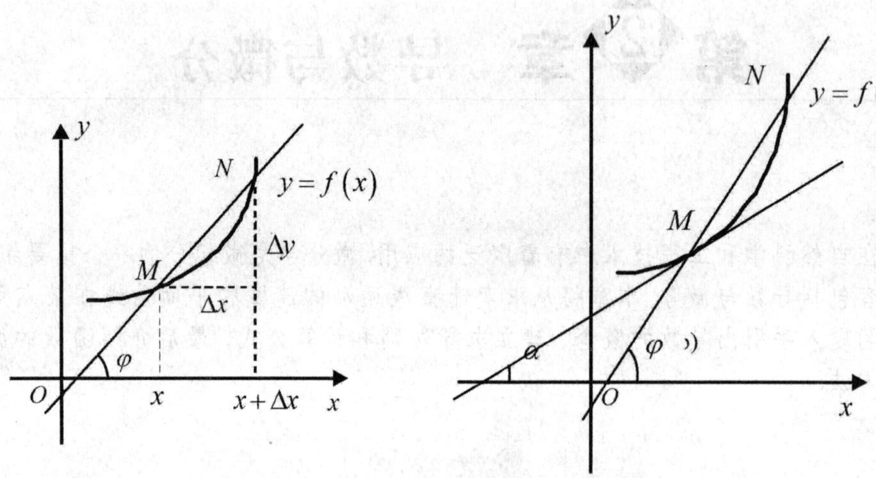

(a)　　　　　　(b)

图2－1

当点N沿曲线$y=f(x)$移动而趋于点M时，即$\triangle x\to 0$，则割线MN就绕着点M旋转而无限趋于它的极限位置MT(图2－1(b))，直线MT称为曲线$y=f(x)$在M点的切线，由于切线的倾斜角α是割线的倾斜角φ的极限，所以切线斜率$\tan\alpha$就是割线斜率$\tan\varphi=\dfrac{\triangle y}{\triangle x}$的极限，即

$$\tan\alpha=\lim_{\varphi\to\alpha}\tan\varphi=\lim_{\triangle x\to\infty}\frac{\triangle y}{\triangle x}=\lim_{\triangle x\to 0}\frac{f(x_0+\triangle x)-f(x_0)}{\triangle x}\left(\alpha\neq\frac{\pi}{2}\right).$$

以上两例的实际意义虽然不同，但它们最终得到的数学形式是完全一样的，即是当自变量的增量趋向于零时，函数的增量与自变量的增量的比的极限. 在自然科学和工程技术中，具有这种形式的极限问题是很多的. 为了便于研究，引进导数的概念.

2.1.2 导数的定义

定义　设函数$y=f(x)$在x_0及其左右近旁有定义，当自变量在x_0处有增量$\triangle x$时，函数有相应的增量$\triangle y=f(x_0+\triangle x)-f(x_0)$. 如果当$\triangle x\to 0$时，$\dfrac{\triangle y}{\triangle x}$的极限存在，则称该极限值为$y=f(x)$在$x_0$处的导数，记为$y'|_{x=x_0}$，即

$$y'|_{x=x_0}=\lim_{\triangle x\to 0}\frac{\triangle y}{\triangle x}=\lim_{\triangle x\to 0}\frac{f(x_0+\triangle x)-f(x_0)}{\triangle x},\qquad(1)$$

也可记为$f'(x_0)$，$\left.\frac{dy}{dx}\right|_{x=x_0}$，$\left.\frac{d}{dx}f(x)\right|_{x=x_0}$.

函数$f(x)$在x_0处导数存在，又称为函数$f(x)$在点x_0处可导，若极限不存在，则函数$f(x)$在点x_0处不可导. 如果函数$y=f(x)$在区间(a,b)内每一点都可导，称函数$f(x)$在区间(a,b)内可导. 这时对于每一个点$x\in(a,b)$，都有一个导数值与之对应，于是构成一个x的新函数，称为函数$y=f(x)$的导函数，记作y'或$f'(x)$，$\frac{dy}{dx}$，$\frac{d}{dx}f(x)$.

在式(1)中，把x_0换成x，即得$y=f(x)$的导函数公式

$$y'=\lim_{\Delta x\to 0}\frac{f(x+\Delta x)-f(x)}{\Delta x}. \tag{2}$$

显然，函数$y=f(x)$在x_0处的导数$f'(x_0)$就是导函数$f'(x)$在x_0处的函数值，即

$$f'(x_0)=f'(x)|_{x=x_0}.$$

在不致发生混淆的情况下，导函数也简称为导数.

由导数的定义可知，导数反映函数$y=f(x)$在x处的变化快慢程度，因此函数$y=f(x)$的导数也叫做函数$y=f(x)$关于x的变化率.

根据导数的定义可知，变速直线运动的速度$v(t)$是路程函数$s(t)$对时间t的导数，即

$$v(t)=s'(t)=\frac{ds}{dt}.$$

曲线$y=f(x)$在点$M(x,y)$处的切线斜率就是函数$y=f(x)$在点x处导数$f'(x)$，即

$$\tan\alpha=f'(x).$$

例1　求$y=x^2$的导函数y'及其在$x=2$处的导数$y'|_{x=2}$.

解　$y'=\lim\limits_{\Delta x\to 0}\frac{(x+\Delta x)^2-x^2}{\Delta x}=y'=\lim\limits_{\Delta x\to 0}\frac{2x\Delta x+(\Delta x)^2}{\Delta x}=\lim\limits_{\Delta x\to 0}(2x+\Delta x)=2x$

$y'|_{x=2}=4.$

2.1.3 左导、右导

定义　如果$\lim\limits_{\Delta x\to 0^+}\frac{f(x_0+\Delta x)-f(x_0)}{\Delta x}\left(\lim\limits_{\Delta x\to 0^-}\frac{f(x_0+\Delta x)-f(x_0)}{\Delta x}\right)$存在，则称此极限值为$f(x)$在$x_0$的左(右)导数，记为$f_+'(x_0)(f_-'(x_0))$.

定理　$f(x)$在x_0处可导$\Leftrightarrow f_+'(x_0)$、$f_-'(x_0)$存在且相等.

例如，函数$y=|x|$在$x=0$处连续，但在$x=0$处不可导. 这是因为在$x=0$处，$\frac{\Delta y}{\Delta x}=\frac{|\Delta x|}{\Delta x}$，于是$f_-'(x_0)=\lim\limits_{\Delta x\to 0^-}\frac{\Delta y}{\Delta x}=-1$，$f_+'(x_0)=\lim\limits_{\Delta x\to 0^+}\frac{\Delta y}{\Delta x}=1$，即$f_+'(x_0)\neq f_-'(x_0)$，所以函数$y=|x|$在$x=0$处导数不存在(图2-2).

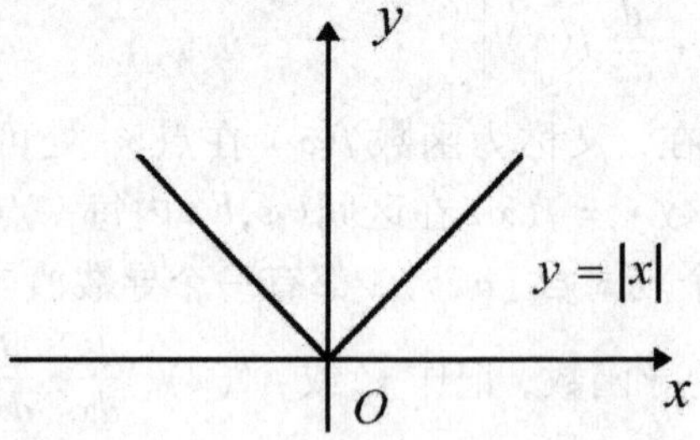

图2-2

2.1.4 导数的几何意义

根据导数的定义，函数 $y=f(x)$ 在点 x 处导数 $f'(x)$ 在几何上表示曲线 $y=f(x)$ 在点 $M(x,y)$ 处的切线斜率，即 $f'(x)=\tan\alpha$.

利用直线的点斜式方程，得曲线 $y=f(x)$ 在点 $M_0(x_0,y_0)$ 处的切线方程和法线方程为

切线: $y-y_0=f'(x_0)(x-x_0)$

法线: $y-y_0=-\dfrac{1}{f'(x_0)}(x-x_0)\ (f'(x_0)\neq 0)$

如果 $y=f(x)$ 在点 x_0 处的导数为无穷大，即 $\tan\alpha$ 不存在，则曲线在 $M_0(x_0,y_0)$ 处的切线垂直于 x 轴，故切线方程为 $x=x_0$.

例2 求抛物线 $y=x^2$ 在点(2,4)处的切线方程和法线方程.

解 根据导数的几何意义，所求切线的斜率为

$$k=y'|_{x=2}=2x|_{x=2}=4.$$

所以抛物线在点(2,4)处的切线方程为

$$y-4=4(x-2),$$

即

$$4x-y-4=0.$$

法线方程为

$$y-4=-\frac{1}{4}(x-2),$$

即

$$4y+x-18=0.$$

2.1.5 可导与连续的关系

定理 如果函数 $y=f(x)$ 在点 x_0 处可导，则函数在点 x_0 处连续.

定理表明:函数在某点可导，则函数在该点必连续. 但如果函数在某点连续，却不一定在该点可导，若不连续则必不可导.

习题 2.1

1. 物体做直线运动的方程为 $S = 3t^2 - 5t$，求：

(1) 物体在 2s 到 $(2 + \triangle t)$s 的平均速度；

(2) 物体在 2s 时的速度；

(3) 物体在 t_0s 到 $(t_0 + \triangle t)$s 的平均速度；

(4) 物体在 t_0s 时的速度.

2. 设自由落体的运动规律为 $s = \frac{1}{2}gt^2$，其中 g 为重力加速度，求落体在 t_0 时刻的瞬时速度 $v(t_0)$.

3. 设通过导线截面的电量 Q 与时间 t 的函数关系为 $Q = Q(t)$，现求 t_0 时刻的电流强度 $i(t_0)$.

4. 设在抛物线 $y = x^2$ 上 $M_1(1,1)$，$M_2(3,9)$ 两点作割线，问抛物线上哪一点的切线与该割线平行?

§2.2 初等函数导数的运算

2.2.1 基本初等函数的求导公式

根据定义，求函数 $y = f(x)$ 的导数，一般可按下列步骤进行：

① 求函数的增量：$\Delta y = f(x + \Delta x) - f(x)$；

② 算比值：$\dfrac{\Delta y}{\Delta x} = \dfrac{f(x + \Delta x) - f(x)}{\Delta x}$；

③ 取极限：$y' = \lim\limits_{\Delta x \to 0} \dfrac{\Delta y}{\Delta x} = \lim\limits_{\Delta x \to 0} \dfrac{f(x + \Delta x) - f(x)}{\Delta x}$.

例1 求函数 $y = C$（C 为常数）的导数.

解 ①求函数的增量：因为 $y = C$，即不论 x 取何值，y 的值总等于 C，所以 $\Delta y = C - C = 0$；

② 算比值：即 $\dfrac{\Delta y}{\Delta x} = 0$；

③ 取极限：$y' = \lim\limits_{\Delta x \to 0} \dfrac{\Delta y}{\Delta x} = \lim\limits_{\Delta x \to 0} 0 = 0$，即 $(C)' = 0$.

这就是说，常数的导数等于零.

一般地，幂函数 $y = x^{\alpha}(\alpha \in R)$，有公式

$$(x^{\alpha})' = \alpha x^{\alpha - 1}.$$

例2 利用幂函数的导数公式求下列函数在指定点的导数：

①$y = \sqrt{x}$，求 $y'|_{x=1}$；　　　②$y = \dfrac{1}{x}$，求 $f'(2)$.

解 ①$y = \sqrt{x} = x^{\frac{1}{2}}$，由幂函数的导数公式得

$$y' = (x^{\frac{1}{2}})' = \frac{1}{2}x^{\frac{1}{2}} = \frac{1}{2\sqrt{x}}.$$

于是

$$y'|_{x=1} = \left.\frac{1}{2\sqrt{x}}\right|_{x=1} = \frac{1}{2}.$$

②$f(x) = \dfrac{1}{x} = x^{-1}$，由幂函数的导数公式得

$$f'(x) = (x^{-1})' = -x^{-2} = -\frac{1}{x^2}.$$

于是

$$f'(2) = -\left.\frac{1}{x^2}\right|_{x=2} = -\frac{1}{4}.$$

利用导数的定义，可求得下列函数的导数：

$$(\sin x)' = \cos x.$$

$$(\cos x)' = -\sin x.$$

$$(\log_a x)' = \frac{1}{x\ln a}.$$

特别地 $$(\ln x)' = \frac{1}{x}.$$

$$(a^x)' = a^x \ln a.$$

特别地 $$(e^x)' = e^x.$$

2.2.2 导数的四则运算法则

为了解决初等函数的求导问题，下面介绍导数的四则运算法则，并继续给出一些导数公式.

法则 设函数 $u = u(x)$、$v = v(x)$ 都在点 x 处可导，则函数 $u \pm v$、uv、$\frac{u}{v}$ $(v \neq 0)$ 在点 x 处也可导，且

①$(u \pm v)' = u' \pm v'$;

②$(uv)' = u'v + uv'$;

③$\left(\frac{u}{v}\right)' = \frac{u'v - uv'}{v^2}, (v \neq 0)$.

法则中的式①对有限个函数也是成立的. 例如，$(u + v - w)' = u' + v' - w'$.

推论：①$[Cu(x)]' = Cu'(x)$ (C 为常数)；

②$\left(\frac{1}{u(x)}\right)' = -\frac{u'(x)}{u^2(x)}$;

③$(uvw)' = u'vw + uv'w + uvw'$.

例3 求函数 $y = 2\sin x - \frac{1}{x\sqrt{x}} + 3$ 的导数.

解 $y' = \left(2\sin x - \frac{1}{x\sqrt{x}} + 3\right)' = (2\sin x)' - \left(\frac{1}{x\sqrt{x}}\right)' + (3)'$

$= (2\sin x)' - (x^{-\frac{3}{2}})' + (3)'$

$= 2\cos x + \frac{3}{2}x^{-\frac{5}{2}}$.

例4 求函数 $y = x^2 \ln x$ 的导数.

解 $y' = (x^2\ln x)' = (x^2)'\ln x + x^2(\ln x)' = 2x\ln x + x^2 \frac{1}{x} = 2x\ln x + x$.

例5 求函数 $y = \frac{2 - 3x}{2 + x}$ 的导数.

解 $y' = \frac{(2-3x)'(2+x) - (2-3x)(2+x)'}{(2+x)^2} = \frac{-3(2+x) - (2-3x)}{(2+x)^2}$

$= -\frac{8}{(2+x)^2}$;

例6 曲线 $y = \ln x$ 上哪一点的切线与直线 $y = 3x - 1$ 平行?

解 设曲线 $y = \ln x$ 在点 $M(x,y)$ 处的切线与直线 $y = 3x - 1$ 平行. 由导数的几何意义得

所求切线的斜率为

$$y' = (\ln x)' = \frac{1}{x},$$

而直线 $y = 3x - 1$ 的斜率为 $k = 3$，根据两直线平行的条件，有

$$\frac{1}{x} = 3，即 x = \frac{1}{3}.$$

将其代入曲线方程 $y = \ln x$，得 $y = \ln\frac{1}{3} = -\ln 3$，所以曲线 $y = \ln x$ 在 $M\left(\frac{1}{3}, -\ln 3\right)$处的切线与直线 $y = 3x - 1$ 平行.

例 7 求正切函数 $y = \tan x$ 的导数.

解 因为 $\tan x = \frac{\sin x}{\cos x}$，所以

$$y' = (\tan x)' = \left(\frac{\sin x}{\cos x}\right)' = \frac{(\sin x)'\cos x - \sin x(\cos x)'}{\cos^2 x}$$

$$= \frac{\cos^2 x + \sin^2 x}{\cos^2 x} = \frac{1}{\cos^2 x} = \sec^2 x.$$

即
$$(\tan x)' = \sec^2 x.$$

类似地，可求得余切函数的导数

$$(\cot x)' = -\csc^2 x.$$

例 8 求正割函数 $y = \sec x$ 的导数.

解 因为 $\sec x = \frac{1}{\cos x}$，所以

$$y' = (\sec x)' = \left(\frac{1}{\cos x}\right)' = \frac{(1)'\cos x - 1(\cos x)'}{\cos^2 x} = \frac{\sin x}{\cos^2 x} = \sec x\tan x.$$

即
$$(\sec x)' = \sec x\tan x.$$

类似地，可求得余割函数的导数

$$(\csc x)' = -\csc x\cot x.$$

2.2.3 复合函数的求导法则

前面谈到，对复合函数 $y = \sin(1 - x^2)$ 可以看成由简单函数 $y = \sin u$ 和 $u = 1 - x^2$ 合成，现在我们研究如何求复合函数 $y = \sin(1 - x^2)$ 的导数.

对由函数 $y = f(u)$，$u = \varphi(x)$ 复合而成的函数 $y = f[\varphi(x)]$ 的求导，有以下法则：

法则 设函数 $u = \varphi(x)$ 在点 x 处有导数 $\frac{du}{dx}$，函数 $y = f(u)$ 在对应点 $u = \varphi(x)$ 处也有导数 $\frac{dy}{du}$，则复合函数 $y = f[\varphi(x)]$ 在点 x 处的导数必存在，且

$$\frac{dy}{dx} = \frac{dy}{du}\cdot\frac{du}{dx}$$

上式也可写成

$$y_x' = y_u' \cdot u_x' \quad 或 \quad y'(x) = f'(u)\cdot\varphi'(x)$$

其中 y_x' 表示 y 对 x 的导数，y_u' 表示 y 对 u 的导数（u 为中间变量），而 u_x' 表示中间变量 u 对

自变量 x 的导数.

以上表明，复合函数的导数等于函数对中间变量的导数乘以中间变量对自变量的导数. 而且以上结论可以推广到具有有限个中间变量的情况. 如 $y=f(u)$、$u=\varphi(v)$、$v=\psi(x)$ 构成的复合函数为 $y=f[\varphi(\psi(x))]$，其导数为

$$\frac{dy}{dx}=\frac{dy}{du}\cdot\frac{du}{dv}\cdot\frac{dv}{dx} \quad 或 \quad y'(x)=f'(u)\cdot\varphi'(v)\cdot\psi'(x).$$

例9 求函数 $y=(1-2x)^3$ 的导数.

解 设 $y=u^3$，$u=1-2x$. 因为 $y_u'=3u^2$，$u_x'=-2$，所以

$$y_x'=y_u'u_x'=3u^2(-2)=-6u^2=-6(1-2x)^2.$$

由以上例题可见，复合函数的求导关键是正确的分析复合函数的复合过程，确定其中的中间变量，如果每一个复合函数都分解成了基本初等函数或是基本初等函数的和、差、积、商，那么就可根据复合函数及有关求导法则进行求导了. 但要注意：求导后必须把引进的中间变量代换成原来的自变量的式子. 复合函数的求导熟练后，中间变量可以不写出，只要默记中间变量所代替的式子，按照函数复合的次序，逐层求导即可.

例10 求函数 $y=\sin^2 2x$ 导数.

解 $y'=2\sin 2x(\sin 2x)'=2\sin 2x\cos 2x\cdot(2x)'=2\sin 4x$.

求函数的导数，有时需要综合运用各种求导法则，有的函数在求导前需要进行化简或适当变形.

例11 求下列函数的导数：

① $f(x)=\dfrac{\sec^2 x-2}{1-\tan x}$； ② $y=\dfrac{1}{x-\sqrt{x^2-1}}$.

解 ① 因为 $f(x)=\dfrac{\sec^2 x-2}{1-\tan x}=\dfrac{1+\tan^2 x-2}{1-\tan x}=\dfrac{\tan^2 x-1}{1-\tan x}=-1-\tan x$，所以

$$f'(x)=(-1-\tan x)'=-\sec^2 x.$$

② 先将分母有理化，得 $y=\dfrac{1}{x-\sqrt{x^2-1}}=\dfrac{x+\sqrt{x^2-1}}{(x-\sqrt{x^2-1})(x+\sqrt{x^2-1})}$

$$=x+\sqrt{x^2-1},$$

于是

$$y'=1+\frac{2x}{2\sqrt{x^2-1}}=1+\frac{x}{\sqrt{x^2-1}}.$$

关于反三角函数的导数，我们不加证明的直接给出：

$(\arcsin x)'=\dfrac{1}{\sqrt{1-x^2}}$，$(\arccos x)'=-\dfrac{1}{\sqrt{1-x^2}}$，其中 $|x|<1$.

$(\arctan x)'=\dfrac{1}{1+x^2}$，$(\text{arccot}\, x)'=-\dfrac{1}{1+x^2}$，其中 $x\in R$.

例12 求函数 $y=\arctan\dfrac{1}{x}$ 的导数.

解 由反正切函数的导数公式

$$y' = \frac{1}{1+\frac{1}{x^2}}\left(\frac{1}{x}\right)' = \frac{1}{1+\frac{1}{x^2}}\left(-\frac{1}{x^2}\right) = -\frac{1}{1+x^2}.$$

2.2.4 隐函数的导数

用解析法表示函数通常有两种不同的方式：一种是由 $y = f(x)$ 的形式给出的自变量为 x 的函数 y，称为显函数. 如 $y = x^2 + 3$、$y = \ln\cos x$、$s = e^t\sin t$ 等均为显函数；另一种是由方程 $F(x,y) = 0$ 的形式所确定的自变量为 x 的函数 y，称为隐函数. 如 $x^2 - y + 3 = 0$、$\sin x + xy = 3$、$e^{s+t} = st$ 等均为隐函数.

显函数与隐函数都反映了变量之间存在的某种依赖关系，只是表达形式不同. 有些隐函数可以化为显函数，如 $x^2 - y + 3 = 0$ 可化为 $y = x^2 + 3$；有些隐函数则不能化为显函数，如 $e^{s+t} = st$. 因此，在求隐函数的导数时，希望能找到一个不需要把隐函数化为显函数，而直接由方程 $F(x,y) = 0$ 求出导数 $\frac{dy}{dx}$ 的方法. 利用复合函数的求导法则，就能解决一般隐函数的求导问题. 下面通过实例介绍隐函数的求导方法.

例 13 求由方程 $xy = e^x - e^y$ 所确定的函数 y 在 $x = 0$ 处的导数.

解 将方程两边同时对 x 求导，得 $(xy)' = (e^x)' - (e^y)'$,

即 $y + xy' = e^x - e^y y'$,

合并 y'，得 $y'(x + e^y) = e^x - y$,

解出 y'，得 $$y' = \frac{e^x - y}{x + e^y}.$$

由原方程知，当 $x = 0$ 时，$y = 0$. 所以 y 在 $x = 0$ 处的导数

$$y'\big|_{(0,0)} = \frac{e^0 - 0}{0 + e^0} = 1.$$

由上例可见，求隐函数的导数 y' 时，总是将方程的两边同时对自变量 x 求导，注意到 y 是 x 的函数，y 的函数则是 x 的复合函数. 合并 y'，解出 y'，就得到所求隐函数的导数. 隐函数所确定的函数 y 的导数 y' 中含有 y，这是与显函数的导数不同的.

前面推得了所有基本初等函数的导数公式，以及求导数的各种运算法则和方法. 基本初等函数的导数公式和各种求导法则及方法是初等函数求导运算的基础，读者必须熟练掌握. 为了便于查阅，把这些导数公式和求导法则及方法归纳如下：

1. 基本初等函数的导数公式

(1) $(C)' = 0$

(2) $(x^a)' = ax^{a-1}$ 特别地 $(x)' = 1$

$(x^2)' = 2x$ $\left(\frac{1}{x}\right)' = -\frac{1}{x^2}$

$(\sqrt{x})' = \frac{1}{2\sqrt{x}}$

(3) $(a^x)' = a^x\ln a$ (4) $(e^x)' = e^x$

(5) $(\log_a x)' = \frac{1}{x\ln a}$ (6) $(\ln x)' = \frac{1}{x}$

(7) $(\sin x)' = \cos x$　　(8) $(\cos x)' = -\sin x$

(9) $(\tan x)' = \sec^2 x$　　(10) $(\cot x)' = -\csc^2 x$

(11) $(\sec x)' = \sec x\tan x$　　(12) $(\csc x)' = -\csc x\cot x$

(13) $(\arcsin x)' = \dfrac{1}{\sqrt{1-x^2}}$　　(14) $(\arccos x)' = -\dfrac{1}{\sqrt{1-x^2}}$

(15) $(\arctan x)' = \dfrac{1}{1+x^2}$　　(16) $(\text{arccot}\, x)' = -\dfrac{1}{1+x^2}$

2. 函数的和、差、积、商的求导法则

(1) $(u \pm v)' = u' \pm v'$　　(2) $(uv)' = u'v + uv'$　　特别地 $(Cu)' = Cu'$

(3) $\left(\dfrac{u}{v}\right)' = \dfrac{u'v - uv'}{v^2}$

3. 复合函数的求导法则

设 $y = f(u)$，$u = \varphi(x)$，则复合函数 $y = f[\varphi(x)]$ 的导数为

$$\frac{dy}{dx} = \frac{dy}{du}\cdot\frac{du}{dx} \quad 或 \quad {y_x}' = {y_u}'\cdot{u_x}'.$$

4. 隐函数的求导法

将方程 $F(x,y) = 0$ 两边根据复合函数的求导法则对 x 求导，再从中解出 ${y_x}'$.

2.2.5 高阶导数

1. 高阶导数的概念

一般说来，函数 $y = f(x)$ 的导数 $f'(x)$ 仍然是 x 的函数，因此可以对 x 再求导数. 把函数 $y = f(x)$ 的导数的导数叫做函数 $y = f(x)$ 的二阶导数，记作 y'', $f''(x)$ 或 $\dfrac{d^2y}{dx^2}$.

即

$$y'' = (y')',\ f''(x) = [f'(x)]',\ \frac{d^2y}{dx^2} = \frac{d}{dx}\left(\frac{dy}{dx}\right)$$

相应地，把 $y = f(x)$ 的导数 $f'(x)$ 叫做函数 $y = f(x)$ 的一阶导数.

类似地，可定义 $y = f(x)$ 的三阶导数、四阶导数、……、n 阶导数，它们分别记作

$$y'''、y^{(4)}、\cdots\cdots、y^{(n)}$$

或

$$f'''(x)、f^{(4)}(x)、\cdots\cdots、f^{(n)}(x)$$

或

$$\frac{d^3y}{dx^3}、\frac{d^4y}{dx^4}、\cdots\cdots、\frac{d^ny}{dx^n}.$$

二阶及二阶以上的导数统称为高阶导数.

例 14　求下列函数的二阶导数：

①$y = x^3 + x^2 + x + 1$；　　②$y = x\ln x$.

解　①$y' = 3x^2 + 2x + 1$，$y'' = 6x + 2$.

②$y' = (x)'\ln x + x(\ln x)' = \ln x + 1$，$y'' = (\ln x + 1)' = \dfrac{1}{x}$.

例 15　求正弦函数 $y = \sin x$ 的 n 阶导数.

解　$y = \sin x$，

$y' = \cos x = \sin\left(\frac{\pi}{2} + x\right)$,

$y'' = -\sin x = \sin\left(2 \cdot \frac{\pi}{2} + x\right)$,

$y''' = -\cos x = \sin\left(3 \cdot \frac{\pi}{2} + x\right)$,

$y^{(4)} = \sin x = \sin\left(4 \cdot \frac{\pi}{2} + x\right)$,

……

依次类推，可得

$$y^{(n)} = \sin\left(n \cdot \frac{\pi}{2} + x\right).$$

2. 二阶导数的力学意义

设物体作变速直线运动，其运动方程为 $s = s(t)$，则物体运动的速度是路程 s 对时间 t 的导数，即 $v = s'(t) = \frac{ds}{dt}$. 一般地，速度 v 仍是时间 t 的函数，可以求速度 v 对时间 t 的导数，且用 a 表示，则 $a = v' = \frac{d^2s}{dt^2}$. 在力学中，$a$ 表示物体运动的加速度，也就是说物体运动的加速度 a 是路程函数 s 对时间 t 的二阶导数.

例 16 作直线运动的某物体的运动方程为 $s = e^{-t}\cos t$，求物体运动的加速度.

解 因为 $s = e^{-t}\cos t$，所以物体运动的速度

$$v = s' = (e^{-t})'\cos t + e^{-t}(\cos t)' = -e^{-t}(\sin t + \cos t),$$

物体运动的加速度

$$a = s'' = e^{-t}(\sin t + \cos t) - e^{-t}(\cos t - \sin t) = 2e^{-t}\sin t.$$

2.2.6 导数(变化率)模型实例

我们已经看到，函数的导数就是函数随自变量的变化而变化时的变化率. 所以，无论在什么领域，只要是与变化率有关的问题，我们都可以利用导数的知识，建立相应的数学模型，使问题得以解决. 请看以下几个实例：

【实例 1】瞬时速度模型——汽车的车速表

假如你正在参加一场 F1 方程式比赛，你坐在自己的那部超高马力、烧汽油跟喝水似的赛车驾驶室里，在起跑线蓄势待发. 在这种比赛里，最关心的当然是你的车速.

从数学角度来说，如果位置函数为 $S(t)$，它表示你的车子在 t 时刻离开起跑线的距离，其导数 $S'(t)$ 就是该位置函数的变化率即速度，而 $t = 0$ 就代表鸣枪开赛的一刹那.

在高速奔驰的赛车里，如何描述速度?就是汽车的车速表. 汽车的车速表上的“110km / h”指的就是速率.

在你的赛车过程中，车速一直在变化着. 开始的一刹那，车子还停在起跑线后面，速率是0，比赛一旦开始，车子就冲了出去，速率也越来越快，一直加速至车子的最高速率 230km / h. 而当车子冲过终点线，车尾射出减速伞，车子就又减速到停止下来，此时的车速也是0. 在整个过程中，赛车从0上升到230km / h，然后再下降到0. 车速表还随时告诉你，在任何一个时间的位

置的导数即速率是多少.因此，车速表也可以称为“导数显示表”.

假如在比赛开始时，由于过度紧张，你误挂了倒挡，当你左脚松开离合器，右脚把油门踩到底，结果会怎样呢?车子会向后冲出去，方向和你的预期恰恰相反!此时你的车速实际为 -130km/h，也可以说你的位置导数为 -130.

【实例2】谣言传播速率模型

在传播学中，有这样一个规律:在一定情况下，谣言的传播符合函数关系

$$p(t)=\frac{1}{1+ae^{-kt}},$$

其中 $p(t)$ 是 t 时刻人群中知道此谣言的人数比例，a 和 k 为正数.求：

(1) $\lim\limits_{t\to+\infty}p(t)$；　　(2) 谣言传播的速率；

(3) 若 $a=10$，$k=\frac{1}{2}$，且时间单位为小时，确定需要多长时间人群中有80%的人知道此谣言?

解:(1) $\lim\limits_{t\to+\infty}p(t)=\lim\limits_{t\to+\infty}\frac{1}{1+ae^{-kt}}=1$，这意味着最终所有人都将知道此谣言.

(2) 谣言传播的速率即 $p'(t)=\left(\frac{1}{1+ae^{-kt}}\right)'=-\frac{1}{(1+ae^{-kt})^2}(1+e^{-kt})'=\frac{ake^{-kt}}{(1+ae^{-kt})^2}$

(3) 把 $p(t)=0.8$，$a=10$，$k=\frac{1}{2}$ 代入 $p(t)=\frac{1}{1+ae^{-kt}}$ 得

$$0.8=\frac{1}{1+10e^{-\frac{1}{2}t}}$$

解之，$1+10e^{-\frac{1}{2}t}=1.25$，$10e^{-\frac{1}{2}t}=0.25$，$-\frac{1}{2}t=\ln 0.025$，$t=\ln 1600\approx 7.38$（小时）

即大约需要7.38小时人群中有80%的人知道此谣言.该图型的图像见图2-3.这条曲线也称为logistic曲线.

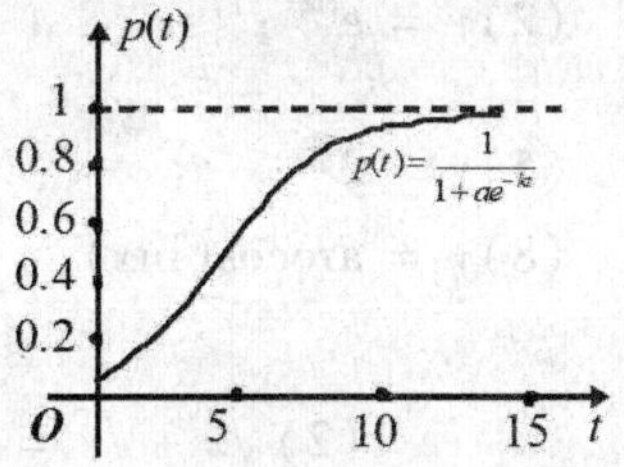

图2-3

当然，现在互联网的快速发展，彻底颠覆了传统意义上的信息传播渠道，网络谣言具有传播速度快、影响范围广、扩散方式多、隐蔽性强、危害性大等特点，给个人、企业乃至社会造成诸多不良后果.我们倡议，文明上网，理性上网，不信谣，不传谣，共同维护一个文明健康、美好纯澈的网络家园.

习题 2.2

1. 求下列函数的导数：

(1) $y = 3x^2 - \frac{2}{x^2} + \cos x$；　(2) $y = (1 + x^2)\sin x$；　(3) $y = \frac{x^5 + \sqrt{x} + 1}{x^3}$；

(4) $u = \frac{\sin t}{\sin t + \cos t}$；　(5) $\rho = \sqrt{\varphi}\sin\varphi$；　(6) $y = 3\ln x - \frac{2}{x} + \tan x$；

(7) $y = x\tan x - 2\sec x$；　(8) $y = x^3\sqrt[5]{x}$；　(9) $y = \frac{x^2\sqrt{x}}{\sqrt[4]{x}}$；

(10) $y = e^x(\sin x + \cos x)$；　(11) $y = \sqrt[3]{1 - x^2}$；　(12) $y = \sin(\omega x + \varphi)$；

(13) $y = \tan^2\frac{x}{2}$；　(14) $y = \ln\sin 2x$；　(15) $y = \cos^3(x^2 + 1)$；

(16) $y = (x - 1)\sqrt{x^2 + 1}$；　(17) $y = \ln x^2 + (\ln x)^2$；　(18) $y = \frac{\sin 2x}{1 - \cos 2x}$；

(19) $y = \sec^3(\ln x)$；　(20) $y = \ln\sqrt{\frac{x^2 + 1}{x^2 - 1}}$.

2. 求下列函数在给定点的导数：

(1) $y = \frac{x^2 - 5x + 1}{x^3}$，求 $y'|_{x=1}$；　(2) $f(x) = x\sin x + \frac{1}{2}\cos x$，求 $f'\left(\frac{\pi}{4}\right)$；

(3) $y = 3x^2 + x\cos x + \cos\frac{\pi}{6}$，求 $y'|_{x=\pi}$；　(4) $\varphi(t) = \frac{t - 2}{t^2 - t + 1}$，求 $\varphi'(1)$；

(5) $y = \sqrt[3]{4 - 3x}$，求 $y'|_{x=1}$；　(6) $y = \ln\cos(\pi - x)$，求 $y'|_{x=\frac{\pi}{4}}$.

3. 求下列函数的导数：

(1) $y = \left(\frac{2}{3}\right)^x + x^{\frac{2}{3}}$；　(2) $y = e^{\cos x}$；　(3) $y = \sqrt{e^{2x} + 1}$；

(4) $y = \sin(2^x)$；　(5) $y = 2^{\frac{x}{\ln x}}$；　(6) $y = \arcsin 5x$；

(7) $y = \arctan e^{\sqrt{x}}$；　(8) $y = \arccos(\ln x)$；

4. 求下列隐函数的导数：

(1) $y^5 + 2y - x - 3x^7 = 0$；　(2) $\sqrt{x} + \sqrt{y} = \sqrt{a}$；

(3) $xy = e^x + y$；　(4) $\cos(xy) = x$；

(5) $\frac{y^2}{x + y} = 1 - x^2$，在点(0,1)；　(6) $e^y - xy = e$，在点(0,1).

5. 求下列函数的二阶导数：

(1) $y = (x + 3)^4$；　(2) $y = e^x + \ln x$；　(3) $y = \left(\frac{3}{5}\right)^x$；　(4) $y = \cos^2\frac{x}{2}$.

6. 求下列函数的 n 阶导数：

(1) $y = \cos x$；　(2) $y = a^x$.

7. 过点 $A(0,0)$ 引抛物线 $y = 2x - x^2$ 的切线，求该切线的方程.

8. 求曲线 $y = x - \frac{1}{x}$ 与横坐标轴交点处的切线方程.

9. 已知物体做直线运动的方程为 $s = 2t^3 - 15t^2 + 36t + 2$，问何时速度等于零?

10. 已知质点做简谐运动时的规律为 $S = A\sin\frac{2\pi}{T}t$，式中 A 为振幅，T 为周期，求 $t = \frac{T}{4}$ 时，质点运动的速度.

11. 曲线 $y = xe^{-x}$ 上哪一点的切线平行于 x 轴?求此切线方程.

12. 物体的运动方程为 $s = \frac{b}{a^2}(at + e^{-at})$ (a, b 为常数)，求物体在 $t = \frac{1}{2a}$ 时的速度.

13. 已知做直线运动的某物体运动方程为 $S = A\cos(\omega t + \varphi)$ (A、ω、φ 均为常数)，求物体运动的加速度.

§2.3 微分及其应用

前面研究了函数的导数.在许多实际问题中，经常遇到与导数有关的一类问题:当自变量有微小增量时，要计算相应函数的增量的近似值.由此引出微分及微分的计算方法.

2.3.1 引例

先看一个例子:一块正方形的金属薄片，当受热膨胀后，边长由 x_0 变到 $x_0+\triangle x$.问此薄片的面积 A 大约增加了多少?

由于正方形的面积 A 是边长 x 的函数 $A=x^2$，由题意得此薄片的面积 A 增加了

$$\triangle A=(x_0+\triangle x)^2-{x_0}^2=2x_0\cdot\triangle x+(\triangle x)^2$$

由上式可以看到所求面积A的增量 $\triangle A$ 由两项的和构成.第一项$2x_0\triangle x$ 是关于 $\triangle x$ 的一次式(或称线性式)，$\triangle x$ 的系数 $2x_0$ 恰好是面积 A 在 x_0 点的导数;第二项是 $\triangle x$ 的二次式.显然，当$\triangle x$ 很小时，$\triangle A$ 的主要部分是第一项$2x_0\triangle x$，$(\triangle x)^2$ 的作用非常小，可以忽略不计(图2－4).

如,当 $x_0=10$，$\triangle x=0.1$ 时，面积A 增加量为 $\triangle A=2x_0\triangle x+\triangle x^2=2\times10\times0.1+0.1^2=2.01$;

当 $x_0=10$，$\triangle x=0.01$ 时，面积A 增加量为 $\triangle A=2x_0\triangle x+\triangle x^2=2\times10\times0.01+0.01^2=0.2001$;

当 $x_0=10$，$\triangle x=0.001$ 时，面积 A 增加量为 $\triangle A=2x_0\triangle x+\triangle x^2=2\times10\times0.001+0.001^2=0.020001$.

因此面积 A 的增量 $\triangle A$ 可近似表示为

$$\triangle A\approx2x_0\triangle x \quad 或 \quad \triangle A\approx A'(x_0)\triangle x .$$

一般地，对于函数 $y=f(x)$，当自变量x_0 变到$x_0+\triangle x$时，函数y增量 $\triangle y=f(x_0+\triangle x)-f(x_0)$ 的具体表达式往往比较复杂，但其近似值仍可用下式计算:

$$\triangle y\approx f'(x_0)\triangle x$$

我们把$f'(x_0)\triangle x$ 称为函数 $y=f(x)$ 在 x_0 处的微分.

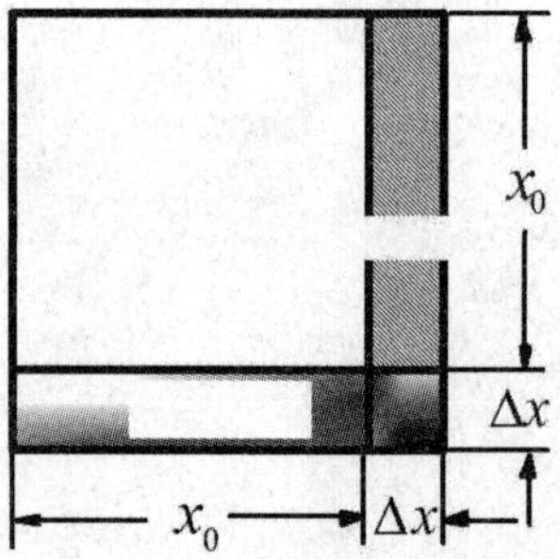

图2－4

2.3.2 微分的概念及计算

定义 如果函数 $y=f(x)$ 在点 x_0 具有导数 $f'(x_0)$，则 $f'(x_0)\Delta x$ 称为 $y=f(x)$ 在点 x_0 的微分，

记作 dy，即

$$dy=f'(x_0)\Delta x.$$

通常把自变量的增量 Δx 称为自变量的微分，记作 dx. 则函数 $y=f(x)$ 在点 x_0 处的微分可写成

$$dy=f'(x_0)dx.$$

当函数 $y=f(x)$ 在点 x_0 处有微分时，称函数 $y=f(x)$ 在点 x_0 处可微.

一般地，函数 $y=f(x)$ 在区间 (a,b) 内任意点 x 的微分称为函数的微分，记作 dy，即

$$dy=f'(x)dx.$$

由此可知，求函数的微分 dy，只要先求出函数的导数 $f'(x)$ 后，再乘以即可.

由上式还可以看出，以 dx 除式上式的两端得到

$$\frac{dy}{dx}=f'(x)$$

这就是说，函数的微分与自变量的微分之商等于该函数的导数，因此导数也称微商.

不难发现，一元函数的可微与可导是等价的.

求导数与求微分在方法上没有什么本质的区别，故统称为微分法.

例 1 求函数 $y=e^{1-2x^2}$ 的微分.

解 $dy=(e^{1-2x^2})'dx=-4xe^{1-2x^2}dx$.

例 2 求函数 $y=\dfrac{x-1}{x+1}$ 的微分.

解 $dy=d\left(\dfrac{x-1}{x+1}\right)=\dfrac{(x+1)-(x-1)}{(x+1)^2}dx=\dfrac{2dx}{(x+1)^2}$.

例 3 在下列等式左端的括号中填入适当的函数，使等式成立.

①$d(\quad)=xdx$； ②$d(\quad)=\cos\omega tdt$.

解 ① 因为 $d(x^2)=2xdx$，所以 $xdx=\dfrac{1}{2}d(x^2)=d\left(\dfrac{x^2}{2}\right)$，

即
$$d\left(\frac{x^2}{2}\right)=xdx.$$

一般地，有 $d\left(\dfrac{x^2}{2}+C\right)=xdx$（$C$ 为任意的常数）.

② 因为 $d(\sin\omega t)=\omega\cos\omega tdt$，所以 $\cos\omega tdt=\dfrac{1}{\omega}d(\sin\omega t)=d\left(\dfrac{1}{\omega}\sin\omega t\right)$，

即
$$d\left(\frac{1}{\omega}\sin\omega t\right)=\cos\omega tdt.$$

一般地，有 $d\left(\dfrac{1}{\omega}\sin\omega t+C\right)=\cos\omega tdt$（$C$ 为任意的常数）.

下面来看微分的几何意义：

如图2－5所示，$P(x_0,y_0)$ 和 $Q(x_0+\Delta x, y_0+\Delta y)$ 是曲线 $y=f(x)$ 上邻近的两点. PT 为曲线在点 P 处的切线，其倾斜角为 α. 容易得到 $RT=PR\tan\alpha=f'(x_0)\Delta x=dy$，这就是说函数 $y=f(x)$ 在点 x_0 处的微分，在几何上表示曲线 $y=f(x)$ 在点 $P(x_0, y_0)$ 处切线 PT 的纵坐标的增量 RT.

在图2－5中，$TQ=RQ-TR$ 表示 Δy 与 dy 之差，当 $|\Delta x|$ 很小时，TQ 与 RT 相比是微不足道的，因此，可用 RT 近似代替 RQ. 这就是说，当 $|\Delta x|$ 很小时，有 $\Delta y\approx dy$.

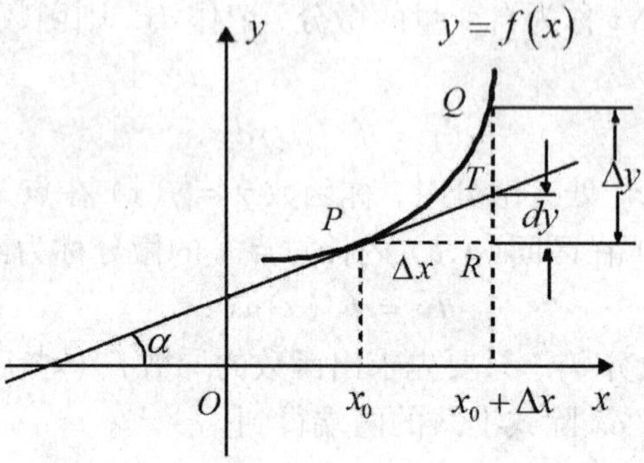

图2－5

2.3.3 微分在近似计算中的应用

当 $|\Delta x|$ 很小时，

函数的增量可用其微分来近似代替，即

$$\Delta y\approx dy=f'(x_0)\Delta x. \tag{1}$$

而 $\Delta y=f(x_0+\Delta x)-f(x_0)$，所以 $f(x_0+\Delta x)-f(x_0)\approx f'(x_0)\Delta x$，

当我们计算函数在某一点处的函数值的近似值时，可以利用

$$f(x_0+\Delta x)\approx f(x_0)+f'(x_0)\Delta x \tag{2}$$

令 $x_0=0$，$\Delta x=x$ 得函数在0点附近的某一点的函数值

$$f(x)\approx f(0)+f'(0)x\ (|x|\text{很小时}) \tag{3}$$

例4 半径为10cm的金属圆片加热后，半径伸长了0.05cm，问面积大约增大多少？

解 设圆片的半径为 r，圆片的面积为 $A=\pi r^2$，于是

$$dA=2\pi r\Delta r.$$

当 $r=10$cm，$\Delta r=0.05$cm时，由公式(1)得

$$\Delta A\approx dA=2\pi r\Delta r=2\pi\times10\times0.05=\pi(\text{cm}^2).$$

则面积增大了约 πcm².

例5 计算 $\sqrt{1.02}$ 的近似值.

解： 设 $f(x)=\sqrt{x}$，则 $f'(x)=\dfrac{1}{2\sqrt{x}}$

取 $x_0=1$，$\Delta x=0.02$，由公式(2)得

$$\sqrt{1.02}\approx\sqrt{1}+\frac{1}{2\sqrt{1}}\times0.02=1+0.01=1.01$$

利用(3)式可计算函数在 $x=0$ 附近的函数值的近似值，还可以推出工程上常用的近似

公式，即当$|x|$很小时，

(1) $\sin x \approx x$　　(2) $\tan x \approx x$　　(3) $e^x \approx 1 + x$

(4) $\ln(1 + x) \approx x$　　(5) $\sqrt[n]{1 + x} \approx 1 + \frac{x}{n}$

例6　求以下各数的近似值

(1) $\ln 0.98$　　(2) $\sqrt[4]{255}$

解：　(1) 由近似公式(4)得

$$\ln 0.98 = \ln(1 - 0.02) \approx -0.02$$

(2) 由近似公式(5)得

$$\sqrt[4]{255} = \sqrt[4]{256 - 1} = \sqrt[4]{256\left(1 - \frac{1}{256}\right)} = 4\sqrt[4]{1 - \frac{1}{256}}$$

$$\approx 4\left(1 - \frac{1}{4} \cdot \frac{1}{256}\right) \approx 3.996$$

习题 2.3

1. 试计算函数 $y = x^2 + 1$ 在点 $x = 1$ 处的 dy、$\triangle y$ 及 $\triangle y - dy$：

(1) $\triangle x = 0.1$；　　(2) $\triangle x = -0.01$.

2. 求下列函数的微分：

(1) $y = x^3 + 2x^2$；　　(2) $y = x^2 - x^{\frac{1}{2}}$；　　(3) $y = \frac{x^2 + 1}{x^2 - 1}$；

(4) $y = \cos 2x + \tan x$；　　(5) $y = (x + 2)^3$；　　(6) $y = e^{-x}\cos(3 - x)$.

3. 将适当的函数填入下列括号，使等式成立：

(1) $d(\quad) = \frac{x}{3}dx$；　　(2) $d(\quad) = \frac{1}{x}dx$；　　(3) $d(\quad) = \frac{1}{x^2}dx$；

(4) $d(\quad) = 5dx$；　　(5) $d(\quad) = \sin\omega t dt$；　　(6) $d(\sin^2 x) = (\quad)d\sin x$；

(7) $d(\quad) = \frac{dx}{2\sqrt{x}}$；　　(8) $d(\quad) = e^{-2x}dx$.

4. 边长为 a 的金属立方体受热膨胀，当边长增加 h 时，求立方体所增加的体积的近似值.

5. 水管壁的正截面是一个圆环，设它的内径为 r_0，壁厚为 h，求这个圆环面积的近似值(h 相当小).

6. 利用微分近似计算公式，求下列各式的近似值(保留三位小数).

(1) $e^{1.01}$；　　(2) $\sqrt[3]{998}$.

复习题二

1. 求下列函数的导数：

(1) $y=\frac{1}{x}+\frac{1}{\sqrt{x}}+\frac{1}{\sqrt[3]{x}}$；　　(2) $y=2^{x}(x\sin x+\cos x)$；

(3) $y=e^{\sqrt[3]{x+1}}$；　　(4) $y=\ln\frac{1}{x+\sqrt{x^{2}-1}}$；

(5) $y=\frac{1}{\sqrt{2}}\operatorname{arccot}\frac{\sqrt{2}}{x}$；　　(6) $y=\frac{1}{2}\cot^{2}x+\ln\sin x$；

(7) $\frac{x}{y}-\ln x=1$，求 $\left.\frac{dy}{dx}\right|_{\substack{x=e\\ y=\frac{e}{2}}}$.

2. 求下列函数的微分：

(1) $y=5^{\tan\ln x}$；　　(2) $y=\sin^{2}x^{3}$；　　(3) $y=2^{-\frac{1}{\cos x}}$；

(4) $y=\ln\sqrt{\frac{1+\sin x}{1-\sin x}}$；　　(5) $y=(2x^{4}-x^{2}+3)\left(\sqrt{x}-\frac{1}{x}\right)$.

3. 求下列各函数值的近似值：

(1) $\sin 29°$；　　(2) $\sqrt[3]{(1.02)^{2}}$.

4. 在曲线 $y=2+x-x^{2}$ 上的哪一点，(1) 切线平行于 x 轴？(2) 切线平行于第 Ⅰ 象限的角平分线？

5. 当 a 为何值时，抛物线 $y=ax^{2}$ 与曲线 $y=\ln x$ 相切？

6. 某物体的运动方程为 $s=e^{-kt}\sin\omega t$（k、ω 为常数），求该物体的运动速度和加速度.

【知识拓展】

数学符号——别具一格的世界语言

符号就是某种事物的代号，人们总是探索用简单的记号去表现复杂的事物，符号也正是这样产生的。符号对于数学的发展来讲更为重要，在世界上能不分国家和种族都适用的文字，只有惟一的数学符号。德国数学家莱布尼茨说过："符号的巧妙和符号的艺术，是人们绝妙的助手，因为它们使思考工作得到节俭。在这里它以惊人的形式节省了思维。"

数是科学的语言，符号则是记录、表达这些语言的文字。正如没有文字，语言也难以发展一样。几乎每一个数学分支都是靠一种符号语言而生存，数学符号是贯穿于数学全部的支柱。没有符号，数学的发展是不可想像的。

在微积分中，有

函数记号：$y=f(x)$；

极限运算符号：$\lim\limits_{x\to a}f(x)=A$；

导数符号：$y'\ y''\cdots y^{(n)}$ 或 $\dfrac{dy}{dx}\ \dfrac{d^2y}{dx^2}\cdots\dfrac{d^ny}{dx^n}$；

微分符号：$dy=df(x)$；

积分符号：$\int f(x)dx$ 等．

随着计算机科学的发展，出现了一些独特的符号，也包括数学符号(有的形式上略有变化)，如：→，END，DECLEAR，IF 和 WHILE 等等。不同的计算机程序语言也各有自己数学符号呈现的方式。由于技术或其他原因，一些计算机所使用的数学符号与通常书面形式会略有不同，如：用"＊"表示通常的乘法记号"×"或"·"；用"/"或"┐"表示通常的"÷"等。

第3章 导数的应用

上一章建立了导数和微分的概念，并研究了它们的计算方法. 本章将利用导数来研究函数的某些性态，包括函数的单调性、极值、最值、曲线的凹凸性等，并解决一些简单的最优化的实际问题.

§3.1 函数的单调性与曲线的凹凸性

3.1.1 函数单调性及其判定方法

中学介绍过单调函数的概念，现在利用导数来研究函数的单调性.

由图3－1可以看出，如果函数 $y=f(x)$ 在区间 $[a,b]$ 上单调增加，那么它的图像是一条上升的曲线，这时曲线上各点的切线的斜率 $f'(x)$ 都是正的，即 $f'(x)>0$；同样由图3－2可以看出，如果函数 $y=f(x)$ 在区间 $[a,b]$ 上单调减少，那么它的图像是一条下降的曲线，这时曲线上各点的切线的斜率 $f'(x)$ 都是负的，即 $f'(x)<0$.

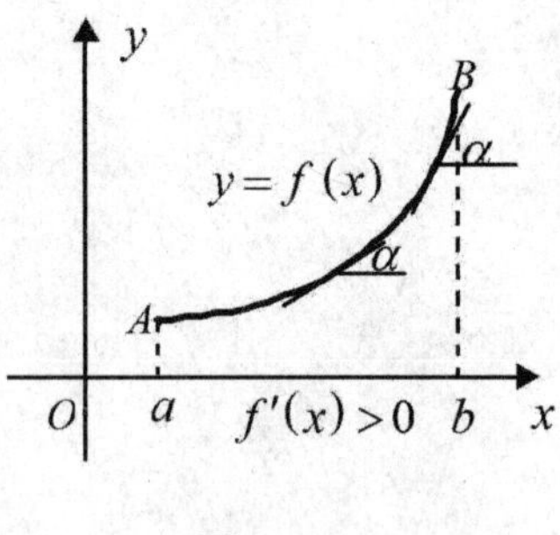

图3－1

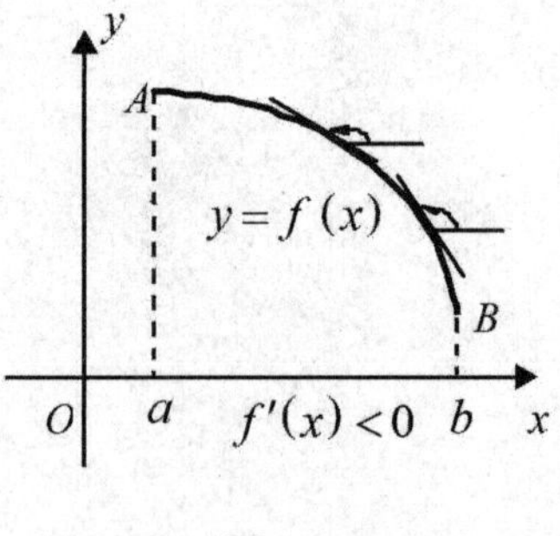

图3－2

由此可见，函数的单调性与其导数的符号有密切联系. 下面不加证明地给出函数单调性的判定定理.

定理 设函数 $y = f(x)$ 在区间 $[a,b]$ 上连续，在 (a,b) 内可导，若对任意 $x \in (a,b)$ 有 $f'(x) > 0$（或 $f'(x) < 0$），则函数 $f(x)$ 在区间 $[a,b]$ 上是单调增加（或单调减少）.

【注1】上述定理中的闭区间若换成开区间或无限区间，相应的结论也成立.

例1 判定函数 $f(x) = e^x - x - 1$ 的单调性.

解 函数 $f(x)$ 的定义域为 $(-\infty, +\infty)$，$f'(x) = e^x - 1$.

当 $x > 0$ 时，$f'(x) = e^x - 1 > 0$，则函数 $f(x)$ 在区间 $(0, +\infty)$ 内单调增加.

当 $x < 0$ 时，$f'(x) = e^x - 1 < 0$，则函数 $f(x)$ 在区间 $(-\infty, 0)$ 内单调减少.

在此例中，$x = 0$ 是函数 $f(x) = e^x - x - 1$ 的单调减少区间 $(-\infty, 0)$ 及单调增加区间 $(0, +\infty)$ 的分界点，而在该点处 $f'(x) = 0$. 使导数为零的点（即方程 $f'(x) = 0$ 的实根）称为函数 $f(x)$ 的**驻点**.

【注2】由此可见，有些函数在定义区间上不是单调的，但是当用使导数为零的点将函数的定义域分成若干部分区间后，就可使函数在各个部分区间上单调.

例2 求函数 $f(x) = x^3 - 6x^2 + 9x - 3$ 的单调区间.

解 函数的定义域为 $(-\infty, +\infty)$.

$f'(x) = 3x^2 - 12x + 9 = 3(x-1)(x-3)$，令 $f'(x) = 0$，解得 $x_1 = 1$，$x_2 = 3$.

用 $x_1 = 1$，$x_2 = 3$ 将定义域 $(-\infty, +\infty)$ 顺次划分成三个部分区间：$(-\infty, 1)$、$(1,3)$、$(3, +\infty)$.

为了清楚起见，现列表讨论各区间内 $f'(x)$ 的符号及函数的单调性.（表中"↘"表示单调减少，"↗"表示单调增加）

x	$(-\infty, 1)$	1	$(1,3)$	3	$(3, +\infty)$
$f'(x)$	+	0	−	0	+
$f(x)$	↗		↘		↗

由上表可知，函数 $f(x) = x^3 - 6x^2 + 9x - 3$ 在 $(-\infty, 1)$、$(3, +\infty)$ 内单调增加，在 $(1,3)$ 内单调减少.

例3 判定函数 $y = x^3$ 的单调性.

解 函数的定义域为 $(-\infty, +\infty)$. $y' = 3x^2$，显然，除了 $x = 0$ 能使 $y' = 0$ 外，在其余各点处均有 $y' > 0$.

因此函数 $y = x^3$ 在定义域 $(-\infty, +\infty)$ 内单调增加.

【注3】一般地，如果函数 $f'(x)$ 在区间 (a,b) 内的有限个点处为零，而在其余点处均为正（或负），则 $f(x)$ 在该区间内仍是单调增加（或单调减少）.

3.1.2 曲线的凹凸性与拐点

在图3－3中，两条曲线弧虽然它们从 A 到 B 都是上升的，但图形却有明显的不同，通常称曲线弧 $\overset{\frown}{ACB}$ 是凸的，曲线弧 $\overset{\frown}{ADB}$ 是凹的. 为了准确刻画函数图形的这个特点，需要研究曲线的凹凸性及其判别法.

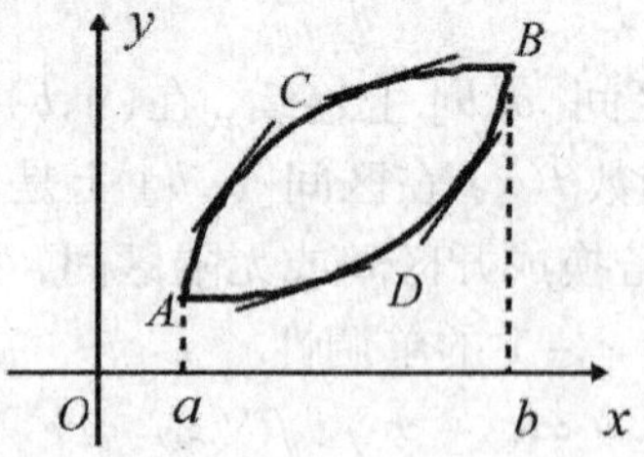

图 3 - 3

由图3 - 3可以看出，弧$\overset{\frown}{ACB}$上任意一点的切线总在曲线的上方，弧$\overset{\frown}{ADB}$上任意一点的切线总在曲线的下方. 对于曲线的上述特性给出如下定义：

定义　在区间(a,b)内，如果曲线位于其任意一点的切线的上方，那么曲线在(a,b)内是凹的；如果曲线位于其任意一点的切线的下方，那么曲线在(a,b)内是凸的.

如何判定曲线的凹凸性呢？

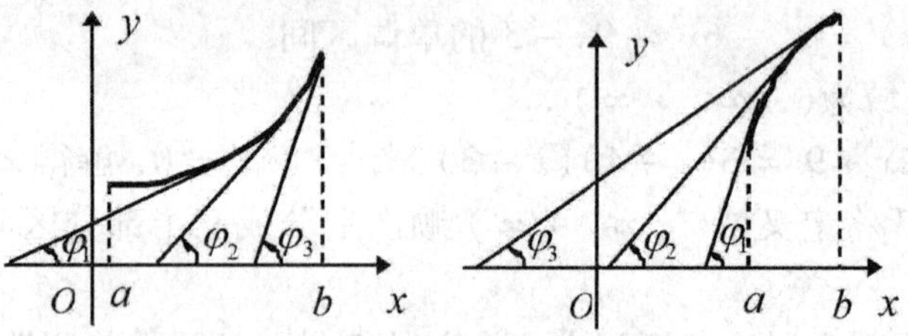

(a)　　(b)

图 3 - 4

如图3 - 4可以看出，对于凹的曲线，切线斜率随x的增大而增大；对于凸的曲线，切线斜率随x的增大而减小. 由于切线的斜率可用函数$y = f(x)$的导数来表示. 因此，对于凹的曲线，$f'(x)$是单调增加的；而凸的曲线，$f'(x)$是单调减少的. 反之，也可以看出：若$f'(x)$是单调增加的，则曲线是凹的；若$f'(x)$是单调减少的，则曲线是凸的. 因此曲线$y = f(x)$的凹凸性可以用$f'(x)$的单调性来讨论. 而$f'(x)$的单调性又可以用它的导数(即$f'(x)$的导数$f''(x)$)的符号来判定，故曲线$y = f(x)$的凹凸性与$f''(x)$的符号有关. 由此给出曲线凹凸性的判定定理.

定理　设函数$f(x)$在区间(a,b)内具有二阶导数

① 如果在(a,b)内，$f''(x) > 0$，则曲线$y = f(x)$在(a,b)内是凹的；

② 如果在(a,b)内，$f''(x) < 0$，则曲线$y = f(x)$在(a,b)内是凸的.（证明从略）

例 4　判断曲线$y = x^3$的凹凸性.

解　函数的定义域为$(-\infty, +\infty)$.

因为$y' = 3x^2$，$y'' = 6x$，所以当$x > 0$时，$y'' > 0$；当$x < 0$时，$y'' < 0$. 根据曲线凹凸性的判定定理可知：曲线$y = x^3$在$(-\infty, 0)$内是凸的，在$(0, +\infty)$内是凹的. 点$(0,0)$为曲线由凸变为凹的分界点.

定义　连续曲线上的凹弧与凸弧的分界点称为曲线的拐点.

下面讨论曲线$y = f(x)$的拐点的求法.

前面已经知道，由$f''(x)$的符号可以判断曲线的凹凸. 如果$f''(x)$连续，那么$f''(x)$由正

变负或由负变正时必定有一点 x_0 使 $f''(x_0)=0$，这样 $(x_0, f(x_0))$ 就是曲线的一个拐点.

一般地，如果函数 $f(x)$ 在区间 (a,b) 内具有二阶导数，可按下面步骤来判定曲线 $y=f(x)$ 的拐点：

① 求出 $f(x)$ 的二阶导数，并解出 $f''(x)=0$ 在区间 (a,b) 内的全部的实根；

② 对于①中解出的每一个实根 x_0，检查 $f''(x)$ 在 x_0 的左右近旁的符号. 如果 $f''(x)$ 变号，则点 $(x_0, f(x_0))$ 是曲线的拐点；如果 $f''(x)$ 不变号，则点 $(x_0, f(x_0))$ 不是曲线的拐点.

例 5　求曲线 $f(x)=x^3-6x^2+9x-3$ 的凹凸区间和拐点.

解　函数的定义域为 $(-\infty, +\infty)$.

① $f'(x)=3x^2-12x+9$，$f''(x)=6x-12$，令 $f''(x)=0$，解得 $x=2$. 用 $x=2$ 把定义域分为 $(-\infty, 2)$ 和 $(2, +\infty)$ 两部分.

② 为了研究方便，列表考察 $f''(x)$ 的符号和曲线的凹凸性（表中"⌒"表示曲线是凸的，"⌣"表示曲线是凹的）

x	$(-\infty, 2)$	2	$(2, +\infty)$
$f''(x)$	−	0	+
$f(x)$	⌒	拐点 $(2, -1)$	⌣

由上表可知，曲线在 $(-\infty, 2)$ 内是凸的，在 $(2, +\infty)$ 内是凹的. 曲线的拐点为 $(2, -1)$.

例 6　判定曲线 $y=\dfrac{1}{x}$ 的凹凸性.

解　函数的定义域为 $(-\infty, 0)\cup(0, +\infty)$.

$$y'=-\frac{1}{x^2},\ y''=\frac{2}{x^3}.$$

当 $x>0$ 时，$y''>0$；当 $x<0$ 时，$y''<0$. 所以曲线在 $(-\infty, 0)$ 内是凸的，在 $(0, +\infty)$ 内是凹的. 但由于函数 $y=\dfrac{1}{x}$ 在点 $x=0$ 处无意义，故曲线无拐点.

习题 3.1

1. 判断下列函数在指定区间的单调性：

(1)$f(x) = \arctan x - x$，$(-\infty, +\infty)$；　(2)$f(x) = \tan x$，$\left(-\dfrac{\pi}{2}, \dfrac{\pi}{2}\right)$；

(3)$f(x) = x + \cos x$，$[0, 2\pi]$.

2. 确定下列函数的单调区间：

(1)$f(x) = 2x^3 - 6x^2 - 18x - 7$；　(2)$f(x) = 2x^2 - \ln x$；

(3)$f(x) = (x-1)(x+1)^3$.

3. 设质点做直线运动，其规律为：$s = \dfrac{1}{4}t^4 - 4t^3 + 10t^2 (t > 0)$.

(1) 何时速度为零?

(2) 何时做前进(s 增加) 运动?

(3) 何时做后退(s 减少) 运动?

4. 判断下列曲线的凹凸性：

(1)$y = \ln x$；　(2)$y = 4x - x^2$；

(3)$y = x + \dfrac{1}{x}(x > 0)$.

5. 求下列曲线的拐点和凹凸区间：

(1)$y = 2x^3 + 3x^2 + x + 2$；　(2)$y = \ln(x^2 + 1)$.

6. 已知曲线 $y = x^3 + ax^2 - 9x + 4$ 在 $x = 1$ 有拐点，试确定系数 a，并求曲线的拐点坐标和凹凸区间.

7. a、b 为何值时，点$(1,3)$ 为曲线 $y = ax^3 + bx^2$ 的拐点?

§3.2 函数的极值、最值及其应用

3.2.1 函数的极值的概念

由图3－5可以看出，函数 $y=f(x)$ 在点 c_1、c_4 的函数值 $f(c_1)$、$f(c_4)$ 比它们近旁各点的函数值都大，而在点 c_2、c_5 的函数值 $f(c_2)$、$f(c_5)$ 比它们近旁各点的函数值都小. 对于这种性质的点和对应的函数值，给出如下的定义.

定义 设函数 $f(x)$ 在区间 (a,b) 内有定义，x_0 是区间 (a,b) 内的一个点. 如果对于 x_0 点近旁的任意点 $x(x\neq x_0)$，$f(x)<f(x_0)$ 均成立，那么就说 $f(x_0)$ 是函数 $f(x)$ 的一个极大值，点 x_0 叫做 $f(x)$ 的一个极大点；如果对于点 x_0 近旁的任意点 $x(x\neq x_0)$，$f(x)>f(x_0)$ 均成立，那么就说 $f(x_0)$ 是函数 $f(x)$ 的一个极小值，点 x_0 叫做 $f(x)$ 的一个极小点.

函数的极大值与极小值统称为极值，使得函数取得极值的极大点与极小点统称为极值点.

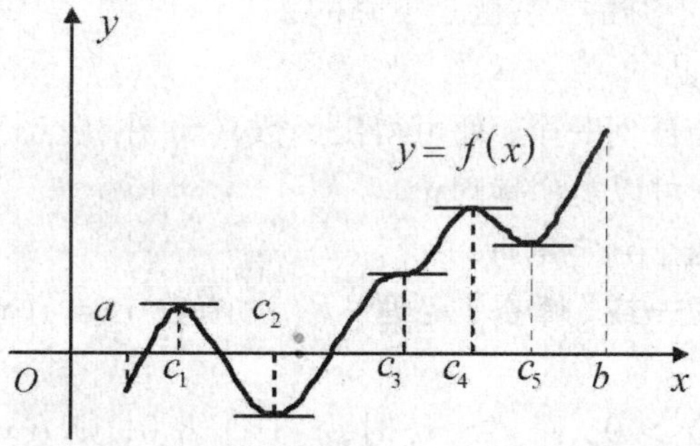

图3－5

例如图3－5中，$f(c_1)$ 和 $f(c_4)$ 是函数 $f(x)$ 的极大值，c_1、c_4 是 $f(x)$ 的极大点；$f(c_2)$ 和 $f(c_5)$ 是函数 $f(x)$ 的极小值，c_2、c_5 是 $f(x)$ 的极小点.

关于函数的极值，做如下几点说明：

① 函数的极值是局部性概念. 如果 $f(x_0)$ 是 $f(x)$ 的一个极大值，是针对极大点附近的一个局部范围而言，在函数整个定义域内，它不一定是函数的最大值. 关于极小值也有类似的情况. 如图3－5所示，函数 $f(x)$ 在区间 $[a,b]$ 上最大值是 $f(b)$，并不是 $f(c_1)$ 或 $f(c_4)$.

② 函数的极大值不一定比极小值大. 如图3－7中，极大值 $f(c_1)$ 就比极小值 $f(c_5)$ 小.

③ 函数极值一定在区间的内部，在区间的端点处不能取得极值；而函数的最大值和最小值可能出现在区间的内部，也可能出现在区间的端点处.

3.2.2 函数的极值的判定方法

由图3－5可以看出，所有在函数取得极值处，曲线的切线是水平的，即函数在极值点处的导数为零. 这个结论对于可导函数来说具有一般性，于是得出下列定理.

定理1 设函数 $f(x)$ 在点 x_0 可导，且在 x_0 取得极值，则函数 $f(x)$ 在点 x_0 的导数 $f'(x_0)=0$.

定理1说明可导函数的极值必定是它的驻点. 但是，函数的驻点却未必是它的极值点. 从

图 3－5 可以看到，在点 c_3 处虽然有水平的切线，即 $f'(c_3)=0$，但 $f(c_3)$ 并不是极值. 可见，$f'(x_0)=0$ 是可导函数 $f(x)$ 在点 x_0 取得极值的一个必要条件.

可导函数的驻点在什么条件下才是它的极值点呢?由图 3－6 不难看出，函数 $f(x)$ 在点 x_0 取得极大值，它除了在点 x_0 有水平切线外，还有以下特点：

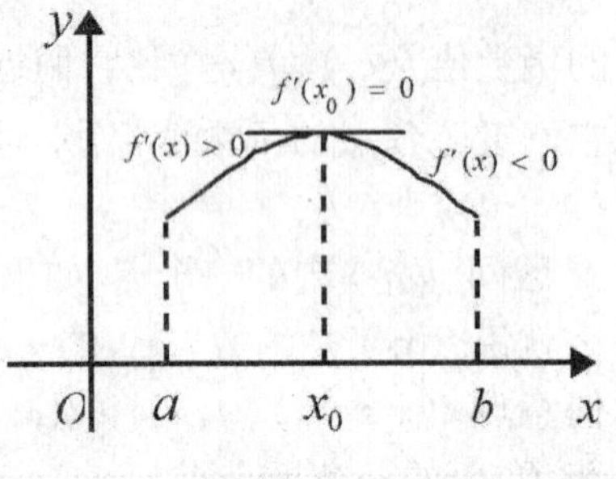

图 3－6

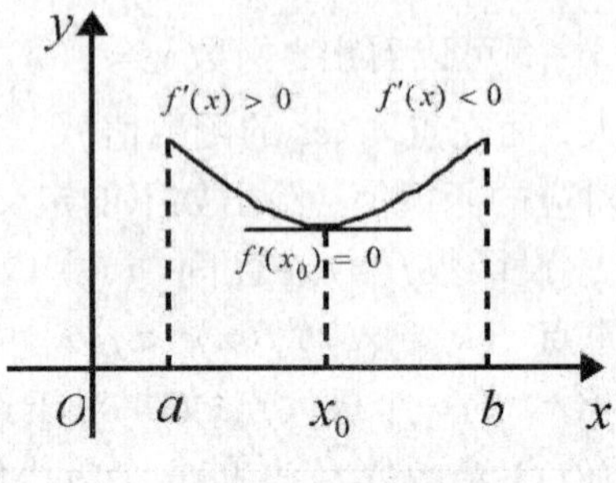

图 3－7

① 曲线在 x_0 的左侧是上升的，右侧是下降的；

② 在 x_0 近旁的曲线是凸的.

这两个特点中只要符合任何一个，便可得出函数 $f(x)$ 在驻点 x_0 处取得极大值. 对于 $f(x)$ 有极小值的情形(图 3－7) 可以类似地讨论.

于是得到函数极值的两个判定定理.

定理 2 (极值判定定理一或"峰谷"定理) 设函数 $y=f(x)$ 在点 x_0 近旁可导，且 $f'(x_0)=0$，如果

① 当 $x<x_0$ 时，$f'(x)>0$，而 $x>x_0$ 时，$f'(x)<0$，则 $f(x_0)$ 是函数的极大值；

② 当 $x<x_0$ 时，$f'(x)<0$，而 $x>x_0$ 时，$f'(x)>0$，则 $f(x_0)$ 是函数极小值；

③ 在 x_0 的两侧，$f'(x)$ 不变号，则 $f(x_0)$ 不是函数的极值.

应当注意，若函数 $f(x)$ 在 x_0 近旁可导，而在 x_0 连续但不可导，$f(x_0)$ 也可能是函数的极值，判定方法同上，对此不加讨论.

根据上述定理，如果函数 $f(x)$ 在区间 (a,b) 内可导，可按下列步骤求出函数 $f(x)$ 在区间 (a,b) 内的极值：

① 求出函数 $f(x)$ 在 (a,b) 内的全部驻点或不可导点；

② 对 ① 中的每一个驻点 x_0 用极值的判定定理来进行判定，求出极值点及相应的极值.

例 1 求函数 $f(x)=x^3-6x^2+9x-3$ 的极值.

解 函数的定义域为 $(-\infty,+\infty)$.

$$f'(x)=3x^2-12x+9=3(x-1)(x-3)=0$$

令 $f'(x)=0$，得驻点 $x_1=1$，$x_2=3$.

利用极值判定定理一通过列表讨论如下：

x	$(-\infty,1)$	1	$(1,3)$	3	$(3,+\infty)$
$f'(x)$	+	0	−	0	+
$f(x)$	↗	极大值 1	↘	极小值 −3	↗

定理 3 (极值判定定理二) 设函数 $y=f(x)$ 在点 x_0 处存在二阶导数，且 $f'(x_0)=0$：

① 如果$f''(x_0)>0$，则$f(x_0)$是函数的极小值；
② 如果$f''(x_0)<0$，则$f(x_0)$是函数的极大值；
③ 如果$f''(x_0)=0$，定理3不能判定$f(x_0)$是否为极值，此时仍需用定理2来判定.

例2 求函数$f(x)=\sin x+\cos x$在区间$(0,2\pi)$内的极值.

解 $f'(x)=\cos x-\sin x, f''(x)=-\sin x-\cos x$

令$f'(x)=0$，即$\cos x-\sin x=0$，得在$(0,2\pi)$内的驻点为$x_1=\frac{\pi}{4}$、$x_2=\frac{5\pi}{4}$，而

$$f''\left(\frac{\pi}{4}\right)=-\sin\frac{\pi}{4}-\cos\frac{\pi}{4}<0,$$

$$f''\left(\frac{5\pi}{4}\right)=-\sin\frac{5\pi}{4}-\cos\frac{5\pi}{4}>0.$$

由极值判定定理二知，函数$f(x)=\sin x+\cos x$在$(0,2\pi)$内的极大值为$f\left(\frac{\pi}{4}\right)=\sqrt{2}$，极小值为$f\left(\frac{5\pi}{4}\right)=-\sqrt{2}$.

3.2.3 函数的最大值和最小值

在生产实践和科学研究中，往往要求在一定条件下，考虑用料最省，用时间最少，成本最低，效率最高等问题. 这些问题，在数学上常常归结为求函数的最大值和最小值问题.

怎样求一个连续函数$f(x)$在一个闭区间上的最大值和最小值呢?

设函数$y=f(x)$在闭区间$[a,b]$上连续，在开区间(a,b)内可导，根据连续函数在闭区间上的性质可知，函数$y=f(x)$在闭区间$[a,b]$上一定有最大值和最小值. 如果函数的最大(小)值是在区间内部某点取得，那么根据极值定义和定理可知，这个最大(小)值一定也是它的极大(小)值，并且这个最大(小)值只能在函数的驻点处取得. 此外，最大值和最小值也可能在区间端点处取得. 因此，求可导函数$f(x)$在闭区间$[a,b]$上的最大值和最小值的方法：求出驻点的函数值，并把它与端点处的函数值进行比较，其中最大的便是函数的最大值，最小的便是函数的最小值.

例3 求函数$f(x)=x^3-3x^2-9x+30$在$[-2,2]$上的最大值与最小值.

解 函数$f(x)$在$[-2,2]$上连续，在$(-2,2)$内可导，且$f'(x)=3x^2-6x-9=3(x-1)(x+1)$. 令$f'(x)=0$，求得在$[-2,2]$内的驻点$x=-1$. 比较函数在驻点与端点处的函数值:$f(-1)=35, f(-2)=28, f(2)=8$. 可知函数在$[-2,2]$上的最大值为$f(-1)=35$，最小值$f(2)=8$.

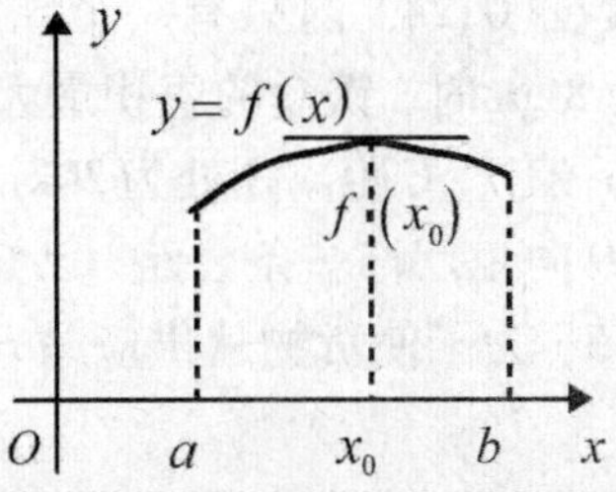

图3-8

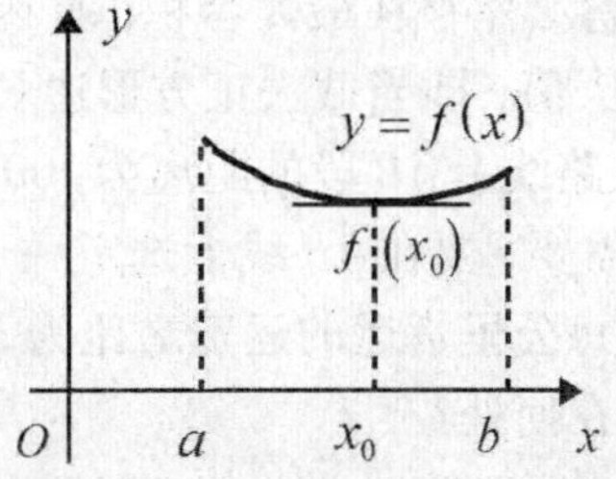

图3-9

特别情况，根据图 3 - 8 和图 3 - 9 不难发现：

如果函数 $f(x)$ 在某区间内（可能为开区间）可导且有唯一的极值点 x_0，那么当 $f(x_0)$ 是极大值时，$f(x_0)$ 就是该区间上的最大值（图 3 - 8）. 当 $f(x_0)$ 为极小值时，$f(x_0)$ 为该区间上的最小值（图 3 - 9）.

例 4 求函数 $y=-x^2+6x-4$ 的最大值.

解 函数的定义域为 $(-\infty,+\infty)$. $y'=-2x+6$, $y''=-2$. 令 $y'=0$，解得驻点 $x=3$. 由于 $y''=-2<0$，由极值的判定定理二知，$x=3$ 是函数的极大点，相应的极大值为 $y=5$.

因为函数 $y=-x^2+6x-4$ 在定义域 $(-\infty,+\infty)$ 内有唯一的极大值，则函数的极大值就是函数的最大值，即函数的最大值为 $y=5$.

3.2.4 简单最优化数学模型（最值模型）实例

在求实际问题中的最大（小）值时，如果根据实际问题本身可以判定函数 $f(x)$ 在定义区间内确有最大（小）值，而且在这个区间内只有一个驻点 x_0，那么可以断定 $f(x_0)$ 一定是所要求的最大（小）值.

【实例 1】 用边长为 48cm 的正方形铁皮做成一个无盖的铁盒时，在铁皮的四角各截去一个面积相等的小正方形（图 3 - 10（a））. 然后把四边折起，就能焊成铁盒（图 3 - 10（b））. 问在四角截去多大正方形，才能使所做的铁盒容积最大？

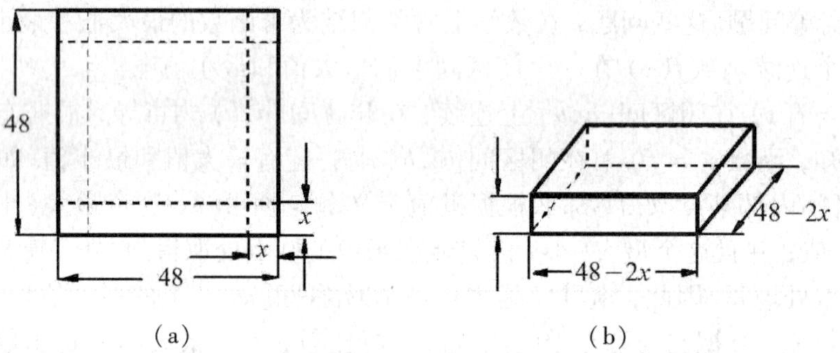

图 3 - 10

解 设截去的小正方形的边长为 $x$cm，铁盒的容积为 $V\text{cm}^3$，据题意，则有

$$V=x(48-2x)^2 \quad (0<x<24).$$

问题归结为：求 x 为何值时，函数 V 在区间 $(0,24)$ 内取得最大值. 对函数 V 求导数：

$$V'=(48-2x)^2-4x(48-2x)=12(24-x)(8-x).$$

令 $V'=0$ 求得在 $(0,24)$ 内函数的驻点为 $x=8$.

由题意知，铁盒必然存在最大容积，且函数在 $(0,24)$ 内只有一个驻点，因此，当 $x=8$ 时，函数 V 取得最大值，即当截去正方形边长为 8cm 时，铁盒的容积最大.

【实例 2】 铁路线上 AB 段的距离为 100km，工厂 C 距离 A 处为 20km，AC 垂直于 AB（图 3 - 11）. 为了运输需要，要在 AB 线上选定一点 D 向工厂修一条公路，已知铁路上每公里的货运的运费与公路上每公里货运的运费之比为 3∶5，为了使货物从供应站 B 运到工厂 C 的总运费最省，问 D 应选在何处？

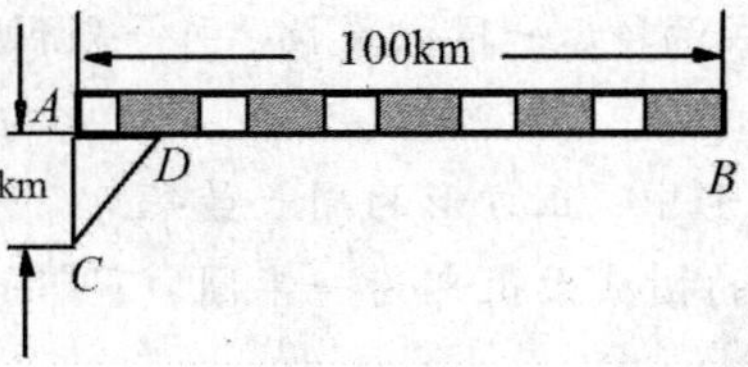

图 3－11

解 设 D 点选在距 A 点 $x$km 处，则 $BD = 100 - x$，$CD = \sqrt{20^2 + x^2} = \sqrt{400 + x^2}$

设铁路每公里的货运的运费为 $3k$，公路每公里的货运的运费为 $5k$（k 为正常数）. 设货物从 B 点运到 C 点需要的总运费 y，则

$$y = (100 - x) \times 3k + 5k \times \sqrt{x^2 + 400}\ (0 \leqslant x \leqslant 100)$$

现在求在区间$[0,100]$上取何值时，函数 y 的值最小. 对函数 y 求导数：

$$y' = -3k + 5k\frac{x}{\sqrt{x^2 + 400}} = \frac{k(5x - 3\sqrt{x^2 + 400})}{\sqrt{x^2 + 400}},$$

令 $y' = 0$，得

$$5x = 3\sqrt{x^2 + 400}$$
$$25x^2 = 9(x^2 + 400)$$

整理得 $x^2 = 225$. 因为 $0 \leqslant x \leqslant 100$，所以 $x = 15$. 故$y|_{x=15} = 380k$，而闭区间$[0,100]$端点处的函数值分别为$y|_{x=0} = 400k$，$y|_{x=100} = 5\sqrt{10400}k > 500k$. 因此，当 $x = 15$ 时，y 取得最小值. 即 D 应选在距离 A 点 15km 处，这时总运费最省.

习题 3.2

1. 求下列函数的极值点和极值：

(1)$y = 2x^2 - 8x + 3$；　　(2)$y = 4x^3 - 3x^2 - 6x + 2$；

(3)$f(x) = x - \ln(1 + x)$；　　(4)$f(x) = x + \tan x$.

2. 求下列函数在指定区间内的极值：

(1)$f(x) = \sin x + \cos x$，$\left(-\frac{\pi}{2},\frac{\pi}{2}\right)$；　　(2)$f(x) = e^x\cos x$，$(0,2\pi)$.

3. 如果函数 $f(x) = a\sin x + \frac{1}{3}\sin 3x$，在 $x = \frac{\pi}{3}$ 处取得极值，求 a 的值.

4. 求下列函数在给定区间上的最大值和最小值.

(1)$y = x^4 - 2x^2 + 5$，$[-2,2]$；　　(2)$y = \sin 2x - x$，$\left[-\frac{\pi}{2},\frac{\pi}{2}\right]$；

(3)$y = x + \sqrt{1 - x}$，$[-5,1]$；　　(4)$f(x) = 2x^3 - 6x^2 - 18x - 7$，$[1,4]$.

5. 设两正数之和为定数，求其积的最大值.

6. 从长为 12cm，宽用 8cm 的矩形纸板的四个角剪去相同的小正方形，折成一个无盖的盒子，要使盒子的容积最大，剪去的小正方形的边长应为多少？

7. 把长为24cm的铁丝剪成两段，一段做成圆，另一段做成正方形，应如何剪法才能使圆与正方形的面积之和最小？

8. 求证面积一定的所有矩形中，正方形的周长最短.

9. 如图3－12所示某构件的横截面上部为一半圆，下部是矩形，周长为15m，要求横截面的面积最大，宽应为多少米？

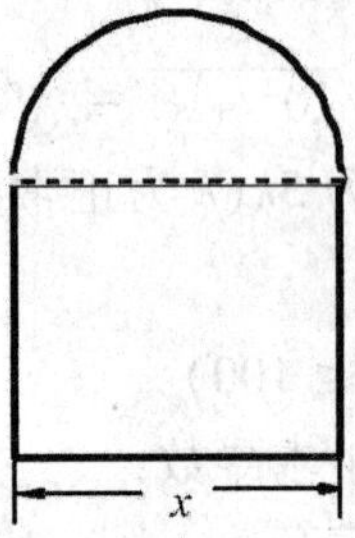

图3－12

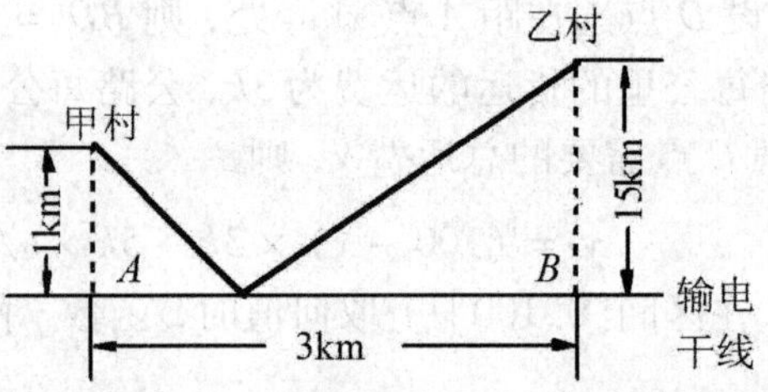

图3－13

10. 甲乙两村合用一台变压器，其位置如图3－13所示，问变压器安装在输电干线何处，所需电线最短？

11. 如图3－14所示甲轮船位于乙轮船东75海里，以每小时12海里的速度向西行驶，而乙轮船则以每小时6海里的速度向北行驶. 问经过多少时间两船相距最近？

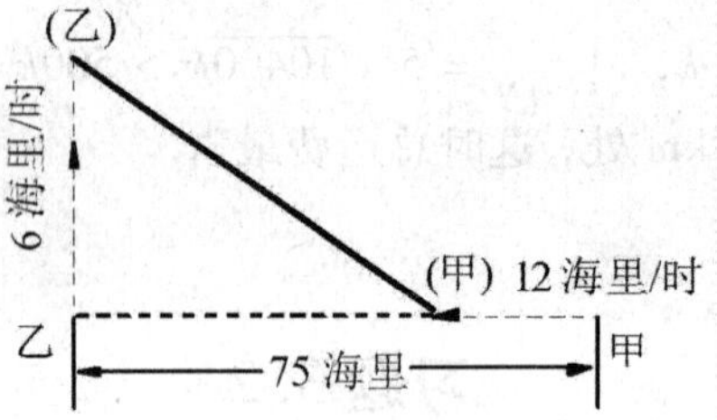

图3－14

§3.3 未定式的极限的计算——洛必达法则

如果当 $x \to x_0$（或 $x \to \infty$）时，函数 $f(x)$ 和 $\varphi(x)$ 都趋向于零或都趋向于无穷大，那么极限 $\lim\limits_{\substack{x \to x_0 \\ (x \to \infty)}} \dfrac{f(x)}{\varphi(x)}$ 可能存在，也可能不存在，通常把这种极限称为 $\dfrac{0}{0}$ 型或 $\dfrac{\infty}{\infty}$ 型的未定式. 例如，$\lim\limits_{x \to 0} \dfrac{\sin x}{x}$ 是 $\dfrac{0}{0}$ 型未定式，$\lim\limits_{x \to +\infty} \dfrac{\ln x}{x}$ 是 $\dfrac{\infty}{\infty}$ 型未定式. 对于上述两类未定式（即使极限存在）不能用商的极限的运算法则来求限. 下面介绍用导数来求这两类极限的一种简便而重要的方法 —— 洛必达法则.

定理（洛必达法则） 如果

① 函数 $f(x)$ 和 $\varphi(x)$ 在点 x_0 的左右近旁（除去点 x_0）有定义，且 $\lim\limits_{x \to x_0} f(x) = 0$（或为无穷大）和 $\lim\limits_{x \to x_0} \varphi(x) = 0$（或为无穷大）；

② 在点 x_0 的左右近旁函数 $f(x)$ 和 $\varphi(x)$ 都可导，且 $\varphi'(x) \neq 0$；

③ $\lim\limits_{x \to x_0} \dfrac{f'(x)}{\varphi'(x)}$ 存在（或为无穷大），则

$$\lim_{x \to x_0} \frac{f(x)}{\varphi(x)} = \lim_{x \to x_0} \frac{f'(x)}{\varphi'(x)}.$$

定理证明从略.

定理表明，在符合定理的条件下，当 $\lim\limits_{x \to x_0} \dfrac{f'(x)}{\varphi'(x)}$ 存在时，$\lim\limits_{x \to x_0} \dfrac{f(x)}{\varphi(x)}$ 也存在且等于 $\lim\limits_{x \to x_0} \dfrac{f'(x)}{\varphi'(x)}$ 的值. 当 $\lim\limits_{x \to x_0} \dfrac{f'(x)}{\varphi'(x)}$ 为无穷大时，$\lim\limits_{x \to x_0} \dfrac{f(x)}{\varphi(x)}$ 也为无穷大.

定理中将 $x \to x_0$ 改为 $x \to \infty$ 其他条件不变，结论仍然成立.

例 1 求 $\lim\limits_{x \to 0} \dfrac{1 - \cos x}{x^2}$.

解 这是 $\dfrac{0}{0}$ 型未定式，所以

$$\lim_{x \to 0} \frac{1 - \cos x}{x^2} = \lim_{x \to 0} \frac{\sin x}{2x} = \frac{1}{2} \lim_{x \to 0} \frac{\sin x}{x} = \frac{1}{2}.$$

例 2 求 $\lim\limits_{x \to 0} \dfrac{\ln(1 - 2x)}{x^2}$.

解 $\lim\limits_{x \to 0} \dfrac{\ln(1 - 2x)}{x^2} \overset{\frac{0}{0}}{=} \lim\limits_{x \to 0} \dfrac{\frac{-2}{1 - 2x}}{2x} = \lim\limits_{x \to 0} \dfrac{-1}{x(1 - 2x)} = \infty$.

如果 $\lim\limits_{x \to x_0} \dfrac{f'(x)}{\varphi'(x)}$ 当 $x \to x_0$ 时仍属 $\dfrac{0}{0}$ 型，且 $f'(x)$，$\varphi'(x)$ 仍能满足洛必达法则中的条件，则可继续用法则来进行计算，即

$$\lim_{x\to x_0}\frac{f(x)}{\varphi(x)}=\lim_{x\to x_0}\frac{f'(x)}{\varphi'(x)}=\lim_{x\to x_0}\frac{f''(x)}{\varphi''(x)}.$$

但应该注意，如果所求极限已不满足洛必达法则的条件时，则不能再用法则，否则要导致错误的结果.

例 3 求 $\lim\limits_{x\to 0}\frac{x-\sin x}{x^3}$.

解 $\lim\limits_{x\to 0}\frac{x-\sin x}{x^3}\overset{\frac{0}{0}}{=}\lim\limits_{x\to 0}\frac{1-\cos x}{3x^2}\overset{\frac{0}{0}}{=}\lim\limits_{x\to 0}\frac{\sin x}{6x}=\frac{1}{6}\lim\limits_{x\to 0}\frac{\sin x}{x}=\frac{1}{6}$.

例 4 求 $\lim\limits_{x\to+\infty}\frac{\ln x}{x^n}\ (n\in N)$.

解 $\lim\limits_{x\to+\infty}\frac{\ln x}{x^n}\overset{\frac{\infty}{\infty}}{=}\lim\limits_{x\to+\infty}\frac{\frac{1}{x}}{nx^{n-1}}=\lim\limits_{x\to+\infty}\frac{1}{nx^n}=0$.

例 5 求 $\lim\limits_{x\to+\infty}\frac{x^n}{e^x}\ (n\in N)$.

解 $\lim\limits_{x\to+\infty}\frac{x^n}{e^x}\overset{\frac{\infty}{\infty}}{=}\lim\limits_{x\to+\infty}\frac{nx^{n-1}}{e^x}\overset{\frac{\infty}{\infty}}{=}\lim\limits_{x\to+\infty}\frac{n(n-1)x^{n-2}}{e^x}=\cdots=\lim\limits_{x\to+\infty}\frac{n!}{e^x}=0$.

应该注意，有些极限虽是未定式，但不能用洛必达法则求出极限值，此时可考虑用其他方法求其极限.

例 6 求 $\lim\limits_{x\to 0}\frac{x^2\sin\frac{1}{x}}{\sin x}$.

解 此极限属于$\frac{0}{0}$型未定式，但因为

$$\left(x^2\sin\frac{1}{x}\right)'=2x\sin\frac{1}{x}+x^2\cos\frac{1}{x}\left(-\frac{1}{x^2}\right)=2x\sin\frac{1}{x}-\cos\frac{1}{x},$$

其中$\lim\limits_{x\to 0}2x\sin\frac{1}{x}=0$，但$\lim\limits_{x\to 0}\cos\frac{1}{x}$不存在，所以不能用洛必达法则计算. 事实上

$$\lim_{x\to 0}\frac{x^2\sin\frac{1}{x}}{\sin x}=\lim_{x\to 0}\left(\frac{x}{\sin x}\cdot x\sin\frac{1}{x}\right)=1\times 0=0.$$

例 7 求 $\lim\limits_{x\to+\infty}\frac{\sqrt{1+x^2}}{x}$.

解 $\lim\limits_{x\to+\infty}\frac{\sqrt{1+x^2}}{x}\overset{\frac{\infty}{\infty}}{=}\lim\limits_{x\to+\infty}\frac{\frac{2x}{2\sqrt{1+x^2}}}{1}=\lim\limits_{x\to+\infty}\frac{x}{\sqrt{1+x^2}}\overset{\frac{\infty}{\infty}}{=}\lim\limits_{x\to+\infty}\frac{1}{\frac{2x}{2\sqrt{1+x^2}}}=\lim\limits_{x\to+\infty}\frac{\sqrt{1+x^2}}{x}$.

利用两次洛必达法则后，又还原为原来的问题，形成了循环，则洛必达法则失效. 事实上

$$\lim_{x\to+\infty}\frac{\sqrt{1+x^2}}{x}=\lim_{x\to+\infty}\sqrt{\frac{1}{x^2}+1}=1.$$

习题 3.3

1. 用洛必达法则求下列极限:

(1) $\lim\limits_{x\to0}\dfrac{\sin ax}{\sin bx}\ (b\neq0)$;　　(2) $\lim\limits_{x\to\pi}\dfrac{\sin 3x}{\tan 5x}$;

(3) $\lim\limits_{x\to0}\dfrac{e^x-e^{-x}}{\sin x}$;　　(4) $\lim\limits_{x\to a}\dfrac{\sin x-\sin a}{x-a}$;

(5) $\lim\limits_{x\to\frac{\pi}{2}}\dfrac{\ln\sin x}{(\pi-2x)^2}$;　　(6) $\lim\limits_{x\to0^+}\dfrac{\ln\tan 7x}{\ln\tan 2x}$;

(7) $\lim\limits_{x\to0}\left(\dfrac{1}{x}-\dfrac{1}{e^x-1}\right)$;　　(8) $\lim\limits_{x\to0}x\cot 2x$;

(9) $\lim\limits_{x\to0}x^2e^{\frac{1}{x^2}}$;　　(10) $\lim\limits_{x\to1}\left(\dfrac{2}{x^2-1}-\dfrac{1}{x-1}\right)$.

2. 求下列极限:

(1) $\lim\limits_{x\to\infty}\dfrac{x+\sin x}{x}$;　　(2) $\lim\limits_{x\to\infty}\dfrac{x-\sin x}{x+\sin x}$;

(3) $\lim\limits_{x\to+\infty}\left(\dfrac{x+1}{x-1}\right)^x$.

复习题三

1. 求下列极限:

(1) $\lim\limits_{x\to a}\dfrac{x^m-a^m}{x^n-a^n}$;　　(2) $\lim\limits_{x\to0}\dfrac{x-\arctan x}{x^3}$;

(3) $\lim\limits_{x\to\frac{\pi}{4}}\dfrac{\tan x-1}{\sin 4x}$;　　(4) $\lim\limits_{x\to+\infty}\dfrac{x^3}{e^x}$;

(5) $\lim\limits_{x\to+\infty}\dfrac{x^2+\ln x}{x\ln x}$;　　(6) $\lim\limits_{x\to0^+}\sin x\ln x$;

(7) $\lim\limits_{x\to+\infty}x(e^{\frac{1}{x}}-1)$;　　(8) $\lim\limits_{x\to0}\left(\dfrac{1}{x}-\dfrac{1}{\sin x}\right)$.

2. 求下列函数的单调区间:

(1) $y=x^3-3x^2-9x+14$;　　(2) $y=x-2\sin x,\ x\in[0,2\pi]$.

3. 求下列函数的极值:

(1) $y=\dfrac{\ln^2x}{x}$;　　(2) $y=\dfrac{2x}{1+x^2}$.

4. 已知函数 $f(x)=ax^3+bx^2+cx+d$，当 $x=-3$ 时取得极小值 $f(-3)=-2$，当 $x=3$ 时取得极大值 $f(3)=6$，确定 a，b，c，d 的值.

5. 如图 3－15 所示，矿务局拟自地面上一点 A 掘一条管道至地面下一点 C，设 AB 长 600m，BC 长 240m，地平面 AB 是黏土，掘进费用为 5 元/米；地平面下是岩石，掘进费用为 13 元/m；怎样掘法费用最省？

6. 采矿、采石或取土常用炸药包进行爆破，实践证明爆破部分呈圆锥漏斗形状（图 3－16），圆锥母线长是炸药包的爆破半径 R，它是固定的. 问炸药包埋多深爆破体积最大？

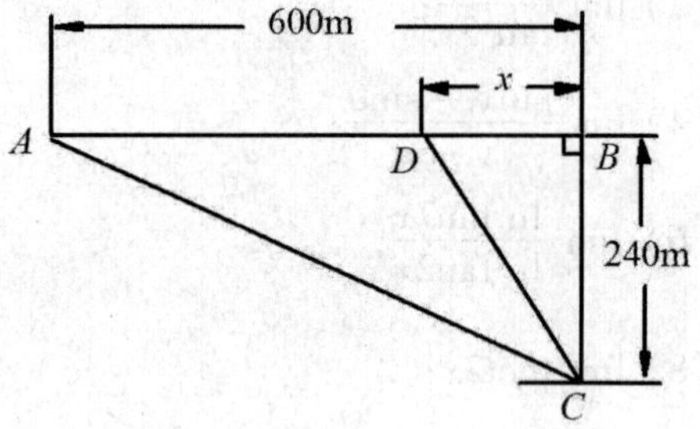

图 3－15

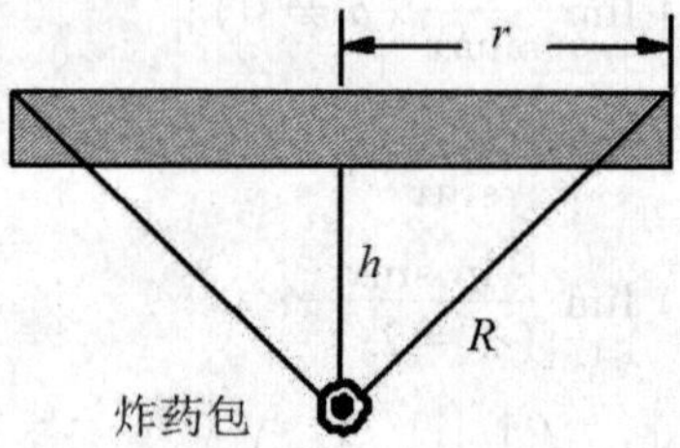

图 3－16

7. 求函数 $y=e^{2x-x^2}$ 的凹凸区间及拐点.

【知识拓展】

数学模型方法简述

数学模型方法(Mathematical Modeling)称为MM方法。它是针对所考察的问题构造出相应的数学模型，通过对数学模型的研究，使问题得以解决的一种数学方法。掌握数学模型方法是非常必要的，因为数学模型方法是处理科学理论问题的一种经典方法，也是处理各类实际问题的一般方法。

Ⅰ.数学模型的含义

数学模型是针对于现实世界的某一特定对象，为了一个特定的目的，根据特有的内在规律，做出必要的简化和假设，运用适当的数学工具，采用形式化语言，概括或近似地表述出来的一种数学结构。它或者能解释特定对象的现实性态，或者能预测对象的未来状态，或者能提供处理对象的最优决策或控制。数学模型既源于现实又高于现实，不是实际原形，而是一种模拟，在数值上可以作为公式应用，可以推广到与原物相近的一类问题，可以作为某事物的数学语言，可译成算法语言，编写程序进入计算机.

Ⅱ.数学模型的建立过程

建立一个实际问题的数学模型，需要一定的洞察力和想像力，筛选、抛弃次要因素，突出主要因素，做出适当的抽象和简化。全过程一般分为表述、求解、解释、验证几个阶段，并且通过这些阶段完成从现实对象到数学模型，再从数学模型到现实对象的循环。可用流程图表示如下：

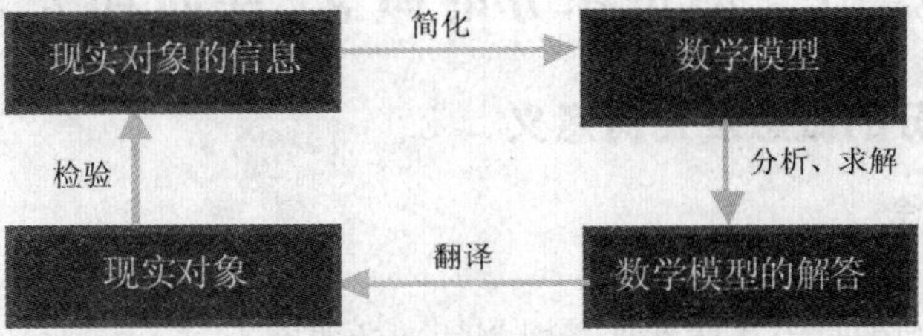

表述　根据建立数学模型的目的和掌握的信息，将实际问题翻译成数学问题，用数学语言确切地表述出来。

这是一个关键的过程，需要对实际问题进行分析，甚至要做调查研究，查找资料，对问题进行简化、假设、数学抽象，运用有关的数学概念、数学符号和数学表达式去表现客观对象及其关系。如果现有的数学工具不够用时，可根据实际情况，大胆创造新的数学概念和方法去表现模型。

求解　选择适当的方法，求得数学模型的解答。

解释　数学解答翻译回现实对象，给实际问题的解答。

验证　检验解答的正确性。

第4章 不定积分

前面已经研究了一元函数的微分学，但是在科学技术中，常常需要研究与其相反的问题，因而引进了一元函数的积分学．微分学和积分学无论在概念的确定上和运算的方法上都可以说是互逆的．本章将从已知某函数的导函数求这个函数来引进不定积分的概念，然后介绍四种基本的积分方法．

§4.1 不定积分的概念、性质和公式

4.1.1 **不定积分的概念及几何意义**

1. 不定积分的概念

先看下面的两个例子：

例1 已知真空中的自由落体在任意时刻的运动速度为

$$v = v(t) = gt,$$

其中常量 g 为重力加速度．又知当时间 $t = 0$ 时，路程 $s = 0$，求自由落体的运动规律．

解 所求运动规律就是指物体经过的路程 s 与时间 t 之间的函数关系．

设所求的运动规律为

$$s = s(t),$$

于是有

$$s' = s'(t) = v = gt,$$

而当 $t = 0$ 时，$s = 0$．根据导数公式，不难知道

$$s = \frac{1}{2}gt^2.$$

这就是要求的运动规律．事实上

$$v = s' = \left(\frac{1}{2}gt^2\right)' = gt,$$

并且当 $t = 0$ 时，$s = 0$．因此 $s = \frac{1}{2}gt^2$ 即为所求自由落体的运动规律．

例2 设曲线上任意一点 $M(x,y)$ 处，其切线的斜率为

$$k = f(x) = 2x,$$

又该曲线经过坐标原点，求曲线的方程.

解 设所求的曲线方程为

$$y = F(x),$$

则曲线上任意一点 $M(x,y)$ 处的切线的斜率为

$$y' = F'(x) = 2x .$$

由于曲线经过坐标原点，即当 $x = 0$ 时，$y = 0$，因此不难知道所求曲线的方程应为

$$y = x^2.$$

事实上，$y' = (x^2)' = 2x$；又当 $x = 0$ 时，$y = 0$. 因此，$y = x^2$ 即为所求的曲线方程.

以上两个问题，如果抽掉物理意义或几何意义，归结为同一个问题，就是已知某函数的导函数，求这个函数，即已知 $F'(x) = f(x)$，求 $F(x)$.

定义 设函数 $F(x)$ 与 $f(x)$ 在某一区间内，并且在该区间内的任一点 x 都有

$$F'(x) = f(x) \quad 或 \quad dF(x) = f(x)dx,$$

那么函数 $F(x)$ 就叫做函数 $f(x)$ 的一个原函数.

例如，函数 x^2 是函数 $2x$ 的一个原函数，因为 $(x^2)' = 2x$ 或 $d(x^2) = 2xdx$. 又因为

$$(x^2 + 1)' = 2x,\ (x^2 - \sqrt{3})' = 2x,\ \left(x^2 + \frac{1}{4}\right)' = 2x,\ (x^2 + C)' = 2x .$$

其中 C 为任意常数，所以 $x^2 + 1$，$x^2 - \sqrt{3}$，$x^2 + \frac{1}{4}$，$x^2 + C$ 等都是 $2x$ 的原函数.

从上面的例子中看出：一个已知函数，如果有一个原函数，那么它就有无限多个原函数，并且其中任意两个原函数之间只差一个常数. 现在要问，任何函数的原函数是否都是这样？下面的定理解决了这个问题.

定理(原函数族定理) 如果函数 $f(x)$ 有原函数，那么它就有无限多个原函数，并且其中任意两个原函数的差是常数.

证 定理要求证明下列两点.

(1) $f(x)$ 的原函数有无限多个

设函数 $f(x)$ 的一个原函数为 $F(x)$，即 $F'(x) = f(x)$，并设 C 为任意常数. 由于

$$[F(x) + C]' = F'(x) + C' = f(x),$$

所以 $F(x) + C$ 也是 $f(x)$ 的原函数，又因为 C 为任意常数，即 C 可以取无限多个值，所以函数 $f(x)$ 有无限多个原函数.

(2) $f(x)$ 的任意两个原函数的差是常数

设 $F(x)$ 和 $G(x)$ 都是 $f(x)$ 的原函数，根据原函数的定义，则有

$$F'(x) = f(x),\ G'(x) = f(x) .$$

令

$$h(x) = F(x) - G(x),$$

于是有

$$h'(x) = [F(x) - G(x)]' = F'(x) - G'(x) = f(x) - f(x) = 0 .$$

根据导数恒为零的函数必为常数的定理可知

$$h(x) = C \quad (C 为常数)$$

即

$$F(x) - G(x) = C .$$

从这个定理可以推得下面的结论：

如果$F(x)$是$f(x)$的一个原函数，则$F(x)+C$就是$f(x)$的全部原函数（称为原函数族），这里C为任意常数.

上面的结论已知指出，假定已知函数有一个原函数，它就有无限多个原函数. 现在要问，任何一个函数是不是一定有一个原函数？下面的定理解决了这个问题.

定理（原函数存在定理） 如果函数$f(x)$在某区间上连续，则函数$f(x)$在该区间上的原函数必定存在.（证明从略）.

定义 函数$f(x)$的全部原函数叫做$f(x)$的不定积分，记为

$$\int f(x)\,dx$$

其中"$\int$"叫做积分号，x叫做积分变量，$f(x)$叫做被积函数，$f(x)dx$叫做被积表达式，C叫做积分常数.

根据上面的讨论可知，如果$F(x)$是$f(x)$的一个原函数，那么$f(x)$的不定积分$\int f(x)dx$就是原函数族$F(x)+C$，即

$$\int f(x)\,dx = F(x) + C \quad (C\text{ 为任意常数})$$

为了简便起见，今后在不致发生混淆的情况下，不定积分也简称为积分，求不定积分的运算和方法分别称为积分运算和积分法.

例 3 用微分法验证下列各式.

①$\int x^3 dx = \frac{x^4}{4} + C$； ②$\int e^x dx = e^x + C$.

解 ① 由于$\left(\frac{x^4}{4} + C\right)' = x^3$，所以

$$\int x^3 dx = \frac{x^4}{4} + C.$$

② 由于$(e^x + C)' = e^x$，所以

$$\int e^x dx = e^x + C.$$

2. 不定积分的几何意义

根据不定积分的定义，可知上面例 2 中提到的切线斜率为$2x$的全部曲线是

$$y = \int 2x dx = x^2 + C.$$

即

$$y = x^2 + C.$$

对于任意常数C的每一个确定的值C_0（例如，-1，0，1等），就得到函数$2x$的一个确定的原函数，也就是一条确定的抛物线$y = x^2 + C$. 在例 2 中，所求的曲线经过坐标原点，即当$x = 0$时，$y = 0$，把它们代入上述，得$C = 0$. 于是所求的曲线为

$$y = x^2.$$

因为C可取任意实数，所以$y = x^2 + C$就表达了无穷多条抛物线，所以这些抛物线构成一个曲线的集合，也叫曲线族. 图4－1中任意两条曲线，对于相同的横坐标x，它们对应的纵坐

标 y 的差总是一个常数，即族中任一条抛物线可由另一条抛物线沿 y 轴方向平移而得到.

一般地，若 $F(x)$ 是 $f(x)$ 的一个原函数，则 $f(x)$ 的不定积分

$$\int f(x)\,dx = F(x) + C$$

是 $f(x)$ 的原函数族，对于数 C 每取一个值 C_0，就确定 $f(x)$ 的一个原函数，在直角坐标系中就确定一条曲线 $y = F(x) + C_0$，这条曲线叫做函数 $f(x)$ 的一条积分曲线. 所以这些积分曲线构成一个曲线族，称为 $f(x)$ 的积分曲线族（图4－2），这就是不定积分的几何意义. 积分曲线族中的任意两条曲线对于相同的横坐标 x，它们对应的纵坐标 y 的差总是一个常数，积分曲线族中每一条曲线上相同横坐标对应点处的切线互相平行.

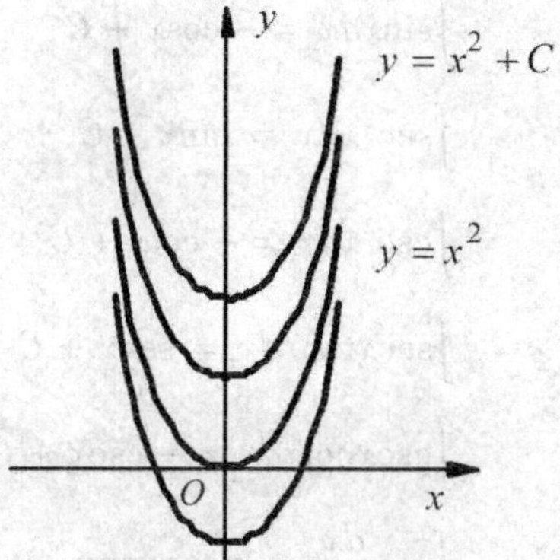

图4－1

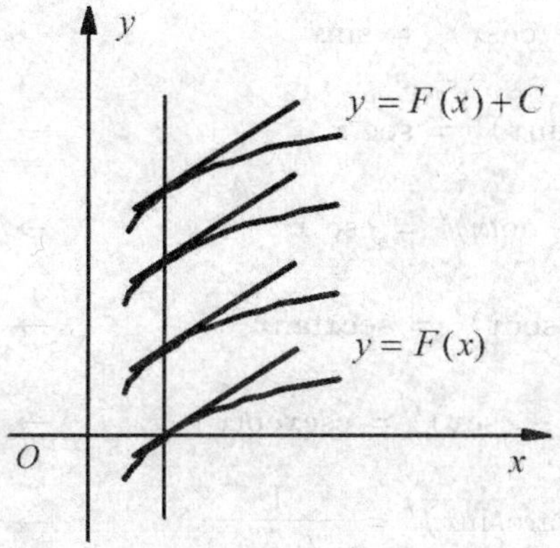

图4－2

4.1.2 不定积分与微分的关系

从不定积分的概念可以知道，“求不定积分”和“求导数”或“求微分”互为逆运算，即有

$$\left[\int f(x)\,dx\right]' = f(x) \quad 或 \quad d\left[\int f(x)\,dx\right] = f(x)\,dx .$$

反之，则有

$$\int F'(x)\,dx = F(x) + C \quad 或 \quad \int dF(x) = F(x) + C .$$

这就是说，若先积分后微分，则两者的作用互相抵消；反过来若先微分后积分，则应该在抵消后加上任意常数 C.

4.1.3 基本积分公式

由于不定积分是微分的逆运算，因此可以从导数的基本公式，得到相应的积分基本公式，现把它们列表对照如下：

$F'(x) = f(x)$ ⟶ $\int f(x)\,dx = F(x) + C$

(1) $(x)' = 1$ → $\int dx = x + C$

(2) $\left(\dfrac{x^{a+1}}{a+1}\right)' = x^a$ → $\int x^a\,dx = \dfrac{x^{a+1}}{a+1} + C \ (a \neq -1)$

(3) $\left(\dfrac{a^x}{\ln a}\right)' = a^x \qquad \rightarrow \qquad \int a^x dx = \dfrac{a^x}{\ln a} + C$

(4) $(e^x)' = e^x \qquad \rightarrow \qquad \int e^x dx = e^x + C$

(5) $(\ln x)' = \dfrac{1}{x}\ (x > 0) \qquad \rightarrow \qquad \int \dfrac{1}{x} dx = \ln|x| + C$

$[\ln(-x)]' = \dfrac{1}{x}\ (x < 0)$

(6) $(\sin x)' = \cos x \qquad \rightarrow \qquad \int \cos x dx = \sin x + C$

(7) $(-\cos x)' = \sin x \qquad \rightarrow \qquad \int \sin x dx = -\cos x + C$

(8) $(\tan x)' = \sec^2 x \qquad \rightarrow \qquad \int \sec^2 x dx = \tan x + C$

(9) $(-\cot x)' = \csc^2 x \qquad \rightarrow \qquad \int \csc^2 x dx = -\cot x + C$

(10) $(\sec x)' = \sec x \tan x \qquad \rightarrow \qquad \int \sec x \tan x dx = \sec x + C$

(11) $(-\csc x)' = \csc x \cot x \qquad \rightarrow \qquad \int \csc x \cot x dx = -\csc x + C$

(12) $(\arcsin x)' = \dfrac{1}{\sqrt{1-x^2}} \qquad \rightarrow \qquad \int \dfrac{dx}{\sqrt{1-x^2}} = \arcsin x + C$

(13) $(\arctan x)' = \dfrac{1}{1+x^2} \qquad \rightarrow \qquad \int \dfrac{dx}{1+x^2} = \arctan x + C$

以上 13 个公式是求不定积分的基础，读者必须熟记.

例 4 求 ① $\int \dfrac{1}{x^2} dx$； ② $\int \dfrac{1}{\sqrt{x}} dx$.

解 ① $\int \dfrac{1}{x^2} dx = \int x^{-2} dx = \dfrac{x^{-2+1}}{-2+1} + C = -\dfrac{1}{x} + C$；

② $\int \dfrac{1}{\sqrt{x}} dx = \int x^{-\frac{1}{2}} dx = \dfrac{x^{-\frac{1}{2}+1}}{-\frac{1}{2}+1} + C = 2\sqrt{x} + C$.

例 4 表明，对某些分式或根式函数求积分，可先把它们化为 x^a 的形式，然后应用幂函数的积分公式来积分.

4.1.4 不定积分的运算法则

法则 1 两个函数代数和的不定积分等于两个函数的积分的代数和，即

$$\int [f_1(x) \pm f_2(x)] dx = \int f_1(x) dx \pm \int f_2(x) dx . \tag{1}$$

证 将式(1) 右端对 x 求导，得

$$\left[\int f_1(x) dx \pm \int f_2(x) dx\right]' = \left[\int f_1(x) dx\right]' \pm \left[\int f_2(x) dx\right]' = f_1(x) \pm f_2(x) .$$

这表示式(1) 右端是 $f_1(x) \pm f_2(x)$ 的原函数，因式(1) 右端带有积分号，表示右端含有任意

常数，因此式(1) 右端是 $f_1(x) \pm f_2(x)$ 的不定积分.

上述法则对于有限个函数的代数和也是成立的.

用类似方法，可以证明以下不定积分的运算法则 2.

法则 2 被积表达式中的常数因子可以提到积分号的前面，即当 k 为不等于零的常数时，则有

$$\int kf(x)\,dx = k\int f(x)\,dx .$$

例 5 求 $\int(2x^3+1-e^x)\,dx$.

解 根据积分法则，得

$$\int(2x^3+1-e^x)\,dx = 2\int x^3dx+\int dx-\int e^x dx,$$

然后再应用基本公式，得

$$\int(2x^3+1-e^x)\,dx = 2\cdot\frac{x^4}{4}+x-e^x+C=\frac{x^4}{2}+x-e^x+C .$$

其中每一项的积分虽然都应当有一个积分常数，但是这里并不需要在每一项后面各加一个积分常数. 因为任意常数的和还是任意常数，所以只把它们的和 C 写在末尾，以后仿此.

应当注意，检验积分结果是否正确，只要把结果求导，看它的导数是否等于被积函数就行了. 如上例，由于

$$\left(\frac{x^4}{2}+x-e^x+C\right)'=2x^3+1-e^x,$$

所以结果是正确的.

习题 4.1

1. 用微分法验证下列各等式：

(1) $\int(3x^2+2x+2)\,dx = x^3+x^2+2x+C$； (2) $\int\frac{1}{x^2}dx=-\frac{1}{x}+C$；

(3) $\int\cos(2x+3)\,dx=\frac{1}{2}\sin(2x+3)+C$； (4) $\int\cos^2 x dx=\frac{x}{2}+\frac{1}{4}\sin 2x+C$；

(5) $\int\frac{1}{\sin x}dx=\ln\left(\tan\frac{x}{2}\right)+C.$

2. 已知某曲线上任意一点切线的斜率等于 x，且曲线通过点 $M(0,1)$，求曲线的方程.

3. 设物体的运动速度为 $v=\cos t$(m/s). 当 $t=\frac{\pi}{2}$ s 时，物体所经过的路程为 $s=10$m，求物体的运动规律.

§4.2 不定积分的计算

4.2.1 直接积分法

在求积分问题中，有时我们可以直接按积分基本公式和两条基本运算法则求出结果，有时，被积函数常需要经过适当的恒等变形(包括代数和三角的恒等变形)，再利用积分的两条基本法则，然后按基本公式求出结果.这样的积分方法叫做直接积分法.

例 1 求 $\int\left(\cos x - a^x + \frac{1}{\cos^2 x}\right)dx$.

解 $\int\left(\cos x - a^x + \frac{1}{\cos^2 x}\right)dx = \int\cos x dx - \int a^x dx + \int\sec^2 x dx$

$$= \sin x - \frac{a^x}{\ln a} + \tan x + C.$$

例 2 求 $\int\frac{x^3 - 3x^2 + 2x + 4}{x^2}dx$.

解 $\int\frac{x^3 - 3x^2 + 2x + 4}{x^2}dx = \int\left(x - 3 + \frac{2}{x} + \frac{4}{x^2}\right)dx$

$$= \int x dx - 3\int dx + 2\int\frac{1}{x}dx + 4\int\frac{1}{x^2}dx$$

$$= \frac{x^2}{2} - 3x + 2\ln|x| - \frac{4}{x} + C.$$

例 3 求 $\int\frac{x^4}{1+x^2}dx$.

解 $\int\frac{x^4}{1+x^2}dx = \int\frac{x^4 - 1 + 1}{1+x^2}dx = \int\frac{(x^2+1)(x^2-1)+1}{1+x^2}dx$

$$= \int\left(x^2 - 1 + \frac{1}{1+x^2}\right)dx$$

$$= \frac{x^3}{3} - x + \arctan x + C.$$

例 4 求 $\int\tan^2 x dx$.

解 先利用三角恒等式进行变形，然后再求积分.

$$\int\tan^2 x dx = \int(\sec^2 x - 1)dx = \tan x - x + C.$$

例 5 求 $\int\frac{\cos 2x}{\cos x - \sin x}dx$.

解 $\int\frac{\cos 2x}{\cos x - \sin x}dx = \int\frac{\cos^2 x - \sin^2 x}{\cos x - \sin x}dx$

$$= \int\frac{(\cos x + \sin x)(\cos x - \sin x)}{\cos x - \sin x}dx$$

$$= \int (\cos x + \sin x) dx \ (\cos x \neq \sin x, \text{即} \tan x \neq 1)$$

$$= \sin x - \cos x + C .$$

4.2.2 凑微分法

用直接积分法能计算的不定积分是非常有限的. 因此，有必要进一步研究不定积分的求法. 凑微分法是与微分学中的复合函数的求导法则相对应的积分方法. 为了说明这种方法，先看下面的例子.

求 $\int \cos 3x dx$.

分析：在基本积分公式里虽有

$$\int \cos x dx = \sin x + C,$$

但这里不能直接应用，这是因为被积函数 $\cos 3x$ 是一个复合函数. 为了套用这个积分公式，先把原积分做下列变形，然后进行计算.

$$\int \cos 3x dx = \frac{1}{3}\int \cos 3x d(3x) \xlongequal{\text{令} 3x = u} \frac{1}{3}\int \cos u du = \frac{1}{3}\sin u + C \xlongequal{\text{回代} u = 3x} \frac{1}{3}\sin 3x + C .$$

验证：$\left(\frac{1}{3}\sin 3x + C\right)' = \cos 3x$.

所以 $\frac{1}{3}\sin 3x + C$ 确实是 $\cos 3x$ 的原函数，这说明上面的方法是正确的.

例题的解法特点是引入新变量 $u = 3x$，从而把原积分化为积分变量为 u 的积分，再用基本积分公式求解，它就是利用 $\int \cos x dx = \sin x + C$ 得 $\int \cos u du = \sin u + C$.

这表明：在基本积分公式中自变量 x 换成任一可导函数 $u = \varphi(x)$ 时，公式仍成立，这就大大扩大了基本积分公式的使用范围.

一般地，若不定积分的被积表达式能写成

$$f[\varphi(x)]\varphi'(x)dx = f[\varphi(x)]d\varphi(x)$$

的形式，则令 $\varphi(x) = u$，当积分 $\int f(u)du = F(u) + C$ 容易用直接积分法求得，那么按下述方法计算不定积分：

$$\int f[\varphi(x)]\varphi'(x)dx = \int f[\varphi(x)]d\varphi(x) \xlongequal{\text{令} \varphi(x) = u} \int f(u)du = F(u) + C$$

$$\xlongequal{\text{回代} u = \varphi(x)} F[\varphi(x)] + C \qquad (4-1)$$

我们把这样的积分方法叫做凑微分法.

例 6 求 $\int (3x - 1)^{10} dx$.

解 基本积分公式中有

$$\int x^a dx = \frac{x^{a+1}}{a+1} + C \ (a \neq -1),$$

因为

$$3dx = d(3x - 1),$$

所以

$$\int(3x-1)^{10}dx = \frac{1}{3}\int(3x-1)^{10}d(3x-1)$$

$$\xlongequal{令 3x-1=u} \frac{1}{3}\int u^{10}du = \frac{1}{33}u^{11} + C$$

$$\xlongequal{回代 u=3x-1} \frac{1}{33}(3x-1)^{11} + C .$$

例 7 求 $\int xe^{x^2}dx$.

解 因为 $xdx = \frac{1}{2}d(x^2)$，所以

$$\int xe^{x^2}dx = \frac{1}{2}\int e^{x^2}d(x^2) \xlongequal{令 x^2=u} \frac{1}{2}\int e^u du = \frac{1}{2}e^u + C \xlongequal{回代 u=x^2} \frac{1}{2}e^{x^2} + C .$$

由上面例题可以看出，用凑微分法计算积分时，关键是把被积表达式凑成两部分，使其中一部分为 $d\varphi(x)$，另一部分为 $\varphi(x)$ 的函数 $f[\varphi(x)]$. 因此，通常又把第一类换元积分法称为**凑微分法**.

在凑微分时，常用到下列的微分式子，熟悉它们是有助于求不定积分的

$$dx = \frac{1}{a}d(ax+b);$$

$$xdx = \frac{1}{2}d(x^2);$$

$$\frac{1}{x}dx = d\ln|x|;$$

$$\frac{1}{\sqrt{x}}dx = 2d\sqrt{x};$$

$$\frac{1}{x^2}dx = -d\left(\frac{1}{x}\right);$$

$$\frac{1}{1+x^2}dx = d(\arctan x);$$

$$\frac{1}{\sqrt{1-x^2}}dx = d(\arcsin x);$$

$$e^x dx = d(e^x);$$

$$\sin x dx = -d(\cos x);$$

$$\cos x dx = d(\sin x)$$

$$\sec^2 x dx = d(\tan x);$$

$$\csc^2 x dx = -d(\cot x);$$

$$\sec x \tan x dx = d(\sec x);$$

$$\csc x \cot x dx = -d(\csc x) .$$

显然，微分式子绝非只有这些，大量的是要根据具体的问题具体分析，读者应在熟记基本积分公式和一些常用微分式子的基础上，通过大量的练习来积累经验，才能逐步的掌握此积分方法.

例8 求 $\int \frac{\sin\sqrt{x}}{\sqrt{x}}dx$.

解 $\int \frac{\sin\sqrt{x}}{\sqrt{x}}dx = 2\int \sin\sqrt{x}d\sqrt{x}$

$$\xlongequal{令\sqrt{x}=u} 2\int \sin u du = -2\cos u + C$$

$$\xlongequal{回代 u=\sqrt{x}} -2\cos\sqrt{x} + C.$$

当运算比较熟悉后，设变量 $\varphi(x) = u$ 和回代这两个步骤，可以省略不写.

例9 求 $\int \frac{dx}{a^2+x^2}$.

解 $\int \frac{dx}{a^2+x^2} = \frac{1}{a^2}\int \frac{dx}{1+\left(\frac{x}{a}\right)^2} = \frac{1}{a}\int \frac{d\left(\frac{x}{a}\right)}{1+\left(\frac{x}{a}\right)^2} = \frac{1}{a}\arctan\frac{x}{a} + C.$

类似地，可得

$$\int \frac{dx}{\sqrt{a^2-x^2}} = \arcsin\frac{x}{a} + C\ (a>0).$$

有时需要通过代数或三角恒等变换把被积函数适当变形再用凑微分法求积分.

例10 求 $\int \tan x dx$.

解 $\int \tan x dx = \int \frac{\sin x}{\cos x}dx = -\int \frac{d\cos x}{\cos x} = -\ln|\cos x| + C.$

类似地，可得

$$\int \cot x dx = \ln|\sin x| + C.$$

例11 求 $\int \cos^3 x dx$.

解 $\int \cos^3 x dx = \int \cos^2 x \cdot \cos x dx = \int (1-\sin^2 x)d\sin x = \sin x - \frac{1}{3}\sin^3 x + C.$

例12 求 $\int \cos^2 x dx$.

解 如果仿照例12的方法化为 $\int \cos x d\sin x$ 是求不出结果的. 需要先用半角公式做恒等变换，然后再求积分，即

$$\int \cos^2 x dx = \int \frac{1+\cos 2x}{2}dx = \frac{1}{2}\int dx + \frac{1}{2}\int \cos 2x dx = \frac{x}{2} + \frac{1}{4}\sin 2x + C.$$

类似地，可得

$$\int \sin^2 x dx = \frac{x}{2} - \frac{1}{4}\sin 2x + C.$$

注意:同一积分可以有几种不同的解法，其结果在形式上可能不同，但实际上它们最多

只是积分常数有区别.

例如，求 $\int \sin x\cos x dx$.

解 1 $\int \sin x\cos x dx = \int \sin x d\sin x = \frac{1}{2}\sin^2 x + C_1$；

解 2 $\int \sin x\cos x dx = -\int \cos x d\cos x = -\frac{1}{2}\cos^2 x + C_2$；

解 3 $\int \sin x\cos x dx = \frac{1}{2}\int \sin 2x dx = \frac{1}{4}\int \sin 2x d(2x) = -\frac{1}{4}\cos 2x + C_3$.

固然利用三角公式不难验证上例三种解法的结果彼此只相差一个常数，但很多的积分要把结果化为相同的形式有时会有一定的困难. 事实上，要检查积分是否正确，正如前面指出的那样，只要对所得的结果求导，如果这个导数与被积函数相同，那么结果就是正确的.

4.2.3 换元积分法

凑微分法是很重要的积分法，但对于某些被积函数来说，例如，$\int \sqrt{a^2 - x^2}\, dx$ 用凑微分法就很困难，这时，如果令 $x = a\sin t$ 进行换元，将无理式的积分变为有理式积分就能顺利地求出结果.

一般地，在计算 $\int f(x)dx$ 时，适当选择 $x = \varphi(t)$ 进行换元，如果积分 $\int f[\varphi(t)]\varphi'(t)dt$ 容易求得，那么按下述方法计算不定积分：

$$\int f(x)dx \xlongequal{令 x = \varphi(t)} \int f[\varphi(t)]\varphi'(t)dt = F(t) + C \xlongequal{回代 t = \varphi^{-1}(x)} F[\varphi^{-1}(x)] + C. \quad (4-2)$$

通常把这样的积分法叫做第二类换元积分法，简称换元积分法.

换元的方法主要有两种：简单的根式代换和三角代换.

例 13 求 $\int \frac{dx}{1 + \sqrt{x}}$.

解：求这个积分困难在于被积函数中含有根式 $\sqrt{x}$. 为了去掉根式，容易想到令 $\sqrt{x} = t$，即 $x = t^2 (t > 0)$，于是 $dx = 2tdt$，把它们代入积分式，得

$$\int \frac{dx}{1 + \sqrt{x}} = \int \frac{2tdx}{1 + t} = 2\int \frac{t + 1 - 1}{1 + t}dt = 2\int \left(1 - \frac{1}{1 + t}\right)dt = 2(t - \ln|1 + t|) + C.$$

为了使所得结果仍用旧变量 x 来表示，把 $t = \sqrt{x}$ 回代上式，最后得

$$\int \frac{dx}{1 + \sqrt{x}} = 2(\sqrt{x} - \ln(1 + \sqrt{x})) + C.$$

【注】 在令 $x = t^2$ 的同时给出了 $t > 0$ 的条件，这一方面使被积函数中的 $\sqrt{x}$ 在代换后等于 t，而不必写 $|t|$，另一方面在最后需要回代时，保证它的反函数是单值的 $t = \sqrt{x}$. 下面的例题中，令 $x = a\sin t$ 时，约定它是在区间 $\left(-\frac{\pi}{2}, \frac{\pi}{2}\right)$ 内进行计算的道理相同.

例 14 求 $\int \sqrt{a^2 - x^2}\,dx\ (a > 0)$.

解: 求这个积分困难也在于被积函数中有根式 $\sqrt{a^2 - x^2}$. 又不能像上面那样令 $\sqrt{a^2 - x^2} = t$ 使之有理化，但可以利用三角公式 $\sin^2 x + \cos^2 x = 1$ 来消去根式.

令 $x = a\sin t$，$t \in \left(-\frac{\pi}{2}, \frac{\pi}{2}\right)$ 则

$$\sqrt{a^2 - x^2} = a\sqrt{1 - \sin^2 t} = a\cos t,\ dx = a\cos t dt,$$

代入被积表达式，得

$$\int \sqrt{a^2 - x^2}\,dx = \int a\cos t \cdot a\cos t dt = a^2 \int \cos^2 t dt,$$

这样就把一个无理函数的不定积分化为较简单的三角函数的不定积分，于是

$$\int \sqrt{a^2 - x^2}\,dx = a^2 \int \cos^2 t dt = a^2 \int \frac{1 + \cos 2t}{2} dt = \frac{a^2}{2}\left(t + \frac{1}{2}\sin 2t\right) + C$$

$$= \frac{a^2}{2}t + \frac{a^2}{2}\sin t\cos t + C.$$

由于 $x = a\sin t$，所以

$$t = \arcsin\frac{x}{a},\ \cos t = \sqrt{1 - \sin^2 t} = \sqrt{1 - \left(\frac{x}{a}\right)^2} = \frac{1}{a}\sqrt{a^2 - x^2},$$

于是所求的积分为

$$\int \sqrt{a^2 - x^2}\,dx = \frac{a^2}{2}\arcsin\frac{x}{a} + \frac{1}{2}x\sqrt{a^2 - x^2} + C.$$

为了使所得结果用原变量 x 来表示，也可以借助 $x = a\sin t$ 作辅助直角三角形(图4－3)，更容易求得

$$\cos t = \frac{\sqrt{a^2 - x^2}}{a}$$

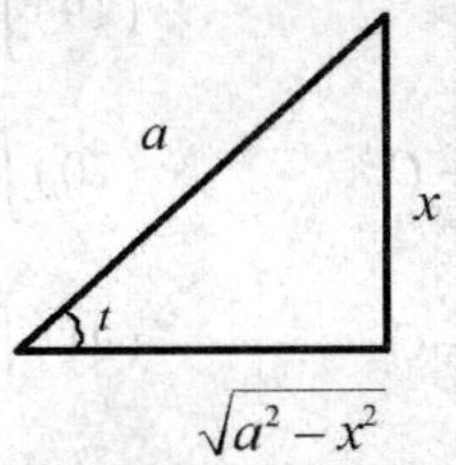

图4－3

以下三种变换叫做三角代换：

① 含有 $\sqrt{a^2 - x^2}$ 时，令 $x = a\sin t$;

② 含有 $\sqrt{x^2 + a^2}$ 时，令 $x = a\tan t$;

③ 含有 $\sqrt{x^2 - a^2}$ 时，令 $x = a\sec t$.

应用换元积分法时选择适当的变量代换是关键，如果选择不当，就可能引起在计算上的麻烦或根本求不出积分. 但是究竟如何选择代换式，应根据被积函数的具体情况进行分析，

不要拘泥于上述的规定. 例如，$\int \frac{dx}{\sqrt{a^2 - x^2}}$用第一类换元法比较简便，但$\int \sqrt{a^2 - x^2}\, dx$却要用三角代换.

有些积分用两类换元法都能求得结果.

例 15 求 $\int \frac{dx}{e^x + 1}$.

解 1 用换元积分法.

令 $e^x = t$，即 $x = \ln t$，则 $dx = \frac{1}{t}dt$. 于是

$$\int \frac{dx}{e^x + 1} = \int \frac{1}{t+1} \cdot \frac{1}{t}dt = \int \frac{(t+1) - t}{t(t+1)} dt = \int\left(\frac{1}{t} - \frac{1}{t+1}\right)dt$$

$$= \ln|t| - \ln|t+1| + C = \ln e^x - \ln(e^x + 1) + C$$

$$= x - \ln(e^x + 1) + C.$$

解 2 用凑微分法.

$$\int \frac{dx}{e^x + 1} = \int \frac{(e^x + 1) - e^x}{e^x + 1} dx = \int\left(1 - \frac{e^x}{e^x + 1}\right)dx$$

$$= x - \int \frac{d(e^x + 1)}{e^x + 1}$$

$$= x - \ln(e^x + 1) + C.$$

这个例题一方面说明，非根式函数的积分有时也可以用换元积分法，另一方面，也说明有时凑微分法更简捷.

以下积分结果可以作为积分公式的补充，今后可以直接使用以减少许多重复计算：

(14) $\int \tan x dx = -\ln|\cos x| + C$

(15) $\int \cot x dx = \ln|\sin x| + C$

(16) $\int \sec x dx = \ln|\sec x + \tan x| + C$

(17) $\int \csc x dx = \ln|\csc x - \cot x| + C$

(18) $\int \frac{dx}{a^2 + x^2} = \frac{1}{a}\arctan\frac{x}{a} + C$

(19) $\int \frac{dx}{x^2 - a^2} = \frac{1}{2a}\ln\left|\frac{x-a}{x+a}\right| + C$

(20) $\int \frac{dx}{\sqrt{a^2 - x^2}} = \arcsin\frac{x}{a} + C$

(21) $\int \frac{dx}{\sqrt{x^2 \pm a^2}} = \ln\left|x + \sqrt{x^2 \pm a^2}\right| + C$

4.2.4 分部积分法

有时对某些类型的积分，换元积分法往往也不能奏效，如$\int x\cos x dx$、$\int e^x \cos x dx$、$\int \ln x dx$、$\int \arcsin x dx$等. 为此，我们在乘积的微分法则的基础上引进另一种基本积分法 —— 分部积分法.

设函数 $u = u(x)$ 及 $v = v(x)$ 具有连续导数，根据乘积的微分法则，有

$$d(uv) = udv + vdu,$$

移项得

$$udv = d(uv) - vdu,$$

两边积分，得

$$\int u dv = uv - \int v du \quad (4-3)$$

上式称为分部积分公式. 这个公式的作用在于把求左边的不定积分$\int u dv$转化为求右边的不定积分$\int v du$. 如果$\int u dv$不易求得，而$\int v du$比较容易求得时，利用这个公式，就起到了化难为易的作用.

例如，求$\int x\cos x dx$时，如果选取$u = x$，$dv = \cos x dx = d(\sin x)$，代入公式(4-3)，得

$$\int x\cos x dx = \int x d(\sin x) = x\sin x - \int \sin x dx,$$

其中$\int \sin x dx$容易求出，于是

$$\int x\cos x dx = x\sin x + \cos x + C.$$

如果选取$u = \cos x$，$dv = x dx = d\left(\frac{x^2}{2}\right)$，代入公式(4-3)，得

$$\int x\cos x dx = \int \cos x d\left(\frac{x^2}{2}\right) = \frac{x^2}{2}\cos x + \int \frac{x^2}{2}\sin x dx,$$

上式右端的不定积分比左端的原积分更不容易求得.

由此可见，如果u和dv选取不当，就求不出结果. 所以在应用分部积分法时，恰当地选取u和dv是一个关键. 选取u和dv一般要考虑下面两点：

①v要容易求得；

②$\int v du$要比$\int u dv$容易积出.

例16 求$\int xe^x dx$.

解 选取$u = x$，$dv = e^x dx = d(e^x)$，则

$$\int xe^x dx = \int x d(e^x) = xe^x - \int e^x dx = xe^x - e^x + C.$$

例17 求$\int x^2 \ln x dx$.

解 选取$u = \ln x$，$dv = x^2 dx = d\left(\frac{x^3}{3}\right)$，则

$$\int x^2 \ln x dx = \int \ln x d\left(\frac{x^3}{3}\right) = \frac{x^3}{3}\ln x - \int \frac{x^3}{3} d(\ln x) = \frac{x^3}{3}\ln x - \int \frac{x^3}{3} \cdot \frac{1}{x} dx$$

$$= \frac{x^3}{3}\ln x - \frac{1}{3}\int x^2 dx = \frac{x^3}{3}\ln x - \frac{x^3}{9} + C.$$

对分部积分法熟悉后，计算时u和dv可默记在心里不必写出.

例18 求$\int x\arctan x dx$.

解 $\int x\arctan x dx = \int \arctan x d\left(\frac{x^2}{2}\right) = \frac{x^2}{2}\arctan x - \int \frac{x^2}{2} d(\arctan x)$

$$= \frac{x^2}{2}\arctan x - \frac{1}{2}\int \frac{x^2}{1+x^2}dx$$

$$= \frac{x^2}{2}\arctan x - \frac{1}{2}\int \frac{x^2+1-1}{1+x^2}dx$$

$$= \frac{x^2}{2}\arctan x - \frac{1}{2}\int \left(1 - \frac{1}{1+x^2}\right)dx$$

$$= \frac{x^2}{2}\arctan x - \frac{x}{2} + \frac{1}{2}\arctan x + C.$$

由上面的例子可以看出，如果被积函数是幂函数与指数函数(或者正弦、余弦函数)的乘积时，就可以考虑用分部积分法，并把幂函数选作 u；如果被积函数是幂函数与对数函数(或反三角函数)的乘积时，则应把对数函数(或反三角函数)选作 u.

例 19 求 $\int \ln x dx$.

解 因为被积函数是单一函数，就可以看做被积表达式已经"自然"分成 udv 的形式了. 直接应用公式(4 - 3)，得

$$\int \ln x dx = x\ln x - \int x d(\ln x) = x\ln x - \int x \cdot \frac{1}{x}dx = x\ln x - x + C.$$

例 20 求 $\int x^2 \sin x dx$.

解 $\int x^2 \sin x dx = -\int x^2 d(\cos x) = -x^2\cos x + 2\int x\cos x dx$.

对于 $\int x\cos x dx$ 需要再应用一次分部积分法. 在前面已经求得

$$\int x\cos x dx = x\sin x + \cos x + C_1.$$

所以

$$\int x^2 \sin x dx = -x^2\cos x + 2x\sin x + 2\cos x + C \left(C = \frac{1}{2}C_1\right).$$

例 20 表明，有时要多次运用分部积分法才能求出结果.

下面的例子是在多次运用分部积分法后又回到原来的积分，这时只要采用解方程的方法就可以得出结果.

例 21 求 $\int e^x \cos x dx$.

解 $\int e^x \cos x dx = \int \cos x d(e^x) = e^x\cos x + \int e^x \sin x dx$

$$= e^x\cos x + \int \sin x d(e^x)$$

$$= e^x\cos x + e^x\sin x - \int e^x\cos x dx.$$

移项，合并得

$$2\int e^x\cos x dx = e^x(\sin x + \cos x) + C_1,$$

(因为等式右端已没有积分号，故需加上任意常数 C_1)，故

$$\int e^x\cos x dx=\frac{1}{2}e^x(\sin x+\cos x)+C\left(C=\frac{1}{2}C_1\right).$$

$$=\frac{x}{2}\sqrt{x^2+a^2}+\frac{a^2}{2}\ln\left|x+\sqrt{x^2+a^2}\right|+C.$$

分部积分法和换元积分法有时要交替使用.

例 22 求 $\int e^{\sqrt{x}}dx$.

解 令$\sqrt{x}=t$，则 $x=t^2$，$dx=2tdt$，于是

$$\int e^{\sqrt{x}}dx=2\int te^t dt=2\int td(e^t)=2(t-1)e^t+C=2(\sqrt{x}-1)e^{\sqrt{x}}+C.$$

【注 1】 可以看出，积分运算比微分运算复杂得多，为了使用方便，人们已将一些函数的不定积分汇编成表，这种表叫做简易积分表，见附录二. 本书附录里列出"简易积分表"是按积分函数的类型加以编排的，其中包括了最常用的一些积分公式. 一般说来，查积分表可以节省计算积分的时间，但是只有掌握了前面学过的基本积分方法后才能灵活地使用积分表，而且有时对一些比较简单的积分应用基本积分方法来计算比查表更快些. 例如，对于积分 $\int\sin^2 x\cos^3 x dx$ 用凑微分 $\cos x dx=d(\sin x)$，很快就可得到结果. 所以，求积分时究竟是直接计算还是查表，或者两者结合使用，应该做具体分析，不能一概而论.

【注 2】 还要指出：对初等函数来说，在其定义区间内，它的原函数一定存在，但有些原函数不一定是初等函数. 例如：

$$\int e^{-x^2}dx,\int\frac{\sin x}{x}dx,\int\frac{dx}{\ln x},\int\frac{dx}{\sqrt{1+x^4}},\int\sqrt{1-k^2\cos^2 t}\,dt\ (0<k<1)$$

等，它们都不能用初等函数来表达，因此常说这些积分是"积不出来"的.

习题 4.2

1. 求下列各不定积分：

(1) $\int(e^x+1)dx$；　(2) $\int a^x e^x dx$；　(3) $\int\frac{dx}{x^2\sqrt{x}}$；

(4) $\int\frac{3x^3-2x^2+x+1}{x^3}dx$；　(5) $\int\left(\frac{1}{x}+3^x+\frac{1}{\cos^2 x}-e^x\right)dx$；　(6) $\int\left(\frac{x+2}{x}\right)^2dx$；

(7) $\int\frac{x-4}{\sqrt{x}+2}dx$；　(8) $\int\frac{(x+1)^2}{x(x^2+1)}dx$；　(9) $\int\frac{x^2}{1+x^2}dx$；

(10) $\int\frac{3x^4+3x^2+1}{x^2+1}dx$；　(11) $\int\frac{\sin 2x}{\sin x}dx$；　(12) $\int\frac{\cos 2x}{\sin^2 x}dx$；

(13) $\int\frac{\cos 2x}{\cos^2 x\sin^2 x}dx$；　(14) $\int\frac{dx}{1+\cos 2x}$.

2. 在下列各等式右端的括号内填入适当的常数，使等式成立(例如，$dx=\left(\frac{1}{9}\right)d(9x-5)$)：

(1) $dx = (\quad) d(5x-7)$;　(2) $dx = (\quad) d(6x)$;

(3) $xdx = (\quad) d(x^2)$;　(4) $xdx = (\quad) d(4x^2)$;

(5) $xdx = (\quad) d(1-2x^2)$;　(6) $x^2dx = (\quad) d(2x^3-3)$;

(7) $e^{3x}dx = (\quad) d(e^{3x})$;　(8) $e^{-\frac{x}{2}}dx = (\quad) d(1+e^{-\frac{x}{2}})$;

(9) $\cos\frac{2}{3}xdx = (\quad) d\left(\sin\frac{2}{3}x\right)$;　(10) $\frac{dx}{x} = (\quad) d(5\ln|x|)$;

(11) $\frac{dx}{1+9x^2} = (\quad) d(\arctan 3x)$;　(12) $\frac{dx}{\sqrt{1-4x^2}} = (\quad) d(\arcsin 2x)$.

3. 求下列各不定积分：

(1) $\int\frac{dx}{1-2x}$;　(2) $\int\sin\frac{t}{3}dt$;　(3) $\int(x^2-3x+2)^3(2x-3)dx$;

(4) $\int(2x-1)^5dx$;　(5) $\int(3-2x)^3dx$;　(6) $\int\frac{x}{\sqrt{x^2-2}}dx$;

(7) $\int\frac{\sin x}{\cos^2 x}dx$;　(8) $\int\frac{\cos x}{\sqrt{\sin x}}dx$;　(9) $\int\frac{x^2}{(a^2+x^3)^{\frac{1}{2}}}dx$;

(10) $\int\sqrt{2+e^x}\,e^xdx$;　(11) $\int\frac{dx}{x\ln^3 x}$;　(12) $\int\frac{x}{x^2+3}dx$;

(13) $\int\frac{\sin x}{a+b\cos x}dx$;　(14) $\int x\cos(a+bx^2)dx$;　(15) $\int x^2\sin 3x^3dx$;

(16) $\int e^{-x}dx$;　(17) $\int e^{\sin x}\cos xdx$;　(18) $\int x^2a^{x^3}dx$;

(19) $\int(\sin ax-e^{\frac{x}{b}})dx$;　(20) $\int\frac{dx}{4+x^2}$;　(21) $\int\sin^2\frac{x}{2}dx$.

4. 求下列各不定积分：

(1) $\int\frac{dx}{1+\sqrt[3]{x+1}}$;　(2) $\int\frac{dx}{x\sqrt{x+1}}$;　(3) $\int\frac{dx}{\sqrt{1+e^x}}$;

(4) $\int\frac{x^2}{\sqrt{9-x^2}}dx$;　(5) $\int\sqrt{1-4x^2}\,dx$.

5. 求下列各不定积分：

(1) $\int x\sin xdx$;　(2) $\int x\ln xdx$;　(3) $\int\arccos xdx$;　(4) $\int xe^{-x}dx$;

(5) $\int\ln(1+x^2)dx$;　(6) $\int x\sin x\cos xdx$.

6. 分别用第一类及第二类换元积分法计算下列各题：

(1) $\int\frac{dx}{\sqrt{1+2x}}$;　(2) $\int\frac{dx}{\sqrt{x}(1+x)}$;　(3) $\int\frac{xdx}{(1+x^2)^2}$.

7. 利用简易积分表求下列各不定积分：

(1) $\int\frac{dx}{x(2+x)^2}$;　(2) $\int\frac{dx}{2+\sin 2x}$;　(3) $\int\frac{dx}{x^2+2x+5}$.

8. 已知某函数的导数是 $x-3$，又知当 $x=2$ 时，函数的值等于9，求此函数.

9. 已知某曲线经过点(1, -5)，并知曲线上每一点切线的斜率为 $k=1-x$，求此曲线的方程.

10. 某物体以速度 $v=3t^2+4t$(m/s) 作直线运动，当 $t=2$s 时，物体经过的路程 $s=16$m，试求物体的运动规律.

复习题四

1. 求下列各不定积分：

(1) $\int \frac{dx}{\sin^2 x\cos^2 x}$；　(2) $\int \sin^2 x\cos^2 x dx$；　(3) $\int \frac{\sin\sqrt{x}}{\sqrt{x}}dx$；

(4) $\int \frac{1-\cos x}{1+\cos x}dx$；　(5) $\int x\sqrt{2x^2+1}\,dx$；　(6) $\int \frac{(\ln x)^3}{x}dx$；

(7) $\int \frac{dx}{x\ln\sqrt{x}}$；　(8) $\int \sqrt{1-\cos x}\,dx\ (0<x<2\pi)$；　(9) $\int \frac{dx}{e^{-x}+e^x}$；

(10) $\int \frac{e^{2x}-1}{e^x}dx$；　(11) $\int \frac{(\arctan x)^2}{1+x^2}dx$；　(12) $\int \frac{dx}{3+4x^2}$；

(13) $\int \frac{\cos x}{a^2+\sin^2 x}dx$；　(14) $\int x^2\ln(x-3)dx$；　(15) $\int (x^2-1)\sin 2x dx$；

(16) $\int \cos\sqrt{x}\,dx$.

2. 已知某曲线上切线斜率 $k=\frac{1}{2}(e^{\frac{x}{a}}-e^{-\frac{x}{a}})$，又知曲线经过点 $M(0,a)$，求此曲线的方程.

3. 设某函数当 $x=1$ 时有极小值，当 $x=-1$ 时有一极大值为4，又知这个函数的导数具有形状 $y'=3x^2+bx+c$，求此函数.

4. 设某函数的图像上有一拐点 $P(2,4)$，在拐点 P 处曲线的切线的斜率为 -3，又知这个函数的二阶导数具有形状 $y''=6x+c$，求此函数.

5. 物体由静止开始运动，在任意时刻 t 的速度为 $v=5t^2$(m/s)，求在3s末时物体离出发点的距离. 又问需要多少时间，物体才能离开出发点360m?

6. 设物体运动的速度与时间的平方成正比. 当 $t=0$ 时，$s=0$；当 $t=3$ 时，$s=18$. 求物体所经过的距离 s 和时间 t 的关系.

【知识拓展】

陈希孺院士寄予:学好数学重在多做习题

学习物理、化学、生物这类实证科学,离不开实验。数学好像没有实验。其实不然,数学的实验就是习题。如果说学好数学有什么经验,那么多做习题就是最重要的一条。

数学习题大体上可分为两类:一类属于“复习”的性质,大都比较容易,其目的是帮助学习者温习教材内容——公式、定理、方法等。中学阶段布置的作业大都属于这一类;另一类我称之为“研究”型的,难度比较大。解决这类问题,除要求对教材内容有切实的掌握外,还要求能灵活运用,甚至有别出心裁的想法。这类题在参考书中较多。

做习题,二者不能偏废。或更确切地说,第一类题是一个初级阶段,不能跨越,但不能止于此。要学好数学,必须经历大量的第二类习题的训练,才能收到登堂入室的功效。

有的学生不理解这一层意思,觉得花那么多时间去想一些较难的题,是否有用和值得,有的有畏难情绪。这属于意志问题。人容易产生惰性,它使人倾向于避难就易,不克服这种惰性,事业难望有成。不论学习什么,入门容易,精通很难。好比切菜,人人都会,但要练出一手好的刀工,则非有多年的努力不可。

我国老一辈的数学大师都非常重视这方面的训练,他们深厚的学术根底与杰出的科研成就,得力于在这方面所下的工夫。如现任复旦大学名誉校长的苏步青院士有一个故事:抗战时他在重庆,敌机常来轰炸。为了避免躲防空洞浪费时间,就利用这时间作习题。几年下来,做了上万道题。华罗庚院士也是靠自学成才,成为一代宗师的。他早年学习数学时,不是把一本书的定理公式都看懂了就算完事,而是要自己亲自“做”一遍。他常说:人家在没有这个定理时还能发现它,现在如果已摆在面前,你还做不出,那岂不是愧对前人,又怎能谈到超越前人,有所创新呢?可见多做习题对学好数学的重要性。

我个人也有一点经验和教训。在中学时代,课程不重,我生性又偏好逻辑思维方面的东西,因此课余的大量时间,都花在阅读数学方面的参考书上(尤其是其中有大量较难的习题)。我也做过大量的题,这使我获益匪浅。因此我的数学成绩在中学时代一直名列前茅。上大学后,我这方面的努力放松了。我把时间主要花在读书上,觉得读书能增长新知识。就这样,中学时代好做习题的习惯丢掉了不少。大学毕业工作后,逐渐显示了自己由于大学阶段忽视做习题而带来的后果。表现在碰到问题时办法少,克服难点的能力弱。这其中的根源,就在于因少做习题而使所学的东西流于表面,未能融会贯通,不能为己所用。意识到这一点以后,我进行了一些“补课”:即选择几本权威著作,把其中的习题做一遍——共写了十多个本子。这些本子至今还留着,有的还曾出版。后来我在学习的理论研究领域里能取得一些微小的成绩,部分与此有关。

做习题是一件费时和费脑力的事,不易坚持。首先要解决两个问题:一是有足够的时间。这需要养成爱惜光阴的习惯,不把时间浪费在一些无益的事情上;二是不断增进对这个问题的认识,把做习题由一种负担转变为一种乐趣。正如古人所说:知之者不如好之者,好之者不如乐之者。当然,这个境界的达到,也是从实际的努力中得来的。

另外,做习题和阅读参考书,二者不可偏废,实际上,大多数好的习题多来自各种参考书。好的参考书对教材中因时间关系没有讲透的方法,通过例子加以介绍,很有启发性,多读这类好书,对提高自己解题的能力大有帮助。

做课外习题是一种课外自我提高的形式，不能急于求成，要有“细水长流”的打算。有的难题，一时做不出来，不要轻易放弃，但也不要固着在这一点上。我自己有过这种经验:做一个题，一时做不出，放下来过一段时间再从另外途径想一想，几经周折，有经过几个月终于解决了的，当时感觉好像成就了一件大事，就如经过艰苦努力，终于爬上了一座山峰。这种经历也会大大提高学习的兴趣。

要学好数学，值得注意的方面很多，我只就“多做习题”这一点谈谈自己的看法。经验大多是老生常谈，贵在实行，贵在坚持，就以此语赠给爱好数学的青年朋友们。

第5章 定积分及其应用

定积分是积分学中另一类基本问题，它在自然科学和技术问题中有着广泛的应用．本章将从实际问题出发，引出定积分的概念，然后讨论定积分的性质、计算方法和它在几何、物理等方面的应用，还将介绍广义积分的有关知识．

§5.1 定积分的概念与性质

5.1.1 两个引例

例1 曲边梯形的面积

在生产实际和科学技术中，常常需要计算平面图形的面积．虽然在初中已经学习了多边形以及圆的面积的计算方法，但是对于由任意连续曲线围成的平面图形面积仍不会计算．下面就来研究这类平面图形面积的计算问题．

先讨论这类平面图形中最基本的一种图形——曲边梯形．

曲边梯形是指在直角坐标系中，由连续曲线 $y=f(x)$ 与三条直线 $x=a$，$x=b$，$y=0$ 所围成的图形．如图5－1所示，M_1MNN_1 就是一个曲边梯形．在 x 轴上的线段 M_1N_1 称为曲边梯形的底边，曲线段 MN 称为曲边梯形的曲边．

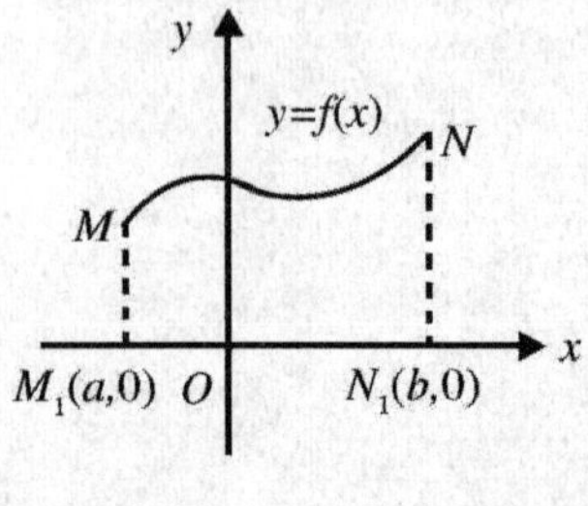

图5－1

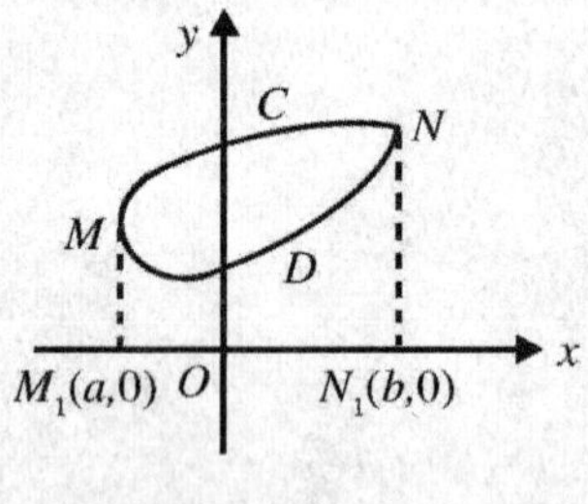

图5－2

曲线围成的平面图形的面积，在适当选择坐标系后往往可以化为两个曲边梯形的面积的差．例如，图5－2中曲线 $MDNC$ 所围成的面积 A_{MDNC} 可以化为曲边梯形面积 $A_{MM_1N_1NC}$ 和曲边梯

形面积 $A_{MM_1N_1ND}$ 的差，即

$$A_{MDNC} = A_{MM_1N_1NC} - A_{MM_1N_1ND}.$$

由此可见，只要求得曲边梯形的面积，计算曲线所围成的平面图形的面积就迎刃而解了.

设 $y = f(x)$ 在 $[a,b]$ 上连续，且 $f(x) \geqslant 0$，求以曲线 $y = f(x)$ 为曲边，底为 $[a,b]$ 的曲边梯形的面积 A.

为了计算曲边梯形面积 A，如图5－3所示，用一组垂直于 x 轴的直线把整个曲边梯形分割成许多小曲边梯形.

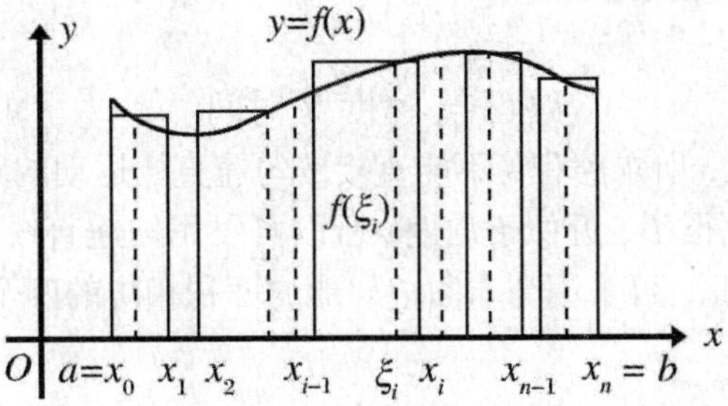

图5－3

因为每一个小曲边梯形的底边是很窄的，而 $f(x)$ 又是连续变化的，所以可用这个小曲边梯形的底边作为宽，以它底边上任一点所对应的函数值 $f(x)$ 作为长的小矩形的面积来近似表达这个小曲边梯形的面积. 再把所有这些小矩形面积加起来，就可以得到曲边梯形面积 A 的近似值. 由图可知，分割越细密，所有小矩形面积之和越接近曲边梯形的面积 A. 当分割无限细密时，所有小矩形面积之和的极限就是曲边梯形面积 A 的精确值.

根据上面的分析，曲边梯形的面积可按下述步骤来计算.

①任取分点：

$$a = x_0 < x_1 < x_2 < \cdots < x_{i-1} < x_i < \cdots < x_{n-1} < x_n = b.$$

把曲边梯形的底 $[a,b]$ 分成 n 个小区间：

$$[x_0, x_1], [x_1, x_2], \cdots, [x_{i-1}, x_i], \cdots, [x_{n-1}, x_n].$$

小区间 $[x_{i-1}, x_i]$ 的长度记为

$$\triangle x_i = x_i - x_{i-1} (i = 1, 2, \cdots, n).$$

过各分点作垂直于 x 轴的直线，把整个曲边梯形分成了 n 个小曲边梯形，其中第 i 个小曲边梯形的面积记为

$$\triangle A_i (i = 1, 2, \cdots, n).$$

② 在第 i 个小曲边梯形的底 $[x_{i-1}, x_i]$ 上任取一点 $\xi_i (x_{i-1} \leqslant \xi_i \leqslant x_i)$，它所对应的函数值是 $f(\xi_i)$. 用相应的宽为 $\triangle x_i$，长为 $f(\xi_i)$ 的小矩形面积近似代替这个小曲边梯形的面积，即

$$\triangle A_i \approx f(\xi_i) \triangle x_i (i = 1, 2, \cdots, n)$$

③ 把 n 个小矩形面积相加得和式 $\sum\limits_{i=1}^{n} f(\xi_i) \triangle x_i$，它就是曲边梯形面积 A 的近似值，即

$$A \approx \sum_{i=1}^{n} f(\xi_i) \triangle x_i.$$

④ 分割越细，$\sum\limits_{i=1}^{n} f(\xi_i) \triangle x_i$ 就越接近于曲边梯形的面积 A. 当最大的小区间长度趋近于

零，即$\|\triangle x_i\|\to 0$（$\|\triangle x_i\|$表示最大的小区间的长度）时，和式$\sum\limits_{i=1}^{n} f(\xi_i)\triangle x_i$的极限就是$A$，即

$$A = \lim_{\|\triangle x_i\|\to 0} \sum_{i=1}^{n} f(\xi_i)\triangle x_i.$$

可见，曲边梯形的面积是一个和式的极限.

2. 变速直线运动的路程

设一物体沿直线运动，已知速度$v = v(t)$是时间区间$[a,b]$上的t的连续函数，且$v(t) \geqslant 0$，求这物体在这段时间内所经过的路程s.

对于匀速直线运动有公式：

$$路程 = 速度 \times 时间.$$

现在速度是变量，因此，所求路程s不能直接按匀速直线运动的路程公式计算. 因为在很短的一段时间里的速度的变化很小，近似于匀速，所以可以用匀速直线运动的路程作为这段很短时间里的路程的近似值. 因此，可采用与求曲边梯形的面积相仿的四个步骤来计算路程s.

① 任取分点：

$$a = t_0 < t_1 < t_2 < \cdots < t_{i-1} < t_i < \cdots < t_{n-1} < t_n = b.$$

把时间区间$[a,b]$分成n个小区间：

$$[t_0, t_1], [t_1, t_2], \cdots, [t_{i-1}, t_i], \cdots, [t_{n-1}, t_n].$$

小区间$[t_{i-1}, t_i]$的长度记为

$$\triangle t_i = t_i - t_{i-1} (i = 1, 2, \cdots, n).$$

物体在第i段时间$[t_{i-1}, t_i]$内所走的路程为

$$\triangle s_i (i = 1, 2, \cdots, n).$$

② 在小区间$[t_{i-1}, t_i]$上，用其中任一时刻ξ_i的速度$v(\xi_i)$（$t_{i-1} \leqslant \xi_i \leqslant t_i$）来近似代替变化的速度$v(t)$，从而得到$\triangle s_i$的近似值：

$$\triangle s_i \approx v(\xi_i)\triangle t_i (i = 1, 2, \cdots, n).$$

③ 把n段时间上的路程相加，得和式$\sum\limits_{i=1}^{n} v(\xi_i)\triangle t_i$，它就是时间区间$[a,b]$上的路程$s$的近似值：

$$s \approx \sum_{i=1}^{n} v(\xi_i)\triangle t_i.$$

④ 当最大的小区间长度趋近于零，即$\|\triangle t_i\|\to 0$时，和式$\sum\limits_{i=1}^{n} v(\xi_i)\triangle t_i$的极限就是路程$s$的精确值，即

$$s = \lim_{\|\triangle t_i\|\to 0} \sum_{i=1}^{n} v(\xi_i)\triangle t_i.$$

可见，变速直线运动的路程也是一个和式的极限.

5.1.2 定积分的定义

在上述两个例子中，虽然所计算的量具有不同的实际意义（前者是几何量，后者是物理量），如果抽去它们的实际意义，可以看出计算这些量的思想方法和步骤都是相同的，并最终归结为求一个和式的极限. 对于这种和式的极限，给出下面的定义.

定义 设函数 $y=f(x)$ 在区间 $[a,b]$ 上有定义，任取分点

$$a=x_0<x_1<x_2<\cdots<x_{i-1}<x_i<\cdots<x_{n-1}<x_n=b.$$

将区间 $[a,b]$ 分成 n 个小区间 $[x_{i-1},x_i]$，其长度为

$$\triangle x_i=x_i-x_{i-1}(i=1,2,\cdots,n).$$

在每个小区间 $[x_{i-1},x_i]$ 上任取一点 $\xi_i(x_{i-1}\leqslant\xi_i\leqslant x_i)$，作乘积

$$f(\xi_i)\triangle x_i(i=1,2,\cdots,n)$$

的和式：

$$\sum_{i=1}^{n}f(\xi_i)\triangle x_i. \tag{1}$$

如果不论对区间 $[a,b]$ 采取何种分法及 ξ_i 如何选取，当最大的小区间的长度趋于零，即 $\|\triangle x_i\|\to 0$ 时，和式(1)的极限存在，则此极限值叫做函数 $y=f(x)$ 在区间 $[a,b]$ 上的定积分，记作 $\int_a^b f(x)dx$，即

$$\lim_{\|\triangle x_i\|\to 0}\sum_{i=1}^{n}f(\xi_i)\triangle x_i=\int_a^b f(x)dx,$$

其中，$f(x)$ 叫做被积函数，$f(x)dx$ 叫做被积表达式，x 叫做积分变量，a 与 b 分别叫做积分的下限与上限. 区间 $[a,b]$ 叫做积分区间.

如果定积分 $\int_a^b f(x)dx$ 存在，则称 $f(x)$ 在区间 $[a,b]$ 上可积.

根据定积分的定义，前面两个实例可分别写成定积分的形式如下：

曲边梯形的面积 A 等于其曲边 $y=f(x)$ 在其底所在的区间 $[a,b]$ 上的定积分：

$$A=\int_a^b f(x)dx.$$

变速直线运动的物体所经过的路程 s 等于其速度 $v=v(t)$ 在时间区间 $[a,b]$ 上的定积分：

$$s=\int_a^b v(t)dt.$$

应该注意以下几点：

① 当和式 $\sum_{i=1}^{n}f(\xi_i)\triangle x_i$ 的极限存在时，其极限值仅与被积函数 $f(x)$ 及积分区间 $[a,b]$ 有关，而与区间 $[a,b]$ 的分法及 ξ_i 的取法无关.

如果不改变被积函数和积分区间，而改变积分变量 x 用其他的字母，例如 t 或 u 来代替，那么极限值不变，也就是定积分的值不变，即

$$\int_a^b f(x)dx=\int_a^b f(t)dt=\int_a^b f(u)du.$$

② 在上述定义中，$a<b$. 为了以后计算方便起见，对 $a>b$ 及 $a=b$ 的情况给出以下的补充定义：

$$\int_a^b f(x)dx=-\int_b^a f(x)dx\ (a>b),\ \int_a^a f(x)dx=0.$$

5.1.3 定积分的几何意义

如果函数 $f(x)$ 在 $[a,b]$ 上连续，且 $f(x)\geqslant 0$ 时，那么定积分 $\int_a^b f(x)dx$ 就表示以 $y=f(x)$

为曲边的曲边梯形的面积.

如果函数$f(x)$在$[a,b]$上连续，且$f(x)\leqslant 0$时，由于定积分

$$\int_a^b f(x)dx = \lim_{\Delta x\to 0}\sum_{i=1}^n f(\xi_i)\Delta x_i$$

的右端和式中每一项$f(\xi_i)\Delta x_i$都是负值($\Delta x_i > 0$)，其绝对值$|f(\xi_i)\Delta x_i|$表示小矩形的面积. 因此，定积分$\int_a^b f(x)dx$也是一个负数，从而

$$\int_a^b f(x)dx = -A \quad 或 \quad A = -\int_a^b f(x)dx .$$

其中A是由连续曲线$y=f(x)$，直线$x=a$，$x=b$及x轴所围成的曲边梯形的面积(图5－4).

图5－4　　　　图5－5

如果当$f(x)$在区间$[a,b]$上连续，且有时为正有时为负，如图5－5所示，连续曲线$y=f(x)$，直线$x=a$，$x=b$及x轴所围成的图形是由三个曲边梯形组成，那么由定积分定义可得：

$$\int_a^b f(x)dx = A_1 - A_2 + A_3.$$

总之，定积分$\int_a^b f(x)dx$在各种实际问题所代表的实际意义尽管不同，但它的数值在几何上都可用曲边梯形的面积的代数和来表示，这就是定积分的几何意义.

例1　利用定积分表示图5－6、图5－7中的四个图形的面积：

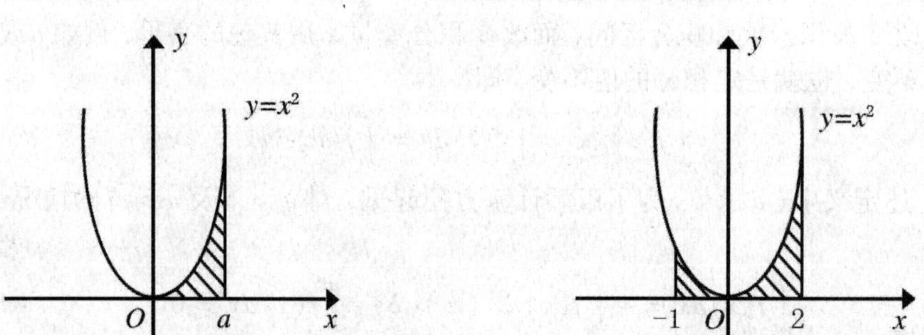

(a)　　　　(b)

图5－6

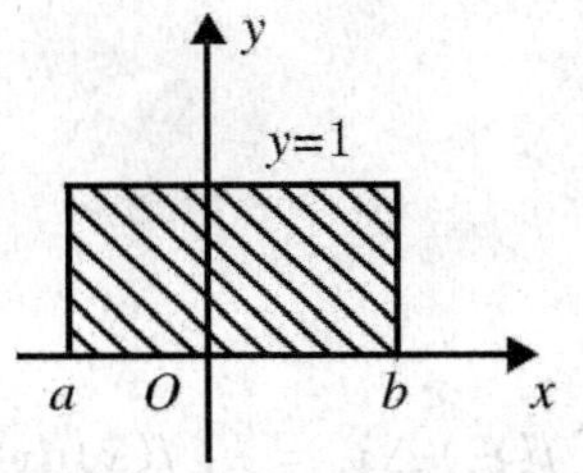

(a)

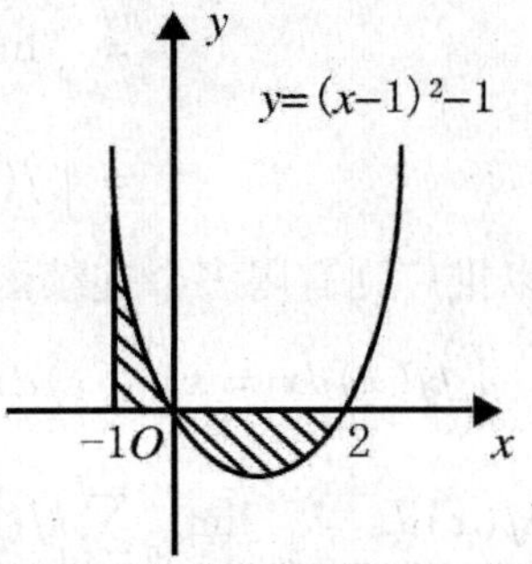

(b)

图5－7

解 图5－6(a)中的阴影部分的面积为：

$$A = \int_a^b x^2 dx;$$

图5－6(b)中的阴影部分的面积为：

$$A = \int_{-1}^2 x^2 dx;$$

图5－7(a)中的阴影部分的面积为：

$$A = \int_a^b dx;$$

图5－7(b)中的阴影部分的面积为：

$$A = \int_{-1}^0 [(x-1)^2-1]dx - \int_0^2 [(x-1)^2-1]dx.$$

定积分的几何意义，直观地告诉人们，如果函数 $y=f(x)$ 在$[a,b]$上连续，那么由 $y=f(x)$，直线$x=a$，$x=b$及x轴所围成的曲边梯形的面积的代数和是一定存在的，也就是说定积分$\int_a^b f(x)dx$一定存在. 这样可以得到下面的定积分的存在定理.

定理 如果函数$y=f(x)$在闭区间$[a,b]$上连续，则函数$y=f(x)$在$[a,b]$上可积，即

$$\int_a^b f(x)dx = \lim_{\|\Delta x_i\|\to 0}\sum_{i=1}^n f(\xi_i)\Delta x_i$$

一定存在(证明从略).

5.1.4 定积分的性质

在下列各性质中，假定函数$f(x)$和$g(x)$在区间$[a,b]$上都是连续的.

性质1 $\int_a^b [f(x)\pm g(x)]dx = \int_a^b f(x)dx \pm \int_a^b g(x)dx$.

这就是说，函数的代数和的定积分等于它们的定积分的代数和.

证 $$\int_a^b [f(x)\pm g(x)]dx = \lim_{\|\Delta x_i\|\to 0}\sum_{i=1}^n [f(\xi_i)\pm g(\xi_i)]\Delta x_i$$

$$= \lim_{\|\Delta x_i\|\to 0}\left[\sum_{i=1}^n f(\xi_i)\Delta x_i \pm \sum_{i=1}^n g(\xi_i)\Delta x_i\right]$$

$$= \lim_{\|\triangle x_i\| \to 0} \sum_{i=1}^{n} f(\xi_i) \triangle x_i \pm \lim_{\|\triangle x_i\| \to 0} \sum_{i=1}^{n} g(\xi_i) \triangle x_i$$

$$= \int_a^b f(x)dx \pm \int_a^b g(x)dx.$$

这个性质可以推广到有限多个连续函数的代数和的定积分.

性质 2 $\int_a^b kf(x)dx = k\int_a^b f(x)dx$ (k 为常数).

证 $\int_a^b kf(x)dx = \lim_{\|\triangle x_i\| \to 0} \sum_{i=1}^{n} kf(\xi_i) \triangle x_i = k \lim_{\|\triangle x_i\| \to 0} \sum_{i=1}^{n} f(\xi_i) \triangle x_i = k\int_a^b f(x)dx.$

下列几个性质用定积分的几何意义加以说明.

性质 3 $\int_a^b f(x)dx = \int_a^c f(x)dx + \int_c^b f(x)dx.$

这就是说，如果 $f(x)$ 分别在 $[a,b]$，$[a,c]$，$[c,b]$ 上连续，那么 $f(x)$ 在 $[a,b]$ 上的定积分等于 $f(x)$ 在 $[a,c]$ 和 $[c,b]$ 上的定积分的和.

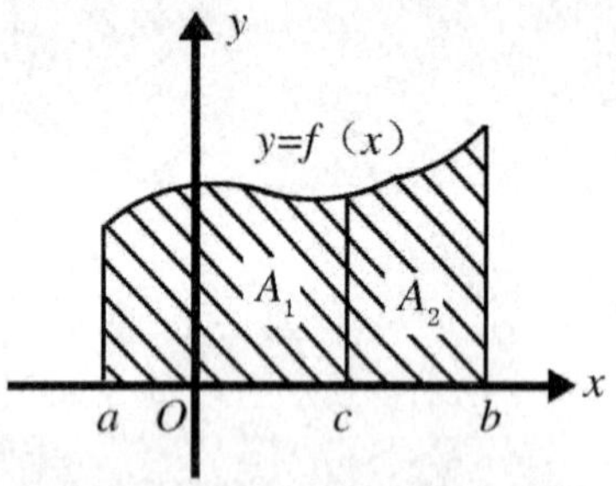

(a)

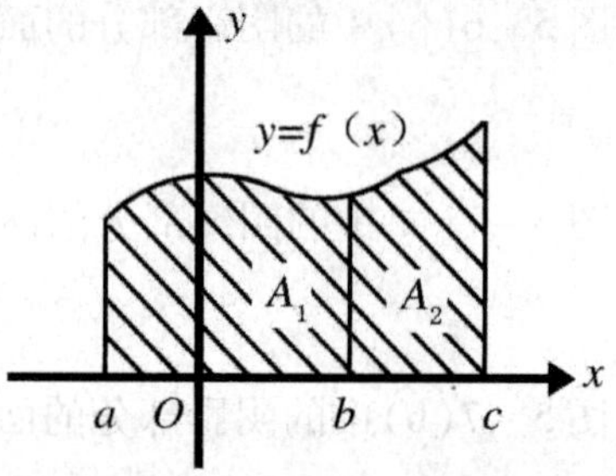

(b)

图 5－8

当 $a < c < b$ 时，由图 5－8(a) 可知，由 $y = f(x)$，$x = a$，$x = b$ 及 x 轴围成的曲边梯形的面积 $A = A_1 + A_2$.

因为 $A = \int_a^b f(x)dx$，$A_1 = \int_a^c f(x)dx$，$A_2 = \int_c^b f(x)dx$，所以

$$\int_a^b f(x)dx = \int_a^c f(x)dx + \int_c^b f(x)dx,$$

即性质 3 成立.

当 $a < b < c$ 时，即 c 点在 $[a,b]$ 外，由图 5－8(b) 可知

$$\int_a^c f(x)dx = A_1 + A_2 = \int_a^b f(x)dx + \int_b^c f(x)dx$$

所以

$$\int_a^b f(x)dx = \int_a^c f(x)dx - \int_b^c f(x)dx = \int_a^c f(x)dx + \int_c^b f(x)dx,$$

显然，性质 3 也成立.

总之，不论 c 点在区间 $[a,b]$ 内还是在 $[a,b]$ 外，只要上述两个积分存在，那么性质 3 总是正确的.

性质 4 $\int_a^b dx = b - a.$

这就是说被积函数 $f(x)=1$ 时，

$$\int_a^b dx = b - a .$$

这个性质从图 5－9 可以直接获得.

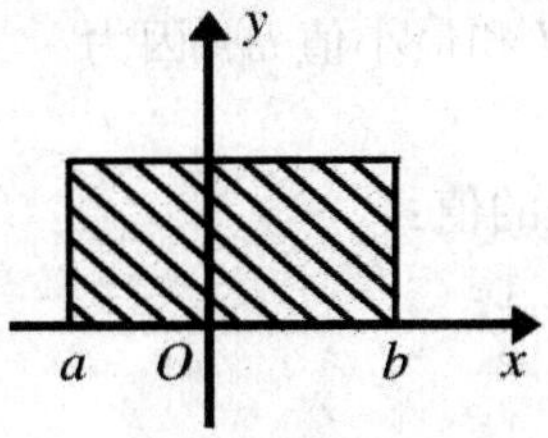

图 5－9

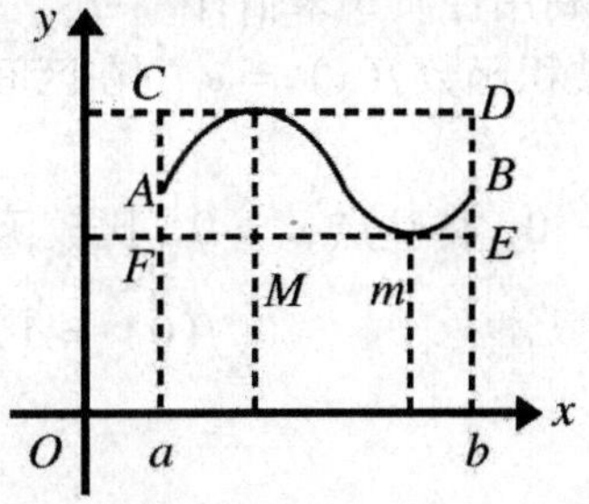

图 5－10

性质 5 在 $[a,b]$ 上，如果 $f(x)\geqslant g(x)$，则

$$\int_a^b f(x)dx \geqslant \int_a^b g(x)$$

性质 6 设 M 和 m 分别是函数 $f(x)$ 在区间 $[a,b]$ 上的最大值和最小值，则

$$m(b-a)\leqslant \int_a^b f(x)dx \leqslant M(b-a) .$$

由图 5－10 可知，曲边梯形 $abBA$ 的面积大于矩形 $abEF$ 的面积，小于矩形 $abDC$ 的面积，即

$$m(b-a)\leqslant \int_a^b f(x)dx \leqslant M(b-a) .$$

当 $f(x)$ 恒为一常数时，因为 $M=m=f(x)$，所以上述性质中的等式成立.

性质 7（定积分中值定理） 如果函数 $f(x)$ 在区间 $[a,b]$ 上连续，则在积分区间 $[a,b]$ 上至少存在一点 ξ，使下式成立：

$$\int_a^b f(x)dx = f(\xi)(b-a)\ (a\leqslant \xi \leqslant b) .$$

由图 5－11 可知，在 $[a,b]$ 上至少能找到一点 ξ，使以 $f(\xi)$ 为高，$[a,b]$ 为底的的矩形面积等于曲边梯形 $abNM$ 的面积.

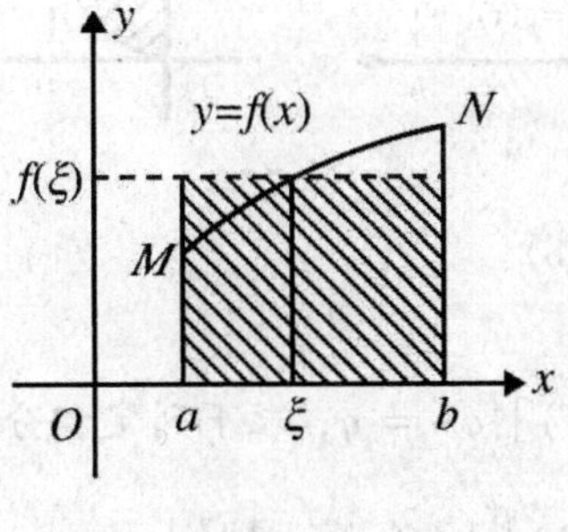

图 5－11

例 1 已知 $\int_0^{\frac{\pi}{2}} \sin x dx = 1$，求 $\int_0^{\frac{\pi}{2}} (3\sin x - 2)dx$.

解 $\int_0^{\frac{\pi}{2}}(3\sin x-2)dx=3\int_0^{\frac{\pi}{2}}\sin xdx-2\int_0^{\frac{\pi}{2}}dx=3\times1-2\times\left(\frac{\pi}{2}-0\right)=3-\pi$.

例 2 估计定积分$\int_{-1}^{1}e^{-x^2}dx$的值.

解 利用性质 5 来估计

先求被积函数$f(x)=e^{-x^2}$在区间$[-1,1]$上的最大值M和最小值m. 因为

$$f'(x)=-2xe^{-x^2},$$

由$f'(x)=0$, 得驻点$x=0$. 比较函数在驻点及区间端点处的值:

$$f(0)=1, f(1)=\frac{1}{e}, f(-1)=\frac{1}{e}.$$

所以

$$M=1, m=\frac{1}{e}.$$

于是

$$\frac{1}{e}\times2\leqslant\int_{-1}^{1}e^{-x^2}dx\leqslant1\times2.$$

即

$$\frac{2}{e}\leqslant\int_{-1}^{1}e^{-x^2}dx\leqslant2.$$

习题 5.1

1. 用定积分表示曲线$y=x^2+1$与直线$x=1$, $x=3$及x轴所围成的曲边梯形的面积.

2. 利用定积分的几何意义, 判断下列定积分的值是正的还是负的(不必计算):

(1) $\int_0^{\frac{\pi}{2}}\sin xdx$;　　(2) $\int_{-\frac{\pi}{2}}^{0}\sin x\cos xdx$;　　(3) $\int_{-1}^{2}x^2dx$.

3. 利用定积分表示图 5-12 中各阴影部分的面积.

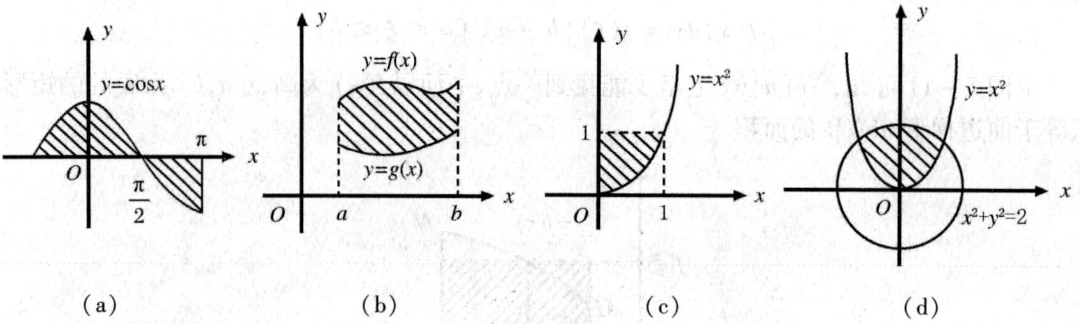

图 5-12

4. 已知$\int_a^b f(x)dx=p$, $\int_a^b[f(x)]^2dx=q$, 求下列定积分的值:

(1) $\int_a^b[4f(x)+3]dx$;　　(2) $\int_a^b[4f(x)+3]^2dx$;　　(3) $\int_a^b\{4[f(x)]^2-3\}dx$.

5. 估计下列定积分的值:

(1) $\int_{-1}^{2}(x^2+1)dx$;　　(2) $\int_{-2}^{2}xe^{-x}dx$.

§5.2 定积分的计算

5.2.1 微积分基本定理——牛顿—莱布尼茨公式

按照定积分的定义计算定积分的值是十分麻烦的，甚至无法计算. 本节介绍定积分计算的有力工具——牛顿—莱布尼兹公式.

首先回顾变速直线运动的路程问题. 如果物体以速度 $v(t)$ 作直线运动，那么在时间区间 $[a,b]$ 上所经过的路程为

$$s = \int_a^b v(t)dt .$$

另一方面，如果物体经过的路程 s 是时间 t 的函数 $s(t)$，那么物体从 $t = a$ 到 $t = b$ 所经过的路程应该是

$$s(b) - s(a),$$

即

$$\int_a^b v(t)dt = s(b) - s(a) . \tag{1}$$

由导数的物理意义可知，$s'(t) = v(t)$. 换句话说，$s(t)$ 是 $v(t)$ 的一个原函数，式(1) 表示定积分 $\int_a^b v(t)dt$ 的值可等于被积函数 $v(t)$ 的原函数 $s(t)$ 在积分上、下限 b、a 处的增量 $s(b) - s(a)$.

这个结论具有一般性，这就是**牛顿—莱布尼兹公式**.

定理 设函数 $F(x)$ 是连续函数 $f(x)$ 在区间 $[a,b]$ 上的一个原函数，则

$$\int_a^b f(x)dx = F(b) - F(a) \tag{5-1}$$

(证明略)

为了使用方便，公式(5 - 1) 也写成下面的形式：

$$\int_a^b f(x)dx = F(x)\Big|_a^b = F(b) - F(a) .$$

上式称为牛顿 — 莱布尼兹(Newton - Leibniz) 公式. 它表明了计算定积分只要先用不定积分求出被积函数的一个原函数，再将上、下限代入求其差即可. 这个公式为计算连续函数的定积分提供了有效而简便的方法，通常也叫做微积分基本公式.

例 1 计算 $\int_0^1 x^2 dx$.

解 因为 $\int x^2 dx = \frac{1}{3}x^3 + C$，而 $\frac{1}{3}x^3$ 是 x^2 的一个原函数，所以

$$\int_0^1 x^2 dx = \left(\frac{1}{3}x^3\right)\Big|_0^1 = \frac{1}{3} - 0 = \frac{1}{3} .$$

例 2 计算 $\int_{-2}^{-1} \frac{1}{x}dx$.

解 因为

$$\int \frac{1}{x}dx = \ln|x| + C,$$

所以
$$\int_{-2}^{-1} \frac{1}{x}dx = (\ln|x|)\Big|_{-2}^{-1} = \ln 1 - \ln 2 = -\ln 2 .$$

例 3 计算$\int_{-1}^{\sqrt{3}} \frac{\arctan x}{1+x^2} dx$.

解 $\int_{-1}^{\sqrt{3}} \frac{\arctan x}{1+x^2} dx = \int_{-1}^{\sqrt{3}} \arctan x d(\arctan x) = \left(\frac{1}{2}\arctan^2 x\right)\Big|_{-1}^{\sqrt{3}} = \frac{1}{2}\left(\frac{\pi^2}{9} - \frac{\pi^2}{16}\right) = \frac{7}{288}\pi^2$.

例 4 求曲线 $y = \sin x$ 和 x 轴在区间$[0,\pi]$上所围成的图形的面积 A(图 5 - 13).

解 这个图形是曲边梯形的一个特例. 它的面积

$$A = \int_0^{\pi} \sin x dx = (-\cos x)\Big|_0^{\pi} = -\cos\pi + \cos 0 = 1 + 1 = 2 .$$

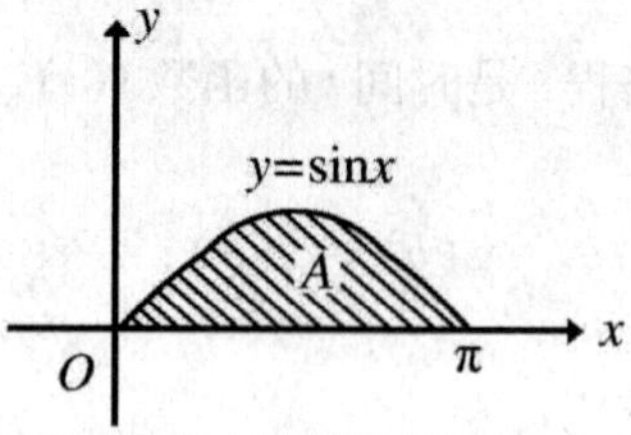

图 5 - 13

例 5 已知自由落体运动的速度为 $v = gt$, 试求在时间区间$[0,T]$上物体下落的距离 s .

解 物体下落距离 s 可以用定积分计算:

$$s = \int_0^T gtdt = \left(\frac{1}{2}gt^2\right)\Big|_0^T = \frac{1}{2}gT^2.$$

5.2.2 定积分的换元法

前面介绍了不定积分的换元法和分部积分法. 下面介绍定积分的两种相应的计算方法.

定理 4 如果函数 $f(x)$ 在区间$[a,b]$上连续, 函数 $x = \varphi(t)$ 在区间$[\alpha,\beta]$上具有连续导数 $\varphi'(t)$, 又 $\varphi(\alpha) = a$, $\varphi(\beta) = b$, 且当 t 在区间$[\alpha,\beta]$上变化时, 相应的 x 的值不越出$[a,b]$的范围, 那么

$$\int_a^b f(x)dx = \int_{\alpha}^{\beta} f[\varphi(t)]\varphi'(t)dt .$$

(证明从略).

例 6 计算$\int_0^3 \frac{x}{\sqrt{1+x}} dx$.

解 设 $\sqrt{1+x} = t$, 则 $x = t^2 - 1$, $dx = 2tdt$. 当 $x = 0$ 时, $t = 1$; 当 $x = 3$ 时, $t = 2$. 根据定理 4, 得

$$\int_0^3 \frac{x}{\sqrt{1+x}} dx = \int_1^2 \frac{t^2-1}{t} 2tdt = 2\int_1^2 (t^2 - 1)dt = 2\left(\frac{1}{3}t^3 - t\right)\Big|_1^2 = \frac{8}{3} .$$

例 7 证明:

① 如果 $f(x)$ 在$[-a,a]$上连续且为奇函数, 那么

$$\int_{-a}^{a} f(x)dx = 0;$$

② 如果$f(x)$ 在$[-a,a]$ 上连续且为偶函数, 那么

$$\int_{-a}^{a} f(x)dx = 2\int_{0}^{a} f(x)dx.$$

证明 因为$\int_{-a}^{a} f(x)dx = \int_{-a}^{0} f(x)dx + \int_{0}^{a} f(x)dx$, 设$x = -t$, 则$dx = -dt$. 当$x = -a$时, $t = a$; 当$x = 0$时, $t = 0$. 于是

$$\int_{-a}^{0} f(x)dx = \int_{a}^{0} f(-t)(-dt) = \int_{0}^{a} f(-t)dt = \int_{0}^{a} f(-x)dx.$$

所以

$$\int_{-a}^{a} f(x)dx = \int_{-a}^{0} f(x)dx + \int_{0}^{a} f(x)dx = \int_{0}^{a} f(-x)dx + \int_{0}^{a} f(x)dx = \int_{0}^{a} [f(-x) + f(x)]dx.$$

① 如果$f(x)$ 为奇函数时, 即$f(-x) = -f(x)$, 则

$$f(-x) + f(x) = 0,$$

从而

$$\int_{-a}^{a} f(x)dx = 0.$$

② 如果$f(x)$ 为偶函数时, 即$f(-x) = f(x)$, 则

$$f(-x) + f(x) = 2f(x),$$

从而

$$\int_{-a}^{a} f(x)dx = \int_{0}^{a} 2f(x)dx = 2\int_{0}^{a} f(x)dx.$$

利用例3的结论, 常可简化计算奇函数、偶函数在对称于原点的区间上的定积分. 在今后的计算中, 常可把例3的结论作为公式使用.

例8 计算下列定积分:

①$\int_{-\frac{\pi}{2}}^{\frac{\pi}{2}} \sin^7 x dx$; ②$\int_{-\frac{\pi}{4}}^{\frac{\pi}{4}} \frac{x}{1+\cos x} dx$.

解 ① 因为$\sin^7 x$ 在$\left[-\frac{\pi}{2}, \frac{\pi}{2}\right]$上为奇函数, 所以

$$\int_{-\frac{\pi}{2}}^{\frac{\pi}{2}} \sin^7 x dx = 0.$$

② 在$\int_{-\frac{\pi}{4}}^{\frac{\pi}{4}} \frac{x}{1+\cos x} dx$ 中, 令$f(x) = \frac{x}{1+\cos x}$, 因为

$$f(-x) = \frac{-x}{1+\cos(-x)} = -f(x),$$

所以$f(x)$ 在$\left[-\frac{\pi}{4}, \frac{\pi}{4}\right]$上为奇函数, 于是

$$\int_{-\frac{\pi}{4}}^{\frac{\pi}{4}} \frac{x}{1+\cos x} dx = 0.$$

5.2.3 分部积分法

定理5 如果函数$u = u(x)$, $v = v(x)$ 在区间$[a,b]$ 上具有连续导数, 那么

$$\int_a^b u(x)d[v(x)] = [u(x)v(x)]|_a^b - \int_a^b v(x)d[u(x)].$$

证 $u(x)d[v(x)]$ 为连续函数，所以 $\int_a^b u(x)d[v(x)]$ 存在.

根据牛顿—莱布尼兹公式

$$\int_a^b u(x)d[v(x)] = \left\{\int u(x)d[v(x)]\right\}\Big|_a^b = \left\{u(x)v(x) - \int v(x)d[u(x)]\right\}\Big|_a^b$$

$$= [u(x)v(x)]|_a^b - \int_a^b v(x)d[u(x)].$$

上式还可简写为

$$\int_a^b udv = (uv)|_a^b - \int_a^b vdu.$$

例 9 计算 $\int_0^{\pi} x\cos x dx$.

解 $\int_0^{\pi} x\cos x dx = \int_0^{\pi} xd(\sin x) = (x\sin x)|_0^{\pi} - \int_0^{\pi}\sin x dx = 0 - \int_0^{\pi}\sin x dx = (\cos x)|_0^{\pi} = -2.$

例 10 计算 $\int_0^1 e^{\sqrt{x}}dx$.

解 先用换元积分法，再用分部积分法.

设 $\sqrt{x} = t$，则 $x = t^2(t \geqslant 0)$，$dx = 2tdt$. 当 $x = 0$ 时，$t = 0$；当 $x = 1$ 时，$t = 1$. 于是

$$\int_0^1 e^{\sqrt{x}}dx = \int_0^1 2te^t dt = 2\int_0^1 tde^t = 2(te^t)|_0^1 - 2\int_0^1 e^t dt = 2e - 2(e^t)|_0^1 = 2.$$

例 11 计算 $\int_{\frac{1}{e}}^{e} |\ln x| dx$.

解 因为在 $\left[\frac{1}{e},1\right]$ 上，$\ln x \leqslant 0$，所以 $|\ln x| = -\ln x$. 在 $[1,e]$ 上，$\ln x \geqslant 0$，所以 $|\ln x| = \ln x$. 于是

$$\int_{\frac{1}{e}}^{e} |\ln x| dx = \int_{\frac{1}{e}}^{1}(-\ln x)dx + \int_1^e \ln x dx$$

$$= -(x\ln x)|_{\frac{1}{e}}^{1} + \int_{\frac{1}{e}}^{1} dx + (x\ln x)|_1^e + \int_1^e dx$$

$$= -\frac{1}{e} + 1 - \frac{1}{e} + e - e + 1$$

$$= 2\left(1 - \frac{1}{e}\right).$$

例 12 计算 $\int_0^{\frac{\pi}{2}} x^2\sin x dx$.

解 $\int_0^{\frac{\pi}{2}} x^2\sin x dx = -\int_0^{\frac{\pi}{2}} x^2 d(\cos x) = -(x^2\cos x)|_0^{\frac{\pi}{2}} + 2\int_0^{\frac{\pi}{2}} x\cos x dx$

$$= 0 + 2\int_0^{\frac{\pi}{2}} x\cos x dx = 2\int_0^{\frac{\pi}{2}} xd(\sin x)$$

$$= 2(x\sin x)|_0^{\frac{\pi}{2}} - 2\int_0^{\frac{\pi}{2}} \sin x dx = \pi + 2(\cos x)|_0^{\frac{\pi}{2}}$$

$$= 2\left(\frac{\pi}{2} - 1\right) = \pi - 2 .$$

5.2.4 定积分的推广——无限区间上的广义积分

在前面所讨论的定积分中都假定积分区间$[a,b]$是有限的. 但在实际问题中，常会遇到积分区间为无限的情形. 例如求曲线$y = \frac{1}{x^2}$, x轴及直线$x = 1$右边所围成的“开口曲边梯形”的面积(图5 – 14).

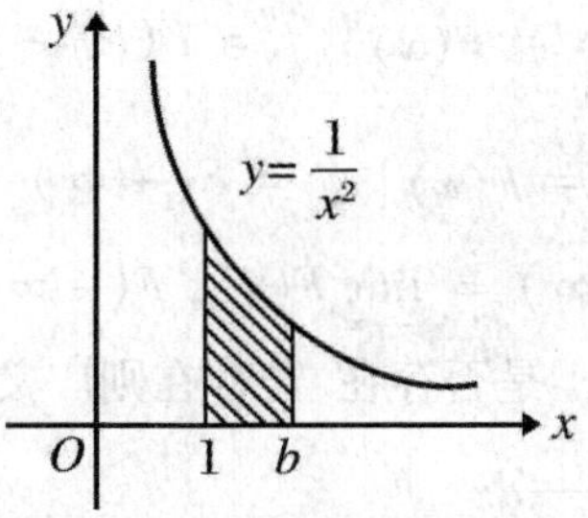

图5 – 14

因为这个图形不是封闭的曲边梯形，而在x轴的正方向是开口的. 也就是说，这时的积分区间是无限区间$[1, +\infty)$，所以不能用前面所学的定积分来计算它的面积.

任意取一个大于1的数b, 那么在区间$[1,b]$上由曲线$y = \frac{1}{x^2}$所围成的曲边梯形的面积为

$$\int_1^b \frac{1}{x^2}dx = -\frac{1}{x}\bigg|_1^b = 1 - \frac{1}{b} .$$

很明显，当b改变时曲边梯形的面积随之改变，且随着b的趋于无穷而趋近于一个确定的极限，即

$$\lim_{b\to+\infty}\int_1^b \frac{1}{x^2}dx = \lim_{b\to+\infty}\left(1 - \frac{1}{b}\right) = 1 .$$

显然，这个极限值就表示了所求“开口曲边梯形”的面积.

一般地，对于积分区间是无限的情形，给出下面的定义.

定义 设函数$f(x)$在区间$[a, +\infty)$上连续，b是区间$[a, +\infty)$内的任意数值，如果极限$\lim\limits_{b\to+\infty}\int_a^b f(x)dx$存在，则称这个极限值为函数$f(x)$在无限区间$[a, +\infty)$上的广义积分，记作$\int_a^{+\infty} f(x)dx$，即

$$\int_a^{+\infty} f(x)dx = \lim_{b\to+\infty}\int_a^b f(x)dx .$$

这时也称广义积分$\int_a^{+\infty} f(x)dx$收敛;如果极限不存在，则称广义积分$\int_a^{+\infty} f(x)dx$发散.

同样地，可以定义下限为负无穷大或上、下限都是无穷大的广义积分:

$$\int_{-\infty}^b f(x)dx = \lim_{a\to-\infty}\int_a^b f(x)dx;$$

$$\int_{-\infty}^{+\infty} f(x)dx = \int_{-\infty}^{0} f(x)dx + \int_{0}^{+\infty} f(x)dx = \lim_{a\to-\infty}\int_{a}^{0} f(x)dx + \lim_{b\to+\infty}\int_{0}^{b} f(x)dx .$$

如果第二个等式右端的两个广义积分都收敛，则称广义积分$\int_{-\infty}^{+\infty} f(x)dx$收敛，否则，称广义积分$\int_{-\infty}^{+\infty} f(x)dx$发散.

为了书写简便，在计算过程中常常省去极限符号，广义积分可表示为

$$\int_{a}^{+\infty} f(x)dx = F(x)\Big|_{a}^{+\infty} = F(+\infty) - F(a)$$

$$\int_{-\infty}^{b} f(x)dx = F(x)\Big|_{-\infty}^{b} = F(b) - F(-\infty)$$

$$\int_{-\infty}^{+\infty} f(x)dx = F(x)\Big|_{-\infty}^{+\infty} = F(+\infty) - F(-\infty)$$

其中$F(x)$为$f(x)$的原函数，$F(+\infty) = \lim\limits_{x\to+\infty} F(x)$，$F(-\infty) = \lim\limits_{x\to-\infty} F(x)$. 此时，广义积分的敛散性就取决于$F(+\infty)$，$F(-\infty)$是否存在. 若存在则广义积分收敛，否则广义积分发散.

例 13 计算广义积分$\int_{-\infty}^{+\infty} \frac{1}{1+x^2}dx$.

解 $\int_{-\infty}^{+\infty} \frac{1}{1+x^2}dx = \arctan x\Big|_{-\infty}^{+\infty} = \lim\limits_{x\to+\infty}\arctan x - \lim\limits_{x\to-\infty}\arctan x = \frac{\pi}{2} - \left(-\frac{\pi}{2}\right) = \pi$.

例 14 计算$\int_{1}^{+\infty} \frac{1}{x^p}dx$.

解 当$p = 1$时，有

$$\int_{1}^{+\infty} \frac{dx}{x} = (\ln x)\Big|_{1}^{+\infty} = +\infty .$$

当$p \neq 1$时，有

$$\int_{1}^{+\infty} \frac{1}{x^p}dx = \left(\frac{1}{1-p}x^{1-p}\right)\Bigg|_{1}^{+\infty} = \frac{1}{1-p}\left(\lim_{x\to+\infty} x^{1-p} - 1\right) = \begin{cases}\dfrac{1}{p-1}, & p > 1\\ +\infty, & p < 1\end{cases}.$$

综上所述，广义积分$\int_{1}^{+\infty} \frac{1}{x^p}dx$，当$p > 1$时收敛，当$p \leqslant 1$时发散.

习题 5.2

1. 计算下列定积分：

(1) $\int_{1}^{3} x^{3}dx$；　(2) $\int_{\frac{1}{\sqrt{3}}}^{\sqrt{3}} \frac{1}{1+x^{2}}dx$；　(3) $\int_{-\frac{1}{2}}^{\frac{1}{2}} \frac{1}{\sqrt{1-x^{2}}}dx$；

(4) $\int_{-e-1}^{-2} \frac{1}{x+1}dx$；　(5) $\int_{-1}^{0} \frac{3x^{4}+3x^{2}+1}{x^{2}+1}dx$；　(6) $\int_{-1}^{2} |x|dx$.

2. 计算下列各定积分：

(1) $\int_{0}^{1} \frac{x^{2}}{1+x^{6}}dx$；　(2) $\int_{1}^{e^{2}} \frac{1}{x\sqrt{1+\ln x}}dx$；　(3) $\int_{0}^{\frac{\pi}{4}} \frac{1-\cos^{4}x}{2}dx$；

(4) $\int_{0}^{\frac{\pi}{2}} \frac{dx}{1+\cos x}$；　(5) $\int_{-\frac{\pi}{2}}^{\frac{\pi}{2}} \cos^{2}t\,dt$.

3. 计算下列定积分：

(1) $\int_{0}^{1} te^{t}dt$；　(2) $\int_{0}^{\frac{1}{2}} \arcsin x\,dx$；　(3) $\int_{1}^{e} x\ln x\,dx$；

(4) $\int_{1}^{4} \frac{\ln x}{\sqrt{x}}dx$；　(5) $\int_{-3}^{3} \frac{x\cos x}{2x^{4}+x^{2}+1}dx$.

4. 下列广义积分是否收敛?若收敛，计算出它的值：

(1) $\int_{1}^{+\infty} \frac{1}{x^{4}}dx$；　(2) $\int_{e}^{+\infty} \frac{\ln x}{x}dx$；　(3) $\int_{0}^{+\infty} e^{-x}\sin x\,dx$；

(4) $\int_{-\infty}^{+\infty} \frac{1}{x^{2}+2x+2}dx$；　(5) $\int_{1}^{+\infty} \frac{1}{x\sqrt{x-1}}dx$.

§5.3 定积分的应用

5.3.1 平面图形的面积

① 由连续曲线 $y=f(x)$ 与直线 $x=a$, $x=b$, $y=0$ 所围成的平面图形的面积，根据定积分的几何意义，立即得到下列公式.

若 $f(x)\geqslant 0$(图 5－15)，则面积为

$$A=\int_a^b f(x)dx;$$

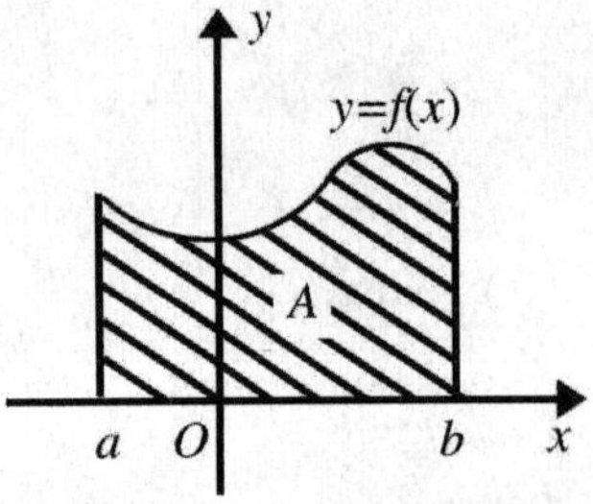

图 5－15

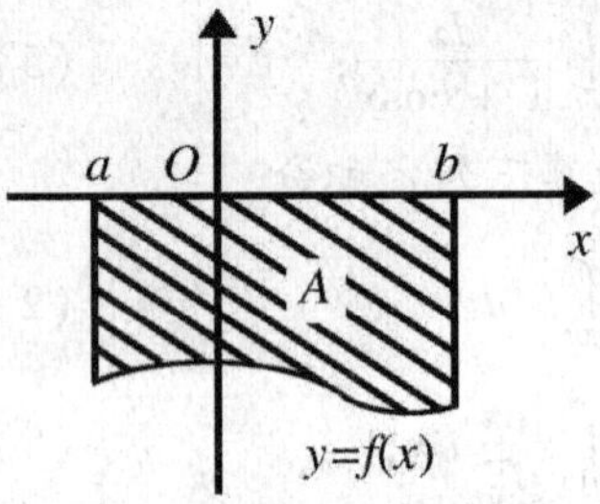

图 5－16

若 $f(x)\leqslant 0$(图 5－16)，则面积为

$$A=-\int_a^b f(x)dx;$$

若 $f(x)$ 在 $[a,b]$ 上有时取正值，有时取负值(图 5－17)，则面积为

$$A=\int_a^c f(x)dx-\int_c^d f(x)dx+\int_d^b f(x)dx.$$

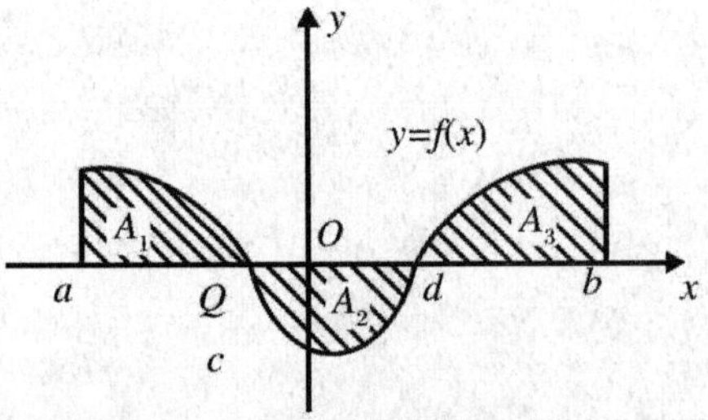

图 5－17

② 由曲线 $y=f(x)$, $y=g(x)$ 与直线 $x=a$, $x=b$ 所围成的平面图形的面积.

若 $f(x)\geqslant g(x)\geqslant 0\ (x\in[a,b])$(图 5－18)，则其面积是两个曲边梯形的面积的差，于是

$$A=\int_a^b f(x)dx-\int_a^b g(x)dx=\int_a^b[f(x)-g(x)]dx.$$

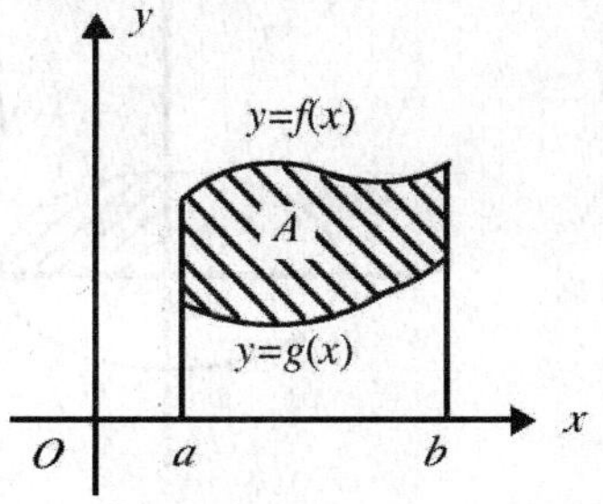

图5－18

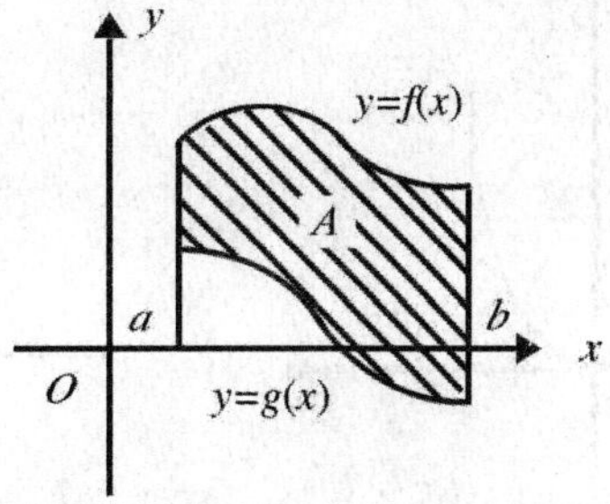

图5－19

上述公式对于图5－19所示的情况也成立. 事实上，如果在$[a,b]$内函数值不全为正，则可将曲线$y=f(x)$和$y=g(x)$同时向上平移，直到图形全部位于x轴的上方，这时两个函数同时增加了一个常数C，且$f(x)+C\geqslant g(x)+C\geqslant 0$，$x\in[a,b]$，于是有

$$A=\int_a^b\{[f(x)+C]-[g(x)+C]\}dx=\int_a^b[f(x)-g(x)]dx .$$

③ 由曲线$x=\varphi(y)(\varphi(y)\geqslant 0)$与直线$y=c$，$y=d$，$x=0$所围成的平面图形的面积.

如图5－20所示，将y作为积分变量，所以其面积为

$$A=\int_c^d\varphi(y)dy .$$

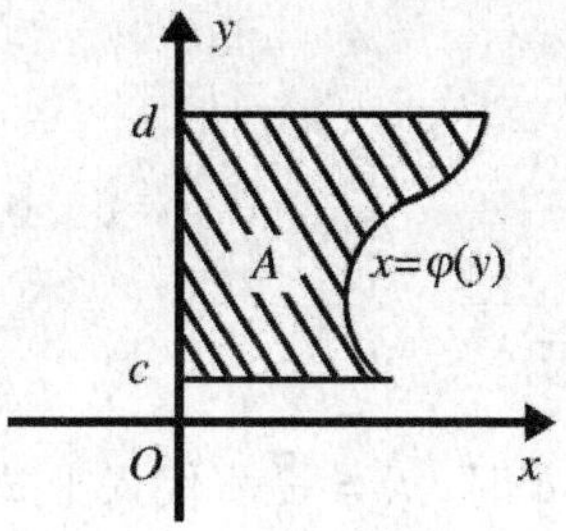

图5－20

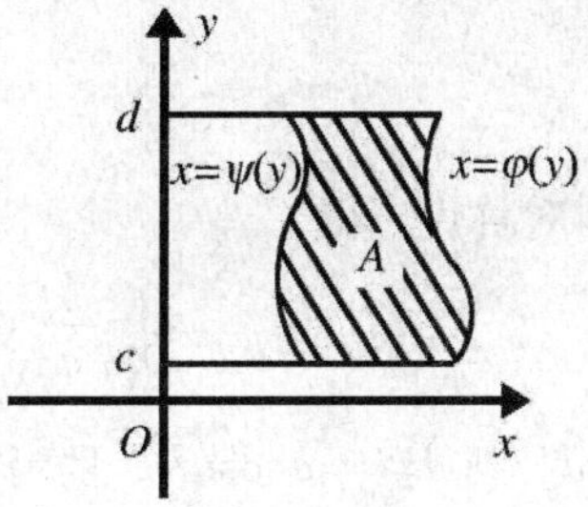

图5－21

④ 由连续曲线$x=\varphi(y)$，$x=\psi(y)$，且$\varphi(y)\geqslant\psi(y)$，与直线$y=c$，$y=d$所围成的平面图形(图5－21)的面积为

$$A=\int_c^d[\varphi(y)-\psi(y)]dy .$$

例1　求由抛物线$y=x^2$与直线$x=1$，$x=2$及x轴围成的图形的面积.

解　画出图形如图5－22所示，所求图形的面积为

$$A=\int_1^2 x^2dx=\frac{x^3}{3}\bigg|_1^2=\frac{7}{3} .$$

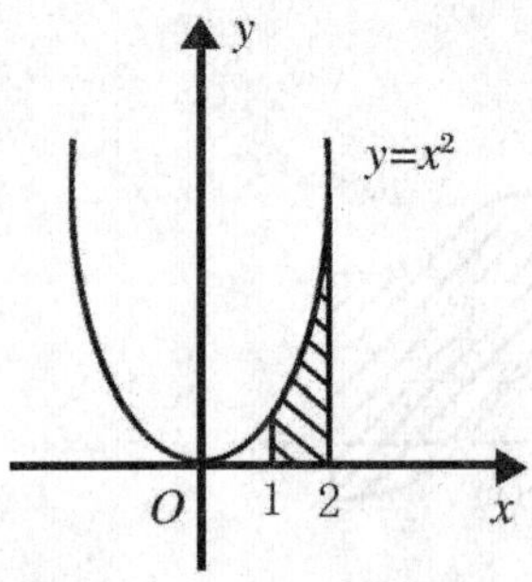

图 5－22

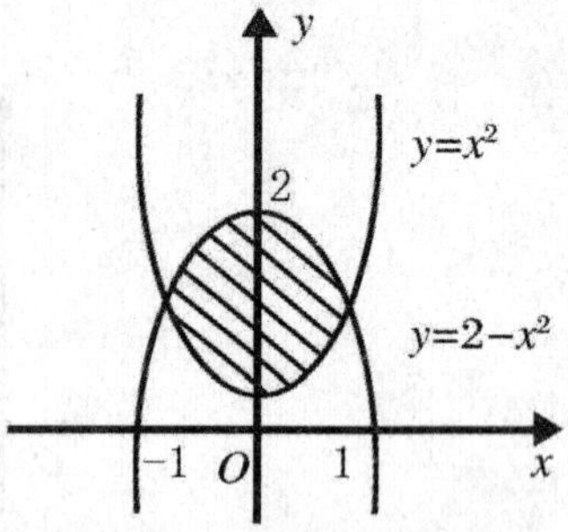

图 5－23

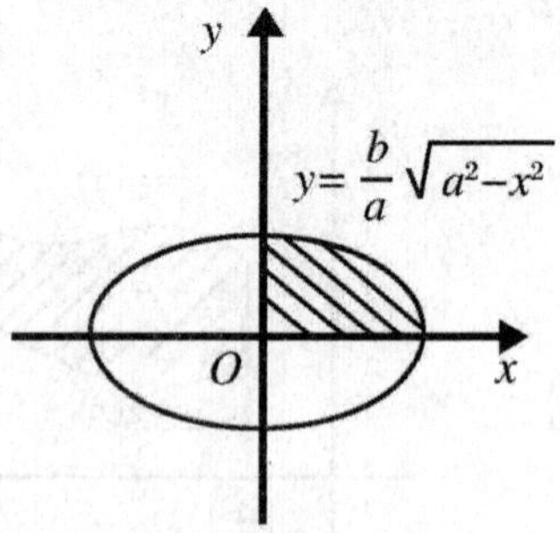

图 5－24

例 2　求由抛物线 $y = x^2$ 与 $y = 2 - x^2$ 所围成的平面图形的面积.

解　画出图形如图 5－23 所示，联立方程组

$$\begin{cases} y = x^2 \\ y = 2 - x^2 \end{cases},$$

解得两抛物线的交点为 $(-1,1)$ 和 $(1,1)$，因此图形在直线 $x = 1$ 与 $x = -1$ 之间. 确定 x 为积分变量，于是积分区间为 $[-1,1]$. 故所求平面图形的面积为

$$A = \int_{-1}^{1} [(2 - x^2) - x^2] dx = \int_{-1}^{1} (2 - 2x^2) dx = 2\int_{0}^{1} (2 - 2x^2) dx = 2\left(2x - \frac{2}{3}x^3\right)\Big|_0^1 = \frac{8}{3}.$$

例 3　求椭圆 $\frac{x^2}{a^2} + \frac{y^2}{b^2} = 1$ 的面积.

解　画出图形如图 5－24 所示，由 $\frac{x^2}{a^2} + \frac{y^2}{b^2} = 1$，得

$$y = \pm \frac{b}{a}\sqrt{a^2 - x^2}.$$

根据椭圆的对称性，得

$$A = 4\int_0^a \frac{b}{a}\sqrt{a^2 - x^2}\,dx = \frac{4b}{a}\int_0^a \sqrt{a^2 - x^2}\,dx,$$

令 $x = a\sin t$，则 $dx = a\cos t dt$，且当 $x = 0$ 时，$t = 0$；当 $x = a$ 时，$t = \frac{\pi}{2}$. 代入上式，得

$$A = \frac{4b}{a}\int_0^{\frac{\pi}{2}} a^2\cos^2 t dt = 4ab\int_0^{\frac{\pi}{2}} \cos^2 t dt = 2ab\int_0^{\frac{\pi}{2}} (1 + \cos 2t) dt.$$

$$= 2ab\left(t + \frac{1}{2}\sin 2t\right)\Big|_0^{\frac{\pi}{2}} = \pi ab.$$

特别，当 $a = b = r$ 时，得圆的面积公式：$A = \pi r^2$.

例 4　求由抛物线 $y^2 = 2x$ 与直线 $y = x - 4$ 所围成的平面图形的面积.

解　画出图形如图 5－25 所示，解联立方程组

$$\begin{cases} y^2 = 2x \\ y = x - 4 \end{cases},$$

得

$$\begin{cases} x = 2 \\ y = -2 \end{cases}, \begin{cases} x = 8 \\ y = 4 \end{cases},$$

即抛物线 $y^2=2x$ 与直线 $y=x-4$ 的交点为 $(2,-2)$ 和 $(8,4)$. 选择 y 作为积分变量简便，即

$$A=\int_{-2}^{4}\left[(y+4)-\frac{y^2}{2}\right]dy=\left(\frac{y^2}{2}+4y-\frac{y^3}{6}\right)\Bigg|_{-2}^{4}=18.$$

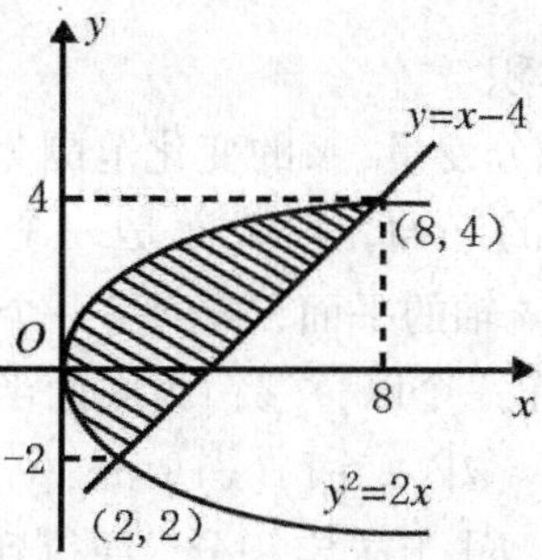

图 5－25

想一想　本题如果选择 x 作为积分变量，则应怎样计算？

5.3.2 旋转体的体积

设 $f(x)$ 是 $[a,b]$ 上的连续函数，由曲线 $y=f(x)$ 与直线 $x=a$, $x=b$, $y=0$ 围成的曲边梯形绕 x 轴旋转一周，得到一个旋转体(图 5－26)，怎样求这个旋转体的体积？

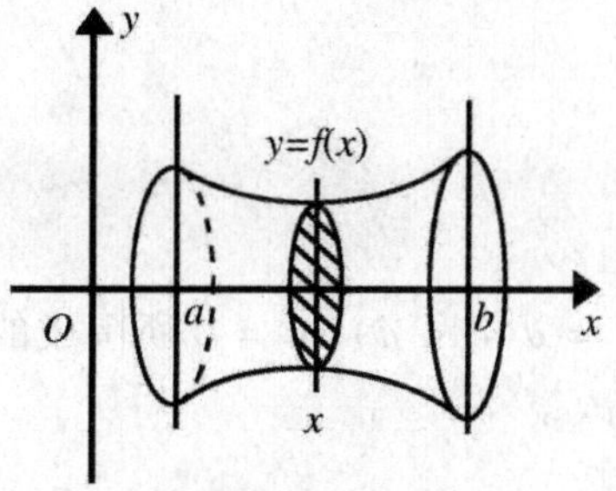

图 5－26

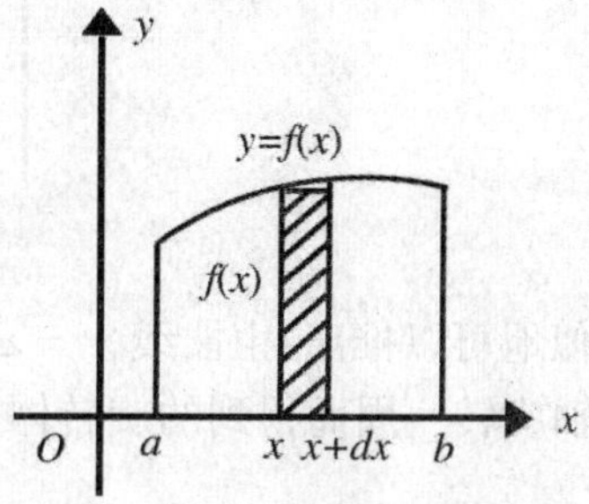

图 5－27

为了解决上述问题，先介绍用定积分求解实际问题时的一种常用方法，即微元法.

在面积公式 $A=\int_a^b f(x)dx$ $(f(x)\geqslant 0)$ 中，被积表达式 $f(x)dx$ 叫做面积微元，记作 dA，即

$$dA=f(x)dx.$$

它的几何意义是明显的，如图 5－27 所示，$dA=f(x)dx$ 表示在区间 $[a,b]$ 内点 x 处，以 $f(x)$ 为高，dx 为宽的微小矩形的面积. 由于 dx 可以任意地小(微分)，因此可将这个小矩形的面积就作为相应小曲边梯形面积的(近似)值. 再将所有这些小面积“积”起来，得到整个曲边梯形的面积，即

$$A=\int_a^b dA=\int_a^b f(x)dx.$$

这种方法称为微元法. 用微元法分析问题的一般步骤如下：

①定变量. 根据问题的具体情况选择一个积分变量，并确定变量的变化范围，如取 x 为积分变量，x 的变化区间为 $[a,b]$.

②取微元. 在区间 $[a,b]$ 内任意一点处，给 x 以微小的增量 dx，在 $[x,x+dx]$ 上将 $f(x)$

看作常值，构造所求量的微元 $dU = Q(x)dx$.

③ 求积分. 将上述微元"积" 起来，得到所求量

$$U = \int_a^b dU = \int_a^b Q(x)dx .$$

下面用微元法来求旋转体的体积.

如图 5 - 28 所示，选定 x 为积分变量，x 的变化范围为$[a,b]$. 在$[a,b]$上任取一小区间$[x, x + dx]$，过点 x 作垂直于 x 的平面，则截面是一个以$|f(x)|$为半径的圆，其面积为 $\pi[f(x)]^2$，再过点 $x + dx$ 作垂直于 x 轴的平面，得到另一个截面. 由于 dx 很小，所以夹在两个截面之间"小薄片" 可以近似地看作一个以$|f(x)|$为底面半径、dx 为高的圆柱体. 其体积为

$$dV = \pi[f(x)]^2 dx,$$

dV 叫做体积微元. 把体积微元在$[a,b]$上求定积分，便得到所求旋转体的体积：

$$V = \pi\int_a^b [f(x)]^2 dx . \tag{5 - 1}$$

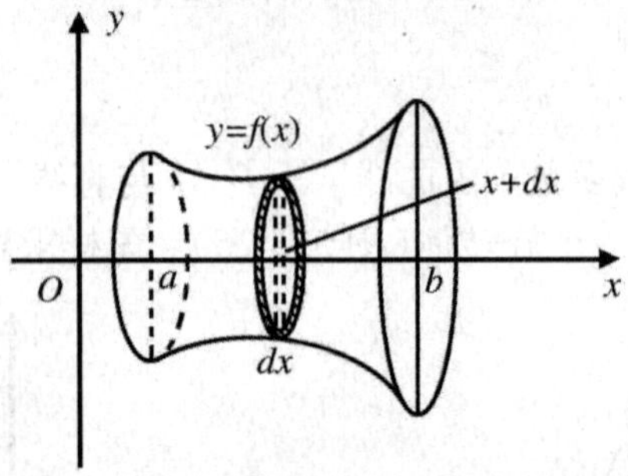

图 5 - 28

类似地可以推出：由曲线 $x = \varphi(y)$ 与直线 $y = c$，$y = d(c < d)$，$x = 0$ 所围成的曲边梯形绕 y 轴旋转一周而得到的旋转体(图 5 - 29) 的体积为

$$V = \pi\int_c^d [\varphi(y)]^2 dy . \tag{5 - 2}$$

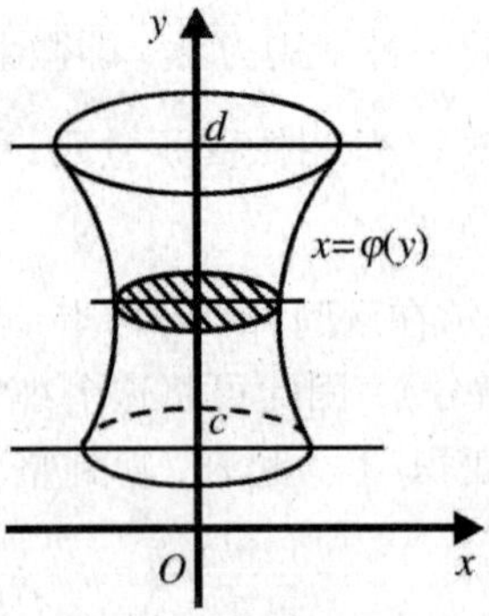

图 5 - 29

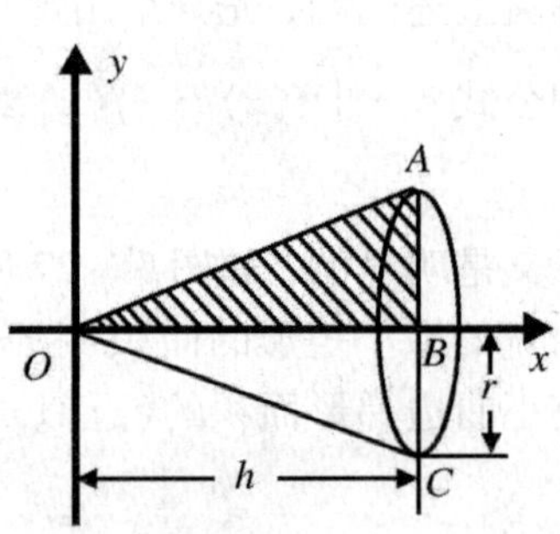

图 5 - 30

例 5　证明：底面半径为 r，高为 h 的圆锥体的体积为

$$V = \frac{1}{3}\pi r^2 h .$$

证 如图5－30所示，以圆锥的顶点为坐标原点，以圆锥的高为x轴，建立直角坐标系，则圆锥可以看成是由直角三角形ABO绕x轴旋转一周而得到的旋转体. 直线OA的方程为

$$y = \frac{r}{h}x,$$

于是，所求体积为

$$V = \int_0^h \pi\left(\frac{r}{h}x\right)^2 dx = \frac{\pi r^2}{h^2}\int_0^h x^2 dx = \frac{\pi r^2}{h^2}\left(\frac{x^3}{3}\right)\bigg|_0^h = \frac{1}{3}\pi r^2 h .$$

例6 求椭圆$\frac{x^2}{a^2} + \frac{y^2}{b^2} = 1$绕$x$轴旋转一周而成的旋转体（叫做旋转椭球体）的体积（图5－31）.

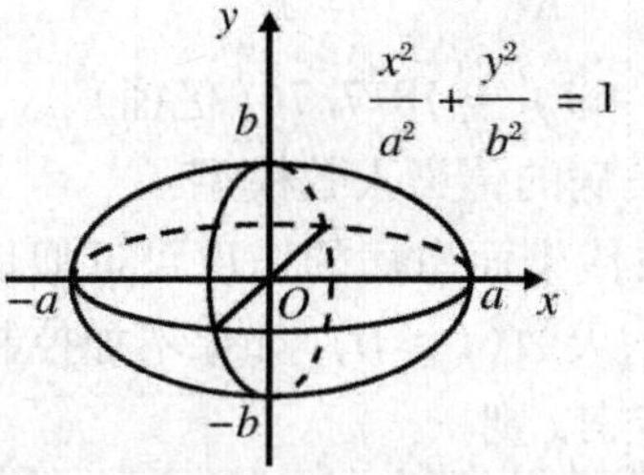

图5－31

解 由图形的对称性，可得旋转椭球体的体积为

$$V = 2\int_0^a \pi\frac{b^2}{a^2}(a^2 - x^2)dx = \frac{2\pi b^2}{a^2}\int_0^a (a^2 - x^2)dx$$

$$= \frac{2\pi b^2}{a^2}\left(a^2 x - \frac{x^3}{3}\right)\bigg|_0^a = \frac{4}{3}\pi ab^2.$$

特别地，当$a = b$时，旋转椭球体就变成了半径为a的球体，其体积为

$$V = \frac{4}{3}\pi a^3.$$

想一想，该椭圆绕y轴旋转一周而成的旋转体体积是多少？

5.3.3 积分模型实例

前面已经介绍了积分在几何方面的应用，事实上，积分的应用范围很广，下面再给出几个积分模型，请读者体会积分的应用之广泛.

【实例1】 汽车刹车距离模型

一辆汽车正以10m/s的速度匀速直线行驶，突然发现路上有一障碍物，于是以-1m/s^2的加速度匀减速停下，求汽车的刹车距离？

解:（1）先求速度函数:由已知$a(t) = v'(t) = -1$，得$v(t) = \int v'(t)dt = \int(-1)dt = -t + c$，代入$v(0) = 10$得$c = 10$，所以$v(t) = -t + 10$.

（2）再求刹车时间：令$v(t) = -t + 10 = 0$得$t = 10\text{s}$，所以，从开始刹车到汽车停下来（即汽车速度为0）所需时间为10s .

（3）刹车距离:由速度和路程之间的关系得刹车距离

$$s = \int_0^{10} v(t)\,dt = \int_0^{10} (10 - t)\,dt = \left(10t - \frac{1}{2}t^2\right)\Big|_0^{10} = 50\text{m}$$

【实例 2】 石油消耗模型

世界石油消耗总量的增长速度持续上升，根据历史数据估算，从上世纪的 1990 年到 1995 年初这段时间石油消耗总量的增长速度为 $r(t) = 320e^{0.05t}$（亿桶／年），试求从 1990 年到 1995 年初这段时间内的石油消耗总量是多少？

解：设从 1990 年起的第 t 年初的石油总量为 $Q(t)$，依题意

$$Q'(t) = r(t) = 320e^{0.05t},\ t \in [0,5]$$

因此，从 1990 年到 1995 年初这段时间内的石油消耗总量是

$$Q = \int_0^5 Q'(t)\,dt = \int_0^5 r(t)\,dt = \int_0^5 320e^{0.05t}\,dt = 320\frac{1}{0.05}e^{0.05t}\Big|_0^5$$

$$= 6400(e^{0.25} - 1) \approx 1817.76(\text{亿桶})$$

【实例 3】 不加控制下传染病的传染人数模型

某种传染病在流行期间，被传染而患病的速度可近似地表示为 $r(t) = 10000te^{-0.1t}$（人／天），其中 t 为传染病开始流行的天数（$t \geqslant 0$）. 如果不加控制，最终将会传染多少人？

解：设 t 天后有 $Q(t)$ 人被传染，则

$$Q'(t) = r(t) = 10000e^{-0.1t},\ t \in [0, +\infty]$$

如果不加控制，最终将会被传染的人数为

$$Q = \int_0^{+\infty} Q'(t)\,dt = \int_0^{+\infty} r(t)\,dt = \int_0^{+\infty} 10000te^{-0.1t}\,dt = 10000\frac{1}{-0.1}\int_0^{+\infty} te^{-0.1t}\,dt$$

$$= -100000\int_0^{+\infty} t\,d(e^{-0.1t}) = -100000\left(te^{-0.1t}\Big|_0^{+\infty} - \int_0^{+\infty} e^{-0.1t}\,dt\right)$$

$$= 10^6(\text{人})$$

习题 5.3

1. 求下列所给曲线（或直线）围成图形的面积：

(1) $y = 2\sqrt{x}$, $x = 4$, $x = 9$, $y = 0$;

(2) $y = x^2$, $y = x + 2$.

2. 计算由下列曲线围成的图形的面积：

(1) $y = x^3$, $y = x$;　　(2) $y = \ln x$, $y = \ln 2$, $y = \ln 7$, $x = 0$;

(3) $xy = 1$, $y = x$, $x = 2$;　　(4) $y^2 = 2x$, $2x + y - 2 = 0$;

(5) $y^2 = x$, $x^2 + y^2 = 2(x \geqslant 0)$.

3. 求由下列曲线围成的图形绕指定轴旋转所成的旋转体的体积：

(1) $y = x^2 - 4$, $y = 0$, 绕 x 轴；

(2) $x^2 + y^2 = 2(x \geqslant 0)$, $x = \frac{1}{2}$, 绕 x 轴；

(3) $x^2 + y^2 = 2(y \geqslant 0)$, $y = x^2$, 绕 x 轴；

(4) $y^2 = x$，$y = x^2$，绕 y 轴．

4. 有一口锅，其形状可视为抛物线 $y = ax^2$ 绕 y 轴旋转而成，已知深为0.5m，锅口直径为1m，求锅的容积.

复习题五

1. 求下列各定积分：

(1) $\int_3^4 \frac{x^2 + x - 6}{x - 2} dx$；　(2) $\int_a^b (x - a)(x - b) dx$；　(3) $\int_{\frac{\pi}{6}}^{\frac{\pi}{3}} \frac{\cos 2x}{\cos^2 x \sin^2 x} dx$；

(4) $\int_{-2}^{-1} \frac{1}{(11 + 5x)^3} dx$；　(5) $\int_0^{\frac{\pi}{2}} \cos^3 x \sin 2x dx$；　(6) $\int_0^1 \frac{1}{1 + e^x} dx$；

(7) $\int_0^1 x\arctan x dx$；　(8) $\int_1^e \frac{1 + \ln x}{x} dx$；　(9) $\int_{\frac{2}{\pi}}^{+\infty} \frac{1}{x^2} \sin \frac{1}{x} dx$．

2. 求抛物线 $y = -x^2 + 4x - 3$ 及其在点 $(0, -3)$ 和点 $(3,0)$ 处的切线所围成图形的面积.

3. 在抛物线 $y^2 = 2(x - 1)$ 上横坐标等于3的点处作一条切线，试求由所作切线及 x 轴与抛物线所围成的图形绕 x 轴旋转所形成的旋转体的体积.

4. 计算下列广义积分：

(1) $\int_0^{+\infty} x^3 e^{-x^2} dx$；　(2) $\int_{\frac{2}{\pi}}^{+\infty} \frac{1}{x^2} \sin \frac{1}{x} dx$．

【知识拓展】

“化归”的数学思想和方法

化归的思想和方法是处理和解决数学问题的一种基本思想方法，其指导思想就是把待解决的问题转化归结为已经解决或能够解决的问题。具体说来，就是将待解决的问题不断地变换形式和处理方法，化难为易、化繁为简、化未知为已知。

匈牙利著名数学家路莎彼得在《无穷的玩艺》一书中有一段风趣而精彩的描述，或许能说明化归的思想和方法。

问题一:“假设在你面前有煤气灶、水龙头、水壶和火柴，现在的任务是要烧水，你应当怎样去做?”正确的回答是:“在水壶中放上水，点燃煤气，再把水壶放到煤气灶上。”

问题二，“假设所有的条件都不变，只是水壶中已有了足够的水，这时你应该怎样去做?”

对此，物理学家的答案是“点燃煤气，再把水壶放上去。”而数学家的答案是“只须把水壶中的水倒掉，问题就化归为前面所说的问题了。”

当然在现实生活中，我们不会倒掉水壶中的水，但这里的确生动体现了化归的的思想方法。

数学家就是这样通过分析特殊与一般的关系，对问题进行分解与组合，将复杂的问题划归为简单的、可以解决的问题。

数学上化归时常采用的策略有恒等变形、代换、等价转换、标准化、具体化、作某种运算(如对数、极限)等。当然问题不同，化归的思想和方法不同;即使是同一个问题，也可以有不同的化归思路;有时同一个问题的解决可能需要联合使用两种或更多种化归方法。化归时遵循的最基本的原则是要使化归的目标简单化、具体化、标准化、低层次化。

微积分是高等数学的重要组成部分，其中几乎处处蕴含着化归的思想，几乎处处需要运用化归的策略来解决问题，所以，在学习微积分的过程中，如果善于把化归的思想方法提炼、挖掘出来，则可以极大地提高我们的思维水平，使我们真正懂得数学的价值，并且学会数学地思考和解决问题，这样不仅知识的学习能达到事半功倍的效果，而且更重要的是分析和解决问题的能力会得到质的飞跃。

化归的思想和方法是高于数学内容的一种指导思想和可以普遍适用的一种方法，学一些化归的思想和方法，会对我们将来的学习、工作、生活带来无穷的益处。

第6章 行列式

行列式是线性代数的基础部分. 本章从解线性(一次)方程组的问题中引入二阶、三阶行列式的定义, 在此基础上, 引出 n 阶行列式的概念, 并且介绍行列式的性质, 讨论行列式的计算方法, 给出用行列式解线性方程组的克莱姆法则.

§6.1 行列式的概念

6.1.1 二阶行列式

设二元线性方程组为

$$\begin{cases} a_{11}x_1 + a_{12}x_2 = b_1 \\ a_{21}x_1 + a_{22}x_2 = b_2 \end{cases} \tag{1}$$

当 $a_{11}a_{22} - a_{12}a_{21} \neq 0$ 时, 用消元法解得

$$\begin{cases} x_1 = \dfrac{b_1 a_{22} - a_{12} b_2}{a_{11}a_{22} - a_{12}a_{21}} \\ x_2 = \dfrac{a_{11} b_2 - a_{21} b_1}{a_{11}a_{22} - a_{12}a_{21}} \end{cases} \tag{2}$$

用记号

$$\begin{vmatrix} a_{11} & a_{12} \\ a_{21} & a_{22} \end{vmatrix}$$

表示代数和 $a_{11}a_{22} - a_{12}a_{21}$, 称为二阶行列式, 即

$$\begin{vmatrix} a_{11} & a_{12} \\ a_{21} & a_{22} \end{vmatrix} = a_{11}a_{22} - a_{12}a_{21} \tag{6 - 1}$$

其中, $a_{ij}(i, j = 1, 2)$ 叫做行列式的元素. 第一个下标 i 表示 a_{ij} 所在的行数;第二个下标 j 表示 a_{ij} 所在的列数. 式(6 - 1) 的右端叫做二阶行列式的展开式, 可用图6 - 1 的方法记忆, 即实线上的两个元素的乘积减去虚线上两个元素的乘积.

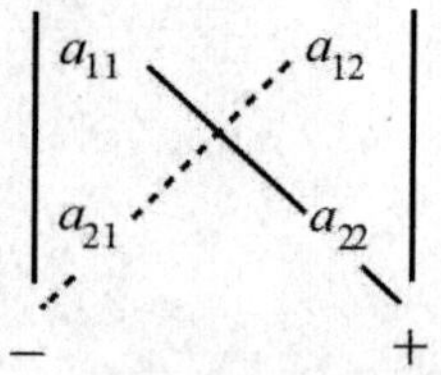

图 6－1

引入二阶行列式的概念之后，线性方程组(1) 的解(2) 可以表示为

$$\begin{cases} x_1 = \dfrac{D_1}{D} \\ x_2 = \dfrac{D_2}{D} \end{cases} (D \neq 0)$$

其中，D 是方程组(1) 的系数按它们在方程组中的次序排列构成的行列式，即

$$D = \begin{vmatrix} a_{11} & a_{12} \\ a_{21} & a_{22} \end{vmatrix}$$

称为方程组(1) 的系数行列式，D_1 和 D_2 是以 b_1、b_2 分别替换行列式 D 中的第一列、第二列的元素所得到的二阶行列式，即

$$D_1 = \begin{vmatrix} b_1 & a_{12} \\ b_2 & a_{22} \end{vmatrix}, D_2 = \begin{vmatrix} a_{11} & b_1 \\ a_{21} & b_2 \end{vmatrix}.$$

例 1 解二元线性方程组$\begin{cases} 2x_1 - 3x_2 = 9 \\ 4x_1 - x_2 = 8 \end{cases}$.

解 因为

$$D = \begin{vmatrix} 2 & -3 \\ 4 & -1 \end{vmatrix} = 2 \times (-1) - 4 \times (-3) = 10,$$

$$D_1 = \begin{vmatrix} 9 & -3 \\ 8 & -1 \end{vmatrix} = 9 \times (-1) - 8 \times (-3) = 15,$$

$$D_2 = \begin{vmatrix} 2 & 9 \\ 4 & 8 \end{vmatrix} = 2 \times 8 - 4 \times 9 = -20,$$

所以方程组的解是

$$\begin{cases} x_1 = \dfrac{D_1}{D} = 1.5 \\ x_2 = \dfrac{D_2}{D} = -2 \end{cases}.$$

6.1.2 三阶行列式

用消元法解三元线性方程组

$$\begin{cases} a_{11}x_1 + a_{12}x_2 + a_{13}x_3 = b_1 \\ a_{21}x_1 + a_{22}x_2 + a_{23}x_3 = b_2 \\ a_{31}x_1 + a_{32}x_2 + a_{33}x_3 = b_3 \end{cases} \tag{3}$$

当 $D = a_{11}a_{22}a_{33} + a_{12}a_{23}a_{31} + a_{13}a_{21}a_{32} - a_{11}a_{23}a_{32} - a_{12}a_{21}a_{33} - a_{13}a_{22}a_{31} \neq 0$ 时，其解为

$$\begin{cases} x_1 = \dfrac{1}{D}(b_1a_{22}a_{33} + a_{12}a_{23}b_3 + a_{13}b_2a_{32} - b_1a_{23}a_{32} - a_{12}b_2a_{33} - a_{13}a_{22}b_3) \\ x_2 = \dfrac{1}{D}(a_{11}b_2a_{33} + b_1a_{23}a_{31} + a_{13}a_{21}b_3 - a_{11}a_{23}b_3 - b_1a_{21}a_{33} - a_{13}b_2a_{31}) \\ x_3 = \dfrac{1}{D}(a_{11}a_{22}b_3 + a_{12}b_2a_{31} + b_1a_{21}a_{32} - a_{11}b_2a_{32} - a_{12}a_{21}b_3 - b_1a_{22}a_{31}) \end{cases} \tag{4}$$

用记号

$$\begin{vmatrix} a_{11} & a_{12} & a_{13} \\ a_{21} & a_{22} & a_{23} \\ a_{31} & a_{32} & a_{33} \end{vmatrix}$$

表示 D，即

$$D = \begin{vmatrix} a_{11} & a_{12} & a_{13} \\ a_{21} & a_{22} & a_{23} \\ a_{31} & a_{32} & a_{33} \end{vmatrix} = a_{11}a_{22}a_{33} + a_{12}a_{23}a_{31} + a_{13}a_{21}a_{32} - a_{11}a_{23}a_{32} - a_{12}a_{21}a_{33} - a_{13}a_{22}a_{31} \tag{6-2}$$

式(6－2)的左端称为三阶行列式，右端称为三阶行列式的展开式，可用图6－2的方法记忆. 其中各实线上的三个元素之积取正号，各虚线上连接的三个元素之积取负号，这种展开法叫做对角线展开法. 从左上角到右下角的对角线叫做主对角线，从右上角到左下角的对角线叫做次对角线.

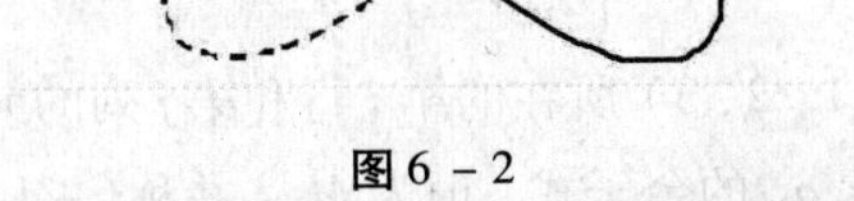

图6－2

引入三阶行列式之后，线性方程组(3)的解(4)，当 $D \neq 0$ 时，可表示为

$$x_1 = \frac{D_1}{D},\ x_2 = \frac{D_2}{D},\ x_3 = \frac{D_3}{D}.$$

其中分母 D 称为方程组(3)的系数行列式，分子 D_1、D_2、D_3 是将 b_1、b_2、b_3 分别替换行列式 D 中的第一列、第二列、第三列的对应元素而得到的三个三阶行列式.

例2 解三元线性方程组

$$\begin{cases} 2x_1 - x_2 + x_3 = 0 \\ 3x_1 + 2x_2 - 5x_3 = 1 \\ x_1 + 3x_2 - 2x_3 = 4 \end{cases}$$

解　因为

$$D = \begin{vmatrix} 2 & -1 & 1 \\ 3 & 2 & -5 \\ 1 & 3 & -2 \end{vmatrix} = 28 \neq 0,$$

$$D_1 = \begin{vmatrix} 0 & -1 & 1 \\ 1 & 2 & -5 \\ 4 & 3 & -2 \end{vmatrix} = 13,$$

$$D_2 = \begin{vmatrix} 2 & 0 & 1 \\ 3 & 1 & -5 \\ 1 & 4 & -2 \end{vmatrix} = 47,$$

$$D_3 = \begin{vmatrix} 2 & -1 & 0 \\ 3 & 2 & 1 \\ 1 & 3 & 4 \end{vmatrix} = 21,$$

所以方程组的解为

$$x_1 = \frac{D_1}{D} = \frac{13}{28},\ x_2 = \frac{D_2}{D} = \frac{47}{28},\ x_3 = \frac{D_3}{D} = \frac{3}{4}.$$

6.1.3 n 阶行列式

为了定义 n 阶行列式，先介绍余子式和代数余子式的概念.

在三阶行列式

$$\begin{vmatrix} a_{11} & a_{12} & a_{13} \\ a_{21} & a_{22} & a_{23} \\ a_{31} & a_{32} & a_{33} \end{vmatrix}$$

中，划去 $a_{ij}(i = 1, 2, 3; j = 1, 2, 3)$ 所在的第 i 行和第 j 列的元素，余下的元素按原来的次序排成的二阶行列式称为元素 a_{ij} 的余子式，记为 M_{ij}，并称 $(-1)^{i+j}M_{ij}$ 为元素 a_{ij} 的代数余子式，记为 A_{ij}，即

$$A_{ij} = (-1)^{i+j}M_{ij}.$$

例如，元素 a_{21} 的余子式为

$$M_{21} = \begin{vmatrix} a_{12} & a_{13} \\ a_{32} & a_{33} \end{vmatrix}.$$

代数余子式为

$$A_{21}=(-1)^{2+1}M_{21}=-\begin{vmatrix}a_{12}&a_{13}\\a_{32}&a_{33}\end{vmatrix}.$$

由三阶行列式的定义，不难得到

$$\begin{vmatrix}a_{11}&a_{12}&a_{13}\\a_{21}&a_{22}&a_{23}\\a_{31}&a_{32}&a_{33}\end{vmatrix}=a_{11}\begin{vmatrix}a_{22}&a_{23}\\a_{32}&a_{33}\end{vmatrix}-a_{12}\begin{vmatrix}a_{21}&a_{23}\\a_{31}&a_{33}\end{vmatrix}+a_{13}\begin{vmatrix}a_{21}&a_{22}\\a_{31}&a_{32}\end{vmatrix}=a_{11}A_{11}+a_{12}A_{12}+a_{13}A_{13}.$$

即一个三阶行列式可以表示成第一行的各元素与对应于它们的代数余子式的乘积之和，也就是说，一个三阶行列式可以由相应的三个二阶行列式来定义.

仿此，把四阶行列式定义为

$$\begin{vmatrix}a_{11}&a_{12}&a_{13}&a_{14}\\a_{21}&a_{22}&a_{23}&a_{24}\\a_{31}&a_{32}&a_{33}&a_{34}\\a_{41}&a_{42}&a_{43}&a_{44}\end{vmatrix}=a_{11}A_{11}+a_{12}A_{12}+a_{13}A_{13}+a_{14}A_{14}.$$

其中 $A_{1j}(j=1,2,3,4)$ 是元素 $a_{1j}(j=1,2,3,4)$ 的代数余子式. 依此类推，一般地，可用 n 个 $n-1$ 阶行列式来定义 n 阶行列式.

定义 设 $n-1$ 阶行列式已定义，则规定 n 阶行列式

$$D=\begin{vmatrix}a_{11}&a_{12}&\cdots&a_{1n}\\a_{21}&a_{22}&\cdots&a_{2n}\\\vdots&\vdots&\cdots&\vdots\\a_{n1}&a_{n2}&\cdots&a_{nn}\end{vmatrix}=a_{11}A_{11}+a_{12}A_{12}+\cdots+a_{1n}A_{1n}=\sum_{j=1}^{n}a_{1j}A_{1j},$$

其中 A_{1j} 是元素 $a_{1j}(j=1,2,3,\cdots,n)$ 的代数余子式，是 $n-1$ 阶行列式.

如
$$A_{11}=(-1)^{1+1}M_{11}=\begin{vmatrix}a_{22}&a_{23}&\cdots&a_{2n}\\a_{32}&a_{33}&\cdots&a_{3n}\\\vdots&\vdots&\cdots&\vdots\\a_{n2}&a_{n3}&\cdots&a_{nn}\end{vmatrix}.$$

例 3 计算行列式 $D=\begin{vmatrix}2&0&0&-4\\7&-1&0&5\\-2&6&1&0\\8&4&-3&-5\end{vmatrix}$.

解 $D=2\times(-1)^{1+1}\begin{vmatrix}-1&0&5\\6&1&0\\4&-3&-5\end{vmatrix}+0\times(-1)^{1+2}\begin{vmatrix}7&0&5\\-2&1&0\\8&-3&-5\end{vmatrix}$

$$+0\times(-1)^{1+3}\begin{vmatrix}7&-1&5\\-2&6&0\\8&4&-5\end{vmatrix}+(-4)\times(-1)^{1+4}\begin{vmatrix}7&-1&0\\-2&6&1\\8&4&-3\end{vmatrix}$$

$$= 2 \times (-105) + 4 \times (-156)$$

$$= -834 .$$

规定由一个元素 a 组成的行列式 $|a|$ 就是 a 本身.

习题 6.1

1. 求下列各行列式的值:

(1) $\begin{vmatrix} 1+\sqrt{2} & 2-\sqrt{3} \\ 2+\sqrt{3} & 1-\sqrt{2} \end{vmatrix}$; (2) $\begin{vmatrix} \cos 15^\circ & \sin 75^\circ \\ \sin 15^\circ & \cos 75^\circ \end{vmatrix}$;

(3) $\begin{vmatrix} a & 3 & 5 \\ 0 & b & -1 \\ 0 & 0 & c \end{vmatrix}$; (4) $\begin{vmatrix} 0 & -\cos\alpha & \cos\beta \\ -\cos\alpha & 0 & \cos\gamma \\ -\cos\beta & \cos\gamma & 0 \end{vmatrix}$.

2. 验证下列各式:

(1) $\begin{vmatrix} a_{11} & a_{12} & a_{13} \\ a_{21} & a_{22} & a_{23} \\ a_{31} & a_{32} & a_{33} \end{vmatrix} = \begin{vmatrix} a_{11} & a_{21} & a_{31} \\ a_{12} & a_{22} & a_{32} \\ a_{13} & a_{23} & a_{33} \end{vmatrix}$;

(2) $\begin{vmatrix} a_{11} & a_{12} & a_{13} \\ a_{21} & a_{22} & a_{23} \\ a_{31} & a_{32} & a_{33} \end{vmatrix} = a_{11}\begin{vmatrix} a_{22} & a_{23} \\ a_{32} & a_{33} \end{vmatrix} - a_{21}\begin{vmatrix} a_{12} & a_{13} \\ a_{32} & a_{33} \end{vmatrix} + a_{31}\begin{vmatrix} a_{12} & a_{13} \\ a_{22} & a_{23} \end{vmatrix}$.

3. 已知 $D = \begin{vmatrix} 1 & 2 & -1 & 3 \\ 3 & -5 & 0 & -4 \\ -8 & 4 & 0 & 11 \\ 2 & 5 & 0 & 7 \end{vmatrix}$, 求:$A_{11}$, A_{41}, A_{44}.

4. 用行列式解下列方程组:

(1) $\begin{cases} x_1 + 3x_2 + x_3 = 5 \\ x_1 + x_2 + 3x_3 = -3 \\ 2x_1 + 3x_2 - 3x_3 = 14 \end{cases}$; (2) $\begin{cases} ax_1 + bx_2 = -1 \\ bx_2 - x_3 = a \\ ax_1 - x_3 = b \end{cases}$, 其中 $ab \neq 0$.

§6.2 行列式的性质及计算

6.2.1 行列式的性质

利用对角线展开法可以证明三阶行列式具有下面的一些性质，这些性质对于 n 阶行列式也是成立的. 行列式的一系列性质能使行列式的计算简化.

性质1 行列式的行与相应的列互换，行列式的值不变，即行列式与它的转置行列式相等. 例如

$$D=\begin{vmatrix}2&1&2\\-4&3&1\\1&1&2\end{vmatrix},\ D'=\begin{vmatrix}2&-4&1\\1&3&1\\2&1&2\end{vmatrix}.$$

即

$$D=D'.$$

显然，$(D')'=D$.

由此可知，对于行列式的行具有的性质，它的列也具有相应的性质，反之亦然.

性质2 交换行列式的任意两行(列)，行列式的值只改变符号. 例如

$$\begin{vmatrix}a_{11}&a_{12}&a_{13}\\a_{21}&a_{22}&a_{23}\\a_{31}&a_{32}&a_{33}\end{vmatrix}=-\begin{vmatrix}a_{31}&a_{32}&a_{33}\\a_{21}&a_{22}&a_{23}\\a_{11}&a_{12}&a_{13}\end{vmatrix}.$$

推论 如果行列式中某两行(列)的对应元素都相等，则行列式的值为零.

性质3 用常数 k 乘以行列式的某一行(列)的各元素，等于用数 k 乘此行列式. 例如

$$\begin{vmatrix}ka_{11}&ka_{12}&ka_{13}\\a_{21}&a_{22}&a_{23}\\a_{31}&a_{32}&a_{33}\end{vmatrix}=k\begin{vmatrix}a_{11}&a_{12}&a_{13}\\a_{21}&a_{22}&a_{23}\\a_{31}&a_{32}&a_{33}\end{vmatrix}.$$

推论1 如果行列式某行(列)的各元素有公因子，公因子可提到行列式的外面.

推论2 如果行列式的两行(列)对应元素成比例，则行列式的值为零.

性质4 如果行列式某行(列)的元素都是两项和，那么这个行列式等于把该行(列)各取一项相应行(列)，而其余的行(列)不变的两个行列式的和. 例如

$$\begin{vmatrix}a_{11}&a_{12}&a_{13}\\a_{21}+b_1&a_{22}+b_2&a_{23}+b_3\\a_{31}&a_{32}&a_{33}\end{vmatrix}=\begin{vmatrix}a_{11}&a_{12}&a_{13}\\a_{21}&a_{22}&a_{23}\\a_{31}&a_{32}&a_{33}\end{vmatrix}+\begin{vmatrix}a_{11}&a_{12}&a_{13}\\b_1&b_2&b_3\\a_{31}&a_{32}&a_{33}\end{vmatrix}.$$

性质5 用常数 k 乘行列式的某行(列)的各元素加到另一行(列)的对应元素上去，行列式的值不变. 例如

$$\begin{vmatrix}a_{11}&a_{12}&a_{13}\\a_{21}&a_{22}&a_{23}\\a_{31}&a_{32}&a_{33}\end{vmatrix}=\begin{vmatrix}a_{11}+ka_{31}&a_{12}+ka_{32}&a_{13}+ka_{33}\\a_{21}&a_{22}&a_{23}\\a_{31}&a_{32}&a_{33}\end{vmatrix}.$$

性质5可由性质4及性质3的推论2证明.

性质6 行列式按行(列)展开性质

行列式等于它的任意一行(列)的各元素与对应的代数余子式乘积的和. 例如

$$\begin{vmatrix} a_{11} & a_{12} & a_{13} \\ a_{21} & a_{22} & a_{23} \\ a_{31} & a_{32} & a_{33} \end{vmatrix} = \sum_{k=1}^{3} a_{ik}A_{ik}(i = 1, 2, 3)$$

$$= \sum_{k=1}^{3} a_{kj}A_{kj}(j = 1, 2, 3).$$

性质7 行列式某一行(列)的各元素与另一行(列)对应元素的代数余子式乘积的和等于零. 例如

$$\sum_{k=1}^{3} a_{ik}A_{jk} = 0, \sum_{k=1}^{3} a_{ki}A_{kj} = 0.$$

其中 $i \neq j; i, j = 1, 2, 3$.

6.2.2 行列式的计算

由于行列式的计算过程变化较多，为了便于书写和复查，约定采用下列标记方法：

① 以 r 代表行，c 代表列.

② 把第 i 行(列)的每一个元素加上第 j 行(列)对应元素的 k 倍，记作 $r_i + kr_j(c_i + kc_j)$.

③ 互换 i 行(列)和 j 行(列)，记作 $r_i \leftrightarrow r_j(c_i \leftrightarrow c_j)$.

例1 计算行列式 $\begin{vmatrix} 0 & -1 & -1 & 2 \\ 1 & -1 & 0 & 2 \\ -1 & 2 & -1 & 0 \\ 2 & 1 & 1 & 0 \end{vmatrix}$ 的值.

解

$$\begin{vmatrix} 0 & -1 & -1 & 2 \\ 1 & -1 & 0 & 2 \\ -1 & 2 & -1 & 0 \\ 2 & 1 & 1 & 0 \end{vmatrix} \xlongequal[r_4 - 2r_2]{r_3 + r_2} \begin{vmatrix} 0 & -1 & -1 & 2 \\ 1 & -1 & 0 & 2 \\ 0 & 1 & -1 & 2 \\ 0 & 3 & 1 & -4 \end{vmatrix} \xlongequal{\text{按第一列展开}} - \begin{vmatrix} -1 & -1 & 2 \\ 1 & -1 & 2 \\ 3 & 1 & -4 \end{vmatrix}$$

$$\xlongequal[r_2 + r_3]{r_1 + r_3} - \begin{vmatrix} 2 & 0 & -2 \\ 4 & 0 & -2 \\ 3 & 1 & -4 \end{vmatrix} \xlongequal{\text{按第二列展开}} \begin{vmatrix} 2 & -2 \\ 4 & -2 \end{vmatrix} = 4.$$

运用行列式的性质把某行(列)化为只有一个非零元素后，再按该行(列)展开，是计算行列式的主要方法，我们可以称之为"化0法".

例2 计算行列式 $\begin{vmatrix} 1 & 1 & 1 & 1 \\ -1 & x & 2 & 2 \\ 2 & 2 & x & 3 \\ 3 & 3 & 3 & x \end{vmatrix}$.

解 $\begin{vmatrix} 1 & 1 & 1 & 1 \\ -1 & x & 2 & 2 \\ 2 & 2 & x & 3 \\ 3 & 3 & 3 & x \end{vmatrix} \xlongequal[r_3-2r_1 \atop r_4-3r_1]{r_2+r_1} \begin{vmatrix} 1 & 1 & 1 & 1 \\ 0 & x+1 & 3 & 3 \\ 0 & 0 & x-2 & 1 \\ 0 & 0 & 0 & x-3 \end{vmatrix} \xlongequal[\text{列展开}]{\text{依次按第一}} (x+1)(x-2)(x-3)$.

运用行列式的性质把行列式化为主对角线一侧的元素都是零的行列式(称为三角行列式),是计算行列式的又一个主要方法,我们可以称之为“化三角形法”.显然,三角行列式的值等于主对角线上各元素之积.

例3 计算行列式 $\begin{vmatrix} 3 & 2 & 6 & 2 \\ 8 & 10 & 9 & 1 \\ 6 & -2 & 21 & 6 \\ 1 & 4 & -3 & 11 \end{vmatrix}$.

解 $\begin{vmatrix} 3 & 2 & 6 & 2 \\ 8 & 10 & 9 & 1 \\ 6 & -2 & 21 & 6 \\ 1 & 4 & -3 & 11 \end{vmatrix} \xlongequal[c_3\text{提取}3]{c_2\text{提取}2} 6\begin{vmatrix} 3 & 1 & 2 & 2 \\ 8 & 5 & 3 & 1 \\ 6 & -1 & 7 & 6 \\ 1 & 2 & -1 & 11 \end{vmatrix} \xlongequal{c_2+c_3} 6\begin{vmatrix} 3 & 3 & 2 & 2 \\ 8 & 8 & 3 & 1 \\ 6 & 6 & 7 & 6 \\ 1 & 1 & -1 & 11 \end{vmatrix}$

$= 6 \times 0 = 0$.

在运用行列式性质进行等值变换过程中,如果发现某两行(列)的对应元素相等,或对应成比例,或某行(列)的元素全为零,则行列式的值为零.

例4 计算 $\begin{vmatrix} b & a & a & a \\ a & b & a & a \\ a & a & b & a \\ a & a & a & b \end{vmatrix}$.

解 这个行列式每一列元素之和都等于 $3a+b$,将第二、三、四行逐一加到第一行上去,可简化计算.

$$\begin{vmatrix} b & a & a & a \\ a & b & a & a \\ a & a & b & a \\ a & a & a & b \end{vmatrix} \xlongequal{r_1+r_2+r_3+r_4} \begin{vmatrix} b+3a & b+3a & b+3a & b+3a \\ a & b & a & a \\ a & a & b & a \\ a & a & a & b \end{vmatrix} = (b+3a)\begin{vmatrix} 1 & 1 & 1 & 1 \\ a & b & a & a \\ a & a & b & a \\ a & a & a & b \end{vmatrix}$$

$$\xlongequal[r_3-ar_1 \atop r_4-ar_1]{r_2-ar_1} (b+3a)\begin{vmatrix} 1 & 1 & 1 & 1 \\ 0 & b-a & 0 & 0 \\ 0 & 0 & b-a & 0 \\ 0 & 0 & 0 & b-a \end{vmatrix} = (b+3a)(b-a)^3.$$

习题 6.2

1. 计算下列行列式：

(1) $\begin{vmatrix} 0 & 1 & 3 & 5 \\ 1 & 0 & 5 & 3 \\ 3 & 5 & 0 & 1 \\ 5 & 3 & 1 & 0 \end{vmatrix}$；　(2) $\begin{vmatrix} \cos\alpha & \sin\alpha & 0 & 0 \\ -\sin\alpha & \cos\alpha & 0 & 0 \\ 0 & 0 & \cos\alpha & \sin\alpha \\ 0 & 0 & -\sin\alpha & \cos\alpha \end{vmatrix}$；

(3) $\begin{vmatrix} -1 & 3 & 1 & 2 \\ 1 & 1 & 2 & 0 \\ -1 & 2 & 0 & 3 \\ 1 & 1 & 3 & 5 \end{vmatrix}$.

2. 利用行列式的性质证明下列各式：

(1) $\begin{vmatrix} 1 & a & a^2-bc \\ 1 & b & b^2-ca \\ 1 & c & c^2-ab \end{vmatrix}=0$；

(2) $\begin{vmatrix} a_{11}+ma_{12} & a_{12} & a_{13} \\ a_{21}+ma_{22} & a_{22} & a_{23} \\ a_{31}+ma_{32} & a_{32} & a_{33} \end{vmatrix}=\begin{vmatrix} a_{11} & a_{12} & a_{13} \\ a_{21} & a_{22} & a_{23} \\ a_{31} & a_{32} & a_{33} \end{vmatrix}$.

§6.3 克莱姆法则

二元和三元线性方程组的解可以用二阶和三阶行列式来表示，那么 n 元线性方程组的解能否用行列式来表示呢?下面的克莱姆法则回答了这个问题.

克莱姆法则:如果 n 元线性方程组

$$\begin{cases} a_{11}x_1 + a_{12}x_2 + \cdots + a_{1n}x_n = b_1 \\ a_{21}x_1 + a_{22}x_2 + \cdots + a_{2n}x_n = b_2 \\ \vdots \qquad \vdots \qquad \cdots \qquad \vdots \qquad \vdots \\ a_{n1}x_1 + a_{n2}x_2 + \cdots + a_{nn}x_n = b_n \end{cases} \tag{6-3}$$

的系数行列式

$$D = \begin{vmatrix} a_{11} & a_{12} & \cdots & a_{1n} \\ a_{21} & a_{22} & \cdots & a_{2n} \\ \vdots & \vdots & \cdots & \vdots \\ a_{n1} & a_{n2} & \cdots & a_{nn} \end{vmatrix} \neq 0 .$$

则它有唯一解:

$$x_j = \frac{D_j}{D}\,(j = 1, 2, \cdots, n)$$

其中 D_j 是将 D 中第 j 列的元素对应地换为方程组右端的常数项后得到的行列式，即

$$D_j = \begin{vmatrix} a_{11} & a_{12} & \cdots & a_{1\,j-1} & b_1 & a_{1\,j+1} & \cdots & a_{1n} \\ a_{21} & a_{22} & \cdots & a_{2\,j-1} & b_2 & a_{2\,j+1} & \cdots & a_{2n} \\ \vdots & \vdots & \cdots & \vdots & \vdots & \vdots & \cdots & \vdots \\ a_{n1} & a_{n2} & \cdots & a_{n\,j-1} & b_n & a_{n\,j+1} & \cdots & a_{nn} \end{vmatrix}$$

例如，用克莱姆法则解线性方程组 $\begin{cases} x_1 - x_2 + x_3 - 2x_4 = 2 \\ 2x_1 - x_3 + 4x_4 = 4 \\ 3x_1 + 2x_2 + x_3 = -1 \\ -x_1 + 2x_2 - x_3 + 2x_4 = -4 \end{cases}$.

解

$$D = \begin{vmatrix} 1 & -1 & 1 & -2 \\ 2 & 0 & -1 & 4 \\ 3 & 2 & 1 & 0 \\ -1 & 2 & -1 & 2 \end{vmatrix} = -2 \neq 0,$$

$$D_1 = \begin{vmatrix} 2 & -1 & 1 & -2 \\ 4 & 0 & -1 & 4 \\ -1 & 2 & 1 & 0 \\ -4 & 2 & -1 & 2 \end{vmatrix} = -2,$$

$$D_2 = \begin{vmatrix} 1 & 2 & 1 & -2 \\ 2 & 4 & -1 & 4 \\ 3 & -1 & 1 & 0 \\ -1 & -4 & -1 & 2 \end{vmatrix} = 4,$$

$$D_3 = \begin{vmatrix} 1 & -1 & 2 & -2 \\ 2 & 0 & 4 & 4 \\ 3 & 2 & -1 & 0 \\ -1 & 2 & -4 & 2 \end{vmatrix} = 0,$$

$$D_4 = \begin{vmatrix} 1 & -1 & 1 & 2 \\ 2 & 0 & -1 & 4 \\ 3 & 2 & 1 & -1 \\ -1 & 2 & -1 & -4 \end{vmatrix} = -1,$$

所以方程组的解为

$$x_1 = \frac{D_1}{D} = 1,\ x_2 = \frac{D_2}{D} = -2,\ x_3 = \frac{D_3}{D} = 0,\ x_4 = \frac{D_4}{D} = \frac{1}{2}.$$

习题 6.3

用克莱姆法则解下列线性方程组:

1. $\begin{cases} 2x_1 + x_2 - 5x_3 + x_4 = 8 \\ x_1 - 3x_2 - 6x_4 = 9 \\ 2x_2 - x_3 + 2x_4 = -5 \\ x_1 + 4x_2 - 7x_3 + 6x_4 = 0 \end{cases}$.

2. $\begin{cases} x_1 - x_2 + 2x_4 = -5 \\ 3x_1 + 2x_2 - x_3 - 2x_4 = 6 \\ 4x_1 + 3x_2 - x_3 - x_4 = 0 \\ 2x_1 - x_3 = 0 \end{cases}$.

3. $\begin{cases} x_1 + x_2 + x_3 + x_4 = 5 \\ x_1 + 2x_2 - x_3 + x_4 = -2 \\ 2x_1 + 3x_2 - x_3 - 5x_4 = -2 \\ 3x_1 + x_2 + 2x_3 + 3x_4 = 4 \end{cases}$.

复习题六

1. 求方程$\begin{vmatrix} x^2 & 4 & -9 \\ x & 2 & 3 \\ 1 & 1 & 1 \end{vmatrix} = 0$的解.

2. 计算行列式$\begin{vmatrix} a-b-c & 2a & 2a \\ 2b & b-a-c & 2b \\ 2c & 2c & c-a-b \end{vmatrix}$的值.

3. 解方程组$\begin{cases} x + y + z = a + b + c \\ ax + by + cz = a^2 + b^2 + c^2 \\ bcx + acy + baz = 3abc \end{cases}$.

试问 a、b、c 满足什么条件时，方程组有唯一解?并求出唯一解.

【知识拓展】

行列式与线性方程组

行列式起源于线性方程组的求解，它最早是在研究线性方程组的过程中根据讨论、求解的需要建立起来的一种速记的表达式，时间可以追溯到十七世纪。行列式的最初的雏形由日本数学家关孝和提出，他在1683年写了一部名为《解伏题之法》的著作，意思是“解行列式问题的方法”，书中他对行列式的概念和它的展开已经有了清楚的叙述。欧洲第一个提出行列式概念的是德国数学家、微积分学奠基人之一莱布尼茨。1693年，莱布尼兹在写给法国数学家洛必达的一封信中首次使用了行列式。1750年，瑞士数学家克拉默在其著作《线性代数分析导引》中，比较完整、明确地阐述了行列式的定义和展开法则，并提出了本章我们所谓的求解线性方程组的克拉默法则。

一般来说，展开高阶行列式、用克拉默法则(也就是用行列式)求解高阶线性方程组，计算量很大。随着计算机和数学软件的发展，现在已经可以在计算机上利用数学软件比较容易的解决这些问题了。

虽然由于计算机和数学软件的发展，行列式的计算的数值意义已经不大，但在理论上行列式的相关知识依然很有用，下一章我们将利用它研究矩阵、线性方程组。

第 7 章　矩阵与线性方程组

矩阵是重要的数学工具，也是线性代数的研究对象，它可以把庞大且杂乱无章的数据变得有序，为我们应用计算机处理科学运算和日常事务带来方便；线性方程组是线性代数的主要研究对象，实践中涉及到的线性方程组，一般来说常常是未知量的个数与方程的个数不相等，因此不能用行列式求解，这时可以充分利用矩阵这个有力的工具. 本章就来介绍矩阵的基本概念和运算，以及用矩阵求解一般线性方程组的问题.

§7.1　矩阵及其运算

7.1.1 矩阵的概念

先看两个实际问题：

例 1　某工厂冶炼车间计划在一、二月份冶炼三种规格的合金，计划冶炼的数量如下表：

月份	合金类型		
	Ⅰ	Ⅱ	Ⅲ
一	10	15	20
二	30	20	25

例 2　某产品有 m 个产地 n 个销地，如果以 a_{ij} 表示由第 i 个产地运往第 j 个销地的数量 $(i=1, 2, \cdots, m; j=1, 2, \cdots, n)$，那么调运方案可用一个矩形表表示如下：

调运方案(单位:吨)

销量 销地 / 产地	1	2	…	j	…	n
1	a_{11}	a_{12}	…	a_{1j}	…	a_{1n}
2	a_{21}	a_{22}	…	a_{2j}	…	a_{2n}
⋮	⋮	⋮	…	⋮	…	⋮
i	a_{i1}	a_{i2}	…	a_{ij}	…	a_{in}
⋮	⋮	⋮	…	⋮	…	⋮
m	a_{m1}	a_{m2}	…	a_{mj}	…	a_{mn}

如果将上面两个矩形表中的数字取出，排成下面形式的数表

$$\begin{pmatrix} 10 & 15 & 20 \\ 30 & 20 & 25 \end{pmatrix},\quad \begin{pmatrix} a_{11} & a_{12} & \cdots & a_{1j} & \cdots & a_{1n} \\ a_{21} & a_{22} & \cdots & a_{2j} & \cdots & a_{2n} \\ \vdots & \vdots & \cdots & \vdots & \cdots & \vdots \\ a_{i1} & a_{i2} & \cdots & a_{ij} & \cdots & a_{in} \\ \vdots & \vdots & \cdots & \vdots & \cdots & \vdots \\ a_{m1} & a_{m2} & \cdots & a_{mj} & \cdots & a_{mn} \end{pmatrix}$$

称为矩阵.

定义　由 $m \times n$ 个数 $a_{ij}(i = 1, 2, \cdots, m; j = 1, 2, \cdots, n)$ 排成 m 行 n 列的数表

$$A = \begin{pmatrix} a_{11} & a_{12} & \cdots & a_{1n} \\ a_{21} & a_{22} & \cdots & a_{2n} \\ \vdots & \vdots & \cdots & \vdots \\ a_{m1} & a_{m2} & \cdots & a_{mn} \end{pmatrix}$$

叫做 m 行 n 列矩阵，a_{ij} 为矩阵 A 第 i 行第 j 列的元素.

矩阵一般用大写字母 A, B, C, $\cdots$ 表示，为了强调矩阵的行数 m 和列数 n，可用 $A_{m\times n}$ 或 $(a_{ij})_{m\times n}$ 来表示.

在矩阵 $A_{m\times n}$ 或$(a_{ij})_{m\times n}$ 中，当 $m = n$ 时，称为 n 阶矩阵或 n 阶方阵，记作 A_n 或$(a_{ij})_n$. 当 $m = 1$ 时，称为行矩阵，这时矩阵 $A = (a_{11}, a_{12}, \cdots, a_{1n})$. 当 $n = 1$ 时，矩阵

$$A = \begin{pmatrix} a_{11} \\ a_{21} \\ \vdots \\ a_{m1} \end{pmatrix}$$

称为列矩阵.

元素都是零的矩阵称为零矩阵，记作 0 或 $0_{m\times n}$.

除了主对角线(从左上角到右下角的对角线) 上的元素外，其余的元素都是零的 n 阶方阵，叫做对角矩阵，其形式为

$$\begin{pmatrix} a_{11} & 0 & \cdots & 0 \\ 0 & a_{22} & \cdots & 0 \\ \vdots & \vdots & \cdots & \vdots \\ 0 & 0 & \cdots & a_{nn} \end{pmatrix}.$$

主对角线上的元素都是1的对角矩阵，叫做单位矩阵，记作I，即

$$I = \begin{pmatrix} 1 & 0 & \cdots & 0 \\ 0 & 1 & \cdots & 0 \\ \vdots & \vdots & \cdots & \vdots \\ 0 & 0 & \cdots & 1 \end{pmatrix}.$$

主对角线一侧的元素都是零的方阵，叫做三角矩阵，其一般形式为

$$\begin{pmatrix} a_{11} & a_{12} & \cdots & a_{1n} \\ 0 & a_{22} & \cdots & a_{2n} \\ \vdots & \vdots & \cdots & \vdots \\ 0 & 0 & \cdots & a_{nn} \end{pmatrix} \text{或} \begin{pmatrix} a_{11} & 0 & \cdots & 0 \\ a_{21} & a_{22} & \cdots & 0 \\ \vdots & \vdots & \cdots & \vdots \\ a_{n1} & a_{n2} & \cdots & a_{nn} \end{pmatrix}$$

其中前者称为上三角矩阵，后者称为下三角矩阵.

把矩阵A的行与列依次互换所得的矩阵称为A的转置矩阵，记作A'. 例如，矩阵

$$A' = \begin{pmatrix} a_{11} & a_{21} & \cdots & a_{m1} \\ a_{12} & a_{22} & \cdots & a_{m2} \\ \vdots & \vdots & \cdots & \vdots \\ a_{1n} & a_{2n} & \cdots & a_{mn} \end{pmatrix}$$

称为矩阵

$$A = \begin{pmatrix} a_{11} & a_{12} & \cdots & a_{1n} \\ a_{21} & a_{22} & \cdots & a_{2n} \\ \vdots & \vdots & \cdots & \vdots \\ a_{m1} & a_{m2} & \cdots & a_{mn} \end{pmatrix}$$

的转置矩阵. 显然，一个m行n列的矩阵A的转置矩阵A'是一个n行m列的矩阵，而且$(A')'$等于A. 关于主对角线对称的元素都相等的方阵称为对称矩阵. 任何一个对称矩阵的转置矩阵就是它本身.

由方阵A的元素按其在矩阵中的位置所构成的行列式，叫做方阵A的行列式，记作$|A|$.

值得注意的是:矩阵与行列式虽然都是用数表的形式来表示的，但是它们是两个意义完全不相同的数学概念，除了记法上不同之外，矩阵的行数可以不等于列数，而更本质的区别在于行列式可以展开，即行列式本质上数值，可以是数或者代数式，而矩阵只是一种数的矩形阵表，它既不代表一个数或者函数，也没有什么展开式. 此外，两个形式上不同的行列式其值可能相等，而矩阵$A = (a_{ij})$与矩阵$B = (b_{ij})$只有当它们都是m行n列的矩阵，并且对应元素分别相等，即

$$a_{ij} = b_{ij}$$

其中当$i = 1, 2, \cdots, m; j = 1, 2, \cdots, n$时，才称矩阵$A$与矩阵$B$相等，记作$A = B$. 例如，

$$A = \begin{pmatrix} a_{11} & a_{12} & a_{13} \\ a_{21} & a_{22} & a_{23} \end{pmatrix},\ B = \begin{pmatrix} 5 & 4 & 3 \\ 2 & 1 & 0 \end{pmatrix},$$

当且仅当 $a_{11} = 5$，$a_{12} = 4$，$a_{13} = 3$，$a_{21} = 2$，$a_{22} = 1$，$a_{23} = 0$ 时，才有 $A = B$.

7.1.2 矩阵的运算

1. 矩阵的加法和减法

设有两种产品(单位:吨)从三个产地运往四个销地，其调运方案分别用矩阵 A、B 表示为

$$A = \begin{pmatrix} 3 & 5 & 7 & 2 \\ 2 & 0 & 4 & 3 \\ 0 & 1 & 2 & 3 \end{pmatrix},\ B = \begin{pmatrix} 1 & 3 & 2 & 0 \\ 2 & 1 & 5 & 7 \\ 0 & 6 & 4 & 8 \end{pmatrix}$$

那么，从各产地运往各销地的总运量(单位:吨)为

$$\begin{pmatrix} 3+1 & 5+3 & 7+2 & 2+0 \\ 2+2 & 0+1 & 4+5 & 3+7 \\ 0+0 & 1+6 & 2+4 & 3+8 \end{pmatrix}.$$

一般地，两个 m 行 n 列的矩阵 $A = (a_{ij})_{m\times n}$ 和 $B = (b_{ij})_{m\times n}$ 的对应元素相加而得到的矩阵，称为 A 与 B 的和，记作 $A + B$，即

$$A + B = (a_{ij} + b_{ij})_{m\times n}.$$

同样可以定义矩阵 A 与 B 的差为

$$A - B = (a_{ij} - b_{ij})_{m\times n}.$$

显然，两个 m 行 n 列的矩阵相加(减)得到的和(差)仍是一个 m 行 n 列的矩阵，容易验证，矩阵的加法和减法满足以下规律:

① 加法交换律:$A + B = B + A$;

② 加法结合律:$(A + B) + C = A + (B + C)$;

③$A - B = A + (-B)$.

其中 A、B、C 都是 m 行 n 列的矩阵，$-B$ 称为 B 的负矩阵，即

$$-B = -(b_{ij}) = (-b_{ij}).$$

2. 数乘矩阵

某产品的三个产地与四个销地的距离(单位:公里)用矩阵表示为

$$A = \begin{pmatrix} 120 & 175 & 80 & 90 \\ 80 & 130 & 40 & 50 \\ 125 & 190 & 95 & 105 \end{pmatrix}$$

每吨公里的运费为 1.5 元，那么，各产地到各销地的运费可用矩阵表示为

$$\begin{pmatrix} 1.5\times120 & 1.5\times175 & 1.5\times80 & 1.5\times90 \\ 1.5\times80 & 1.5\times130 & 1.5\times40 & 1.5\times50 \\ 1.5\times125 & 1.5\times190 & 1.5\times95 & 1.5\times105 \end{pmatrix}.$$

一般地，数 k 与矩阵 $A = (a_{ij})$ 的每一个元素相乘所得到的矩阵，称为数 k 与矩阵 A 的乘积，记作 kA，即

$$kA = (ka_{ij}).$$

容易验证，数乘矩阵满足以下规律:

① 分配律：$k(A+B)=kA+kB$，$(k_1+k_2)A=k_1A+k_2A$；

② 结合律：$k_1(k_2A)=(k_1k_2)A$.

其中 A、B 都是 m 行 n 列的矩阵，k、k_1、k_2 都是常数.

例1 设 $A=\begin{pmatrix}3&4&-6\\2&5&7\end{pmatrix}$，$B=\begin{pmatrix}5&2&3\\1&-4&-2\end{pmatrix}$，求 $3A-2B$.

解
$$3A-2B=3\begin{pmatrix}3&4&-6\\2&5&7\end{pmatrix}-2\begin{pmatrix}5&2&3\\1&-4&-2\end{pmatrix}$$
$$=\begin{pmatrix}9&12&-18\\6&15&21\end{pmatrix}-\begin{pmatrix}10&4&6\\2&-8&-4\end{pmatrix}=\begin{pmatrix}-1&8&-24\\4&23&25\end{pmatrix}.$$

例2 已知 $A=\begin{pmatrix}3&-1&2&0\\1&5&7&9\\2&4&6&8\end{pmatrix}$，$B=\begin{pmatrix}7&5&-2&4\\5&1&9&7\\3&2&-1&6\end{pmatrix}$，并且 $A+2X=B$，求矩阵 X.

解 由 $A+2X=B$，得

$$X=\frac{1}{2}(B-A)=\frac{1}{2}\left[\begin{pmatrix}7&5&-2&4\\5&1&9&7\\3&2&-1&6\end{pmatrix}-\begin{pmatrix}3&-1&2&0\\1&5&7&9\\2&4&6&8\end{pmatrix}\right]=\frac{1}{2}\begin{pmatrix}4&6&-4&4\\4&-4&2&-2\\1&-2&-7&-2\end{pmatrix}$$
$$=\begin{pmatrix}2&3&-2&2\\2&-2&1&-1\\\frac{1}{2}&-1&-\frac{7}{2}&-1\end{pmatrix}.$$

3. 矩阵乘法

设有 Ⅰ、Ⅱ、Ⅲ 三个工厂，生产甲、乙两种产品，矩阵 A 表示一年中各工厂生产两种产品的数量，矩阵 B 表示两种产品的单位价格和单位利润，矩阵 C 表示工厂的总收入、总利润.

$$A=\begin{pmatrix}a_{11}&a_{12}\\a_{21}&a_{22}\\a_{31}&a_{32}\end{pmatrix}\begin{matrix}\text{Ⅰ}\\\text{Ⅱ}\\\text{Ⅲ}\end{matrix}\qquad B=\begin{pmatrix}b_{11}&b_{12}\\b_{21}&b_{22}\end{pmatrix}\begin{matrix}\text{甲}\\\text{乙}\end{matrix}$$

（A 的列：甲 乙；B 的列：单位价格 单位利润）

$$C=\begin{pmatrix}c_{11}&c_{12}\\c_{21}&c_{22}\\c_{31}&c_{32}\end{pmatrix}\begin{matrix}\text{Ⅰ}\\\text{Ⅱ}\\\text{Ⅲ}\end{matrix}$$

（C 的列：总收入 总利润）

那么矩阵 A、B、C 的元素之间有下列关系

$$\begin{pmatrix}a_{11}b_{11}+a_{12}b_{21}&a_{11}b_{12}+a_{12}b_{22}\\a_{21}b_{11}+a_{22}b_{21}&a_{21}b_{12}+a_{22}b_{22}\\a_{31}b_{11}+a_{32}b_{21}&a_{31}b_{12}+a_{32}b_{22}\end{pmatrix}=\begin{pmatrix}c_{11}&c_{12}\\c_{21}&c_{22}\\c_{31}&c_{32}\end{pmatrix}.$$

即矩阵 C 中第 i 行第 j 列的元素等于矩阵 A 中第 i 行的元素与矩阵 B 中第 j 列对应元素乘积的和 $(i=1,2,3;j=1,2)$，并且矩阵 C 的行数等于 A 的行数，矩阵 C 的列数等于 B 的列数，即

$$c_{ij}=a_{i1}b_{1j}+a_{i2}b_{2j}\ (i=1,2,3;j=1,2).$$

一般地，设矩阵 $A=(a_{ik})_{m\times k}$ 和 $B=(b_{kj})_{k\times n}$，则由元素

$$c_{ij}=a_{i1}b_{1j}+a_{i2}b_{2j}+\cdots+a_{ik}b_{kj}$$

其中 $i=1,2,\cdots,m$；$j=1,2,\cdots,n$．构成的矩阵 $C=(c_{ij})_{m\times n}$ 叫做矩阵 A 与 B 的乘积，记作 AB，即 $C=AB$．

例如，要计算 c_{23} 这个元素（即 $i=2$，$j=3$）就是用 A 的第 2 行各元素分别乘以 B 的第 3 列相应的元素，然后相加就得到 c_{23}．用图表示如下：

$$\begin{pmatrix} c_{11} & c_{12} & c_{13} & \cdots & c_{1n} \\ c_{21} & c_{22} & \boxed{c_{23}} & \cdots & c_{2n} \\ \vdots & \vdots & \vdots & \cdots & \vdots \\ c_{m1} & c_{m2} & c_{m3} & \cdots & c_{mn} \end{pmatrix}=\begin{pmatrix} a_{11} & a_{12} & a_{13} & \cdots & a_{1k} \\ \boxed{a_{21} \quad a_{22} \quad a_{23} \quad \cdots \quad a_{2k}} \\ \vdots & \vdots & \vdots & \cdots & \vdots \\ a_{m1} & a_{m2} & a_{m3} & \cdots & a_{mk} \end{pmatrix}\begin{pmatrix} b_{11} & b_{12} & b_{13} & \cdots & b_{1n} \\ b_{21} & b_{22} & b_{23} & \cdots & b_{2n} \\ \vdots & \vdots & \vdots & \vdots & \vdots \\ b_{k1} & b_{k1} & b_{k1} & \cdots & b_{kn} \end{pmatrix}.$$

必须注意，只有当矩阵 A（左矩阵）的列数与矩阵 B（右矩阵）的行数相等时，才能做乘法运算 AB（称为 A 左乘 B），并且 AB 的行数等于 A 的行数，AB 的列数等于 B 的列数．如下图所示：

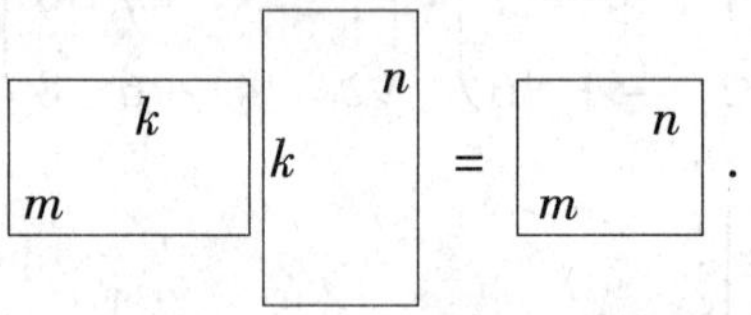

例 3　已知 $A=\begin{pmatrix} 3 & 2 & -1 \\ 2 & -3 & 5 \end{pmatrix}$，$B=\begin{pmatrix} 1 & 3 \\ -5 & 4 \\ 3 & 6 \end{pmatrix}$，求 AB 和 BA．

解　$AB=\begin{pmatrix} 3 & 2 & -1 \\ 2 & -3 & 5 \end{pmatrix}\begin{pmatrix} 1 & 3 \\ -5 & 4 \\ 3 & 6 \end{pmatrix}$

$$=\begin{pmatrix} 3\times1+2\times(-5)+(-1)\times3 & 3\times3+2\times4+(-1)\times6 \\ 2\times1+(-3)\times(-5)+5\times3 & 2\times3+(-3)\times4+5\times6 \end{pmatrix}$$

$$=\begin{pmatrix} -10 & 11 \\ 32 & 24 \end{pmatrix},$$

$BA=\begin{pmatrix} 1 & 3 \\ -5 & 4 \\ 3 & 6 \end{pmatrix}\begin{pmatrix} 3 & 2 & -1 \\ 2 & -3 & 5 \end{pmatrix}$

$$=\begin{pmatrix} 1\times3+3\times2 & 1\times2+3\times(-3) & 1\times(-1)+3\times5 \\ (-5)\times3+4\times2 & (-5)\times2+4\times(-3) & (-5)\times(-1)+4\times5 \\ 3\times3+6\times2 & 3\times2+6\times(-3) & 3\times(-1)+6\times5 \end{pmatrix}$$

$$=\begin{pmatrix} 9 & -7 & 14 \\ -7 & -22 & 25 \\ 21 & -12 & 27 \end{pmatrix}.$$

由此可知，矩阵的乘法不满足交换律，但是可以证明矩阵的乘法满足下面的规律：

① 结合律：$(AB)C=A(BC)$，

$k(AB)=(kA)B=A(kB)$，其中 k 是任意常数；

② 分配律：$A(B+C)=AB+AC$，

$(B+C)A=BA+CA$.

对于矩阵乘法还应注意：

① 矩阵相乘不满足消去律. 例如，$A=\begin{pmatrix}3&1\\4&0\end{pmatrix}$，$B=\begin{pmatrix}2&1\\4&0\end{pmatrix}$，$C=\begin{pmatrix}0&0\\1&1\end{pmatrix}$，则有

$$AC=\begin{pmatrix}3&1\\4&0\end{pmatrix}\begin{pmatrix}0&0\\1&1\end{pmatrix}=\begin{pmatrix}1&1\\0&0\end{pmatrix},\ BC=\begin{pmatrix}2&1\\4&0\end{pmatrix}\begin{pmatrix}0&0\\1&1\end{pmatrix}=\begin{pmatrix}1&1\\0&0\end{pmatrix}.$$

即 $AC=BC$，且 $C\neq 0$，但是 $A\neq B$.

② 两个非零矩阵的乘积可能是零矩阵. 例如，

$$\begin{pmatrix}2&4\\3&6\end{pmatrix}\begin{pmatrix}2&4\\-1&-2\end{pmatrix}=\begin{pmatrix}4-4&8-8\\6-6&12-12\end{pmatrix}=\begin{pmatrix}0&0\\0&0\end{pmatrix}=0.$$

③ 为了方便起见，常将 k 个方阵 A 相乘，记为 A^k.

应用矩阵的乘法，如果令

$$A=\begin{pmatrix}a_{11}&a_{12}&\cdots&a_{1n}\\a_{21}&a_{22}&\cdots&a_{2n}\\\vdots&\vdots&\cdots&\vdots\\a_{m1}&a_{m2}&\cdots&a_{mn}\end{pmatrix},\ X=\begin{pmatrix}x_1\\x_2\\\vdots\\x_n\end{pmatrix},\ B=\begin{pmatrix}b_1\\b_2\\\vdots\\b_m\end{pmatrix}$$

那么线性方程组

$$\begin{cases}a_{11}x_1+a_{12}x_2+\cdots+a_{1n}x_n=b_1\\a_{21}x_1+a_{22}x_2+\cdots+a_{2n}x_n=b_2\\\quad\vdots\qquad\quad\vdots\qquad\cdots\qquad\vdots\qquad\ \vdots\\a_{m1}x_1+a_{m2}x_2+\cdots+a_{mn}x_n=b_m\end{cases}\tag{7-1}$$

可以表示为矩阵形式

$$AX=B\tag{7-2}$$

其中 A 称为方程组(7-1)的系数矩阵，X 称为未知矩阵，B 称为常数项矩阵，式(7-2)称为矩阵方程.

方程组的系数和常数项组成的矩阵

$$\tilde{A}=\begin{pmatrix}a_{11}&a_{12}&\cdots&a_{1n}&b_1\\a_{21}&a_{22}&\cdots&a_{2n}&b_2\\\vdots&\vdots&\cdots&\vdots&\vdots\\a_{m1}&a_{m2}&\cdots&a_{mn}&b_m\end{pmatrix}\tag{7-3}$$

称为方程组(7-1)的增广矩阵.

例如，方程组

$$\begin{cases}x_1+2x_2+3x_3+4x_4=1\\4x_1+x_2+2x_3+3x_4=2\\3x_1+4x_2+x_3+2x_4=2\\2x_1+3x_2+4x_3+x_4=1\end{cases}$$

可以表示为$\begin{pmatrix}1&2&3&4\\4&1&2&3\\3&4&1&2\\2&3&4&1\end{pmatrix}\begin{pmatrix}x_1\\x_2\\x_3\\x_4\end{pmatrix}=\begin{pmatrix}1\\2\\2\\1\end{pmatrix}$，而增广矩阵是$\tilde{A}=\begin{pmatrix}1&2&3&4&1\\4&1&2&3&2\\3&4&1&2&2\\2&3&4&1&1\end{pmatrix}$.

习题 7.1

1. 已知$A=\begin{pmatrix}3&6&2\\2&4&7\\-1&2&5\end{pmatrix}$，求$A+A'$和$A-A'$.

2. 设$A=\begin{pmatrix}-1&2&3&1\\0&3&-2&1\\4&0&3&2\end{pmatrix}$，$B=\begin{pmatrix}4&3&2&1\\5&-3&0&1\\1&2&-5&0\end{pmatrix}$，并且$A+2X=B$，求$X$.

3. 计算

(1)$\begin{pmatrix}1\\0\end{pmatrix}(0\quad 1)$；　　(2)$(1\quad 0)\begin{pmatrix}0\\1\end{pmatrix}$；

(3)$\begin{pmatrix}2\\1\\-1\\3\end{pmatrix}(-2\quad 1\quad 0)$；　　(4)$\begin{pmatrix}1&0&3&-1\\2&1&0&2\end{pmatrix}\begin{pmatrix}4&1&0\\-1&1&3\\2&0&1\\1&3&4\end{pmatrix}$.

4. 设$A=\begin{pmatrix}\cos\theta&\sin\theta\\-\sin\theta&\cos\theta\end{pmatrix}$，$B=A'$，求证$AB=BA=I$.

5. 用矩阵$A=\begin{pmatrix}1&1\\0&3\end{pmatrix}$，$B=\begin{pmatrix}1&0\\2&1\end{pmatrix}$，验证$(AB)'=B'A'$.

6. 已知$A=\begin{pmatrix}a_{11}&a_{12}&a_{13}\\a_{21}&a_{22}&a_{23}\\a_{31}&a_{32}&a_{33}\end{pmatrix}$，求证：(1)$A+A'$为对称矩阵；(2)$|kA|=k^3|A|$，其中$k$为常数.

§7.2 矩阵的初等变换与矩阵的秩

7.2.1 矩阵的初等变换

用消元法求解线性方程组的基本思想是利用方程组中方程之间的算术运算，使一部分方程所含未知量的个数减少(消元).现举例说明消元法解线性方程组的规律.

例1 解三元线性方程组

$$\begin{cases} \frac{1}{2}x_1 + \frac{1}{3}x_2 + x_3 = 1 & (1) \\ x_1 + \frac{5}{3}x_2 + 3x_3 = 3 & (2) \\ 2x_1 + \frac{4}{3}x_2 + 5x_3 = 2 & (3) \end{cases}$$

解 交换方程式(1)、式(2)的位置，得

$$\begin{cases} x_1 + \frac{5}{3}x_2 + 3x_3 = 3 & (2) \\ \frac{1}{2}x_1 + \frac{1}{3}x_2 + x_3 = 1 & (1) \\ 2x_1 + \frac{4}{3}x_2 + 5x_3 = 2 & (3) \end{cases}$$

把方程式(2) 乘以$\left(-\frac{1}{2}\right)$和$(-2)$，分别加到方程式(1) 和式(3)，得

$$\begin{cases} x_1 + \frac{5}{3}x_2 + 3x_3 = 3 & (2) \\ -\frac{1}{2}x_2 - \frac{1}{2}x_3 = -\frac{1}{2} & (4) \\ -2x_2 - x_3 = -4 & (5) \end{cases}$$

把方程式(4)乘以(-2)，得

$$\begin{cases} x_1 + \frac{5}{3}x_2 + 3x_3 = 3 & (2) \\ x_2 + x_3 = 1 & (6) \\ -2x_2 - x_3 = -4 & (5) \end{cases}$$

把方程式(6)乘以2加到方程式(5)，得

$$\begin{cases} x_1 + \frac{5}{3}x_2 + 3x_3 = 3 & (2) \\ x_2 + x_3 = 1 & (6) \\ x_3 = -2 & (7) \end{cases}$$

最后一个方程组称为阶梯形方程组，只要把方程式(7)依次代入方程式(6)、式(2)，就可求得原方程组的一组解

$$x_1 = 4,\ x_2 = 3,\ x_3 = -2.$$

上述求解过程运用了下面三种变换方法：

①交换两个方程的位置.

②用一个非零的数乘方程.

③用一个非零的数乘某个方程后加到另一个方程上去.

将任一方程组进行上述三种变换所得到的新方程组与原方程组是同解方程组，这三种变换称为线性方程组的初等变换.

对方程组作初等变换时，只是对方程组的系数和常数项进行运算，而未知量并未加入运算. 因此，对方程组进行初等变换，实质上是对方程组的增广矩阵进行相应的变换，现将上述变换过程对比如下：

$$\begin{pmatrix} \frac{1}{2} & \frac{1}{3} & 1 & 1 \\ 1 & \frac{5}{3} & 3 & 3 \\ 2 & \frac{4}{3} & 5 & 2 \end{pmatrix} \xrightarrow{r_1 \leftrightarrow r_2} \begin{pmatrix} 1 & \frac{5}{3} & 3 & 3 \\ \frac{1}{2} & \frac{1}{3} & 1 & 1 \\ 2 & \frac{4}{3} & 5 & 2 \end{pmatrix} \xrightarrow[r_3 - 2r_1]{r_2 - \frac{1}{2}r_1} \begin{pmatrix} 1 & \frac{5}{3} & 3 & 3 \\ 0 & -\frac{1}{2} & -\frac{1}{2} & -\frac{1}{2} \\ 0 & -2 & -1 & -4 \end{pmatrix}$$

$$\xrightarrow{-2r_2} \begin{pmatrix} 1 & \frac{5}{3} & 3 & 3 \\ 0 & 1 & 1 & 1 \\ 0 & -2 & -1 & -4 \end{pmatrix} \xrightarrow{r_3 + 2r_2} \begin{pmatrix} 1 & \frac{5}{3} & 3 & 3 \\ 0 & 1 & 1 & 1 \\ 0 & 0 & 1 & -2 \end{pmatrix}$$

类似于线性方程组的初等变换，有下面的定义：

定义 1　对矩阵的行(列)做以下三种变换，称为矩阵的行(列)初等变换：

①交换矩阵的任意两行(列)；

②用一个非零的数乘矩阵的某一行(列)；

③用一个常数乘矩阵的某一行(列)加到另一行(列)上去.

矩阵的行初等变换与列初等变换统称为矩阵的初等变换.

例 2　用行初等变换化矩阵 $A = \begin{pmatrix} 2 & 3 & 1 \\ 0 & 1 & 3 \\ 1 & 2 & 5 \end{pmatrix}$ 为单位阵.

解

$$A=\begin{pmatrix}2&3&1\\0&1&3\\1&2&5\end{pmatrix}\xrightarrow{r_1\leftrightarrow r_3}\begin{pmatrix}1&2&5\\0&1&3\\2&3&1\end{pmatrix}\xrightarrow{r_3-2r_1}\begin{pmatrix}1&2&5\\0&1&3\\0&-1&-9\end{pmatrix}\xrightarrow{r_3+r_2}\begin{pmatrix}1&2&5\\0&1&3\\0&0&-6\end{pmatrix}$$

$$\xrightarrow{-\frac{1}{6}r_3}\begin{pmatrix}1&2&5\\0&1&3\\0&0&1\end{pmatrix}\xrightarrow[r_1-5r_3]{r_2-3r_3}\begin{pmatrix}1&2&0\\0&1&0\\0&0&1\end{pmatrix}\xrightarrow{r_1-2r_2}\begin{pmatrix}1&0&0\\0&1&0\\0&0&1\end{pmatrix}.$$

定理　当方阵 A 的系数行列式 $|A|\neq 0$ 时，都可以用行初等变换化为单位矩阵.

对一个 n 元线性方程组，当它的系数行列式不等于零时，只要对方程组的增广矩阵施以适当的行初等变换使它变为：

$$\begin{pmatrix}1&0&\cdots&0&e_1\\0&1&\cdots&0&e_2\\\vdots&\vdots&\cdots&\vdots&\vdots\\0&0&\cdots&1&e_n\end{pmatrix}$$

那么方程组的解为

$$x_1=e_1,\ x_2=e_2,\ \cdots,\ x_n=e_n.$$

这种解方程组的方法称为高斯—约当消元法.

例 3　用高斯 — 约当消元法解线性方程组 $\begin{cases}x_1+2x_2-x_3=-4\\x_1+\ x_2+x_3=3\\3x_1-2x_2-x_3=2\end{cases}$.

解

$$\tilde{A}=\begin{pmatrix}1&2&-1&-4\\1&1&1&3\\3&-2&-1&2\end{pmatrix}\xrightarrow[r_3-3r_1]{r_2-r_1}\begin{pmatrix}1&2&-1&-4\\0&-1&2&7\\0&-8&2&14\end{pmatrix}\xrightarrow[r_3-8r_2]{r_1+2r_2}\begin{pmatrix}1&0&3&10\\0&-1&2&7\\0&0&-14&-42\end{pmatrix}$$

$$\xrightarrow[-\frac{1}{14}r_3]{(-1)\times r_2}\begin{pmatrix}1&0&3&10\\0&1&-2&-7\\0&0&1&3\end{pmatrix}\xrightarrow[r_2+2r_3]{r_1-3r_3}\begin{pmatrix}1&0&0&1\\0&1&0&-1\\0&0&1&3\end{pmatrix}$$

所以方程组的解为

$$x_1=1,\ x_2=-1,\ x_3=3.$$

7.2.2 矩阵的秩

下面介绍矩阵的子式和矩阵的秩的概念.

定义 2　在 m 行 n 列的矩阵 A 中任取 k 行 k 列，位于这些行、列相交处的元素所构成的行列式，叫做矩阵 A 的 k 阶子式. 例如，矩阵

$$A=\begin{pmatrix}1&2&2&11\\1&-3&-3&-14\\3&1&1&8\end{pmatrix}$$

中，第一、二两行和第二、四两列相交处的元素构成的二阶子式是$\begin{vmatrix} 2 & 11 \\ -3 & -14 \end{vmatrix}$.

一个 n 阶方阵 A 的 n 阶子式就是 A 的行列式 $|A|$.

定义 3 矩阵 A 中不为零的子式的最高阶数 r，称为矩阵 A 的秩，记作 $R(A)$，即

$$R(A)=r.$$

根据定义求一个非零矩阵 A 的秩，一般说来，应从二阶子式开始逐一计算，如果所有二阶子式都为零，则 $R(A)=1$；如果其中有一个二阶子式不为零，则计算 A 的三阶子式. 如果所以三阶子式都为零，则 $R(A)=2$；如果其中有一个三阶子式不为零，则计算 A 的四阶子式，直到求出 A 的秩为止.

例 4 求矩阵 $A=\begin{pmatrix} 1 & 2 & 2 & 11 \\ 1 & -3 & -3 & -14 \\ 3 & 1 & 1 & 8 \end{pmatrix}$的秩.

解 首先计算 A 的二阶子式，因为

$$\begin{vmatrix} 1 & 2 \\ 1 & -3 \end{vmatrix} \neq 0,$$

所以计算 A 的三阶子式，不难验证 A 的四个三阶子式

$$\begin{vmatrix} 1 & 2 & 2 \\ 1 & -3 & -3 \\ 3 & 1 & 1 \end{vmatrix}, \begin{vmatrix} 1 & 2 & 11 \\ 1 & -3 & -14 \\ 3 & 1 & 8 \end{vmatrix}, \begin{vmatrix} 1 & 2 & 11 \\ 1 & -3 & -14 \\ 3 & 1 & 8 \end{vmatrix}, \begin{vmatrix} 2 & 2 & 11 \\ -3 & -3 & -14 \\ 1 & 1 & 8 \end{vmatrix}$$

都为零，所以 $R(A)=2$.

由定义求矩阵 A 的秩，一般说来要计算许多行列式，很麻烦. 初等变换可以把 A 化为求秩较为方便的矩阵 B，而且可以证明，初等变换不改变矩阵的秩，因此常用行初等变换求矩阵的秩. 其方法是，通过行初等变换将矩阵化为阶梯形矩阵，其中非零行的行数即为矩阵的秩.

例 5 用初等变换求矩阵 $A=\begin{pmatrix} 1 & 2 & 3 & 4 \\ 1 & -3 & -3 & 7 \\ 3 & 6 & 1 & 2 \end{pmatrix}$的秩.

解 $$\boldsymbol{A}=\begin{pmatrix} 1 & 2 & 3 & 4 \\ 1 & -3 & -3 & 7 \\ 3 & 6 & 1 & 2 \end{pmatrix} \xrightarrow[r_3-3r_1]{r_2-r_1} \begin{pmatrix} 1 & 2 & 3 & 4 \\ 0 & -5 & -6 & 3 \\ 0 & 0 & -8 & -10 \end{pmatrix}=\boldsymbol{B}.$$

因为 $R(B)=3$，所以 $R(A)=3$.

例 6 求矩阵 $A=\begin{pmatrix} 1 & 1 & 2 & 2 & 1 \\ 0 & 2 & 1 & 5 & -1 \\ 2 & 0 & 3 & -1 & 3 \\ 1 & 1 & 0 & 4 & -1 \end{pmatrix}$的秩.

解

$$A=\begin{pmatrix}1&1&2&2&1\\0&2&1&5&-1\\2&0&3&-1&3\\1&1&0&4&-1\end{pmatrix}\xrightarrow[r_4-r_1]{r_3-2r_1}\begin{pmatrix}1&1&2&2&1\\0&2&1&5&-1\\0&-2&-1&-5&1\\0&0&-2&2&-2\end{pmatrix}\xrightarrow{r_3+r_2}$$

$$\begin{pmatrix}1&1&2&2&1\\0&2&1&5&-1\\0&0&0&0&0\\0&0&-2&2&-2\end{pmatrix}\xrightarrow{r_3\leftrightarrow r_4}\begin{pmatrix}1&1&2&2&1\\0&2&1&5&-1\\0&0&-2&2&-2\\0&0&0&0&0\end{pmatrix}=B.$$

因为 $R(B)=3$，所以 $R(A)=3$．

可以看出，阶梯形矩阵的特点是：每个阶梯只有一行，阶梯线下方的元素都是0.

对矩阵 B 还可以用行初等变换化成行简化阶梯形矩阵.

$$B=\begin{pmatrix}1&1&2&2&1\\0&2&1&5&-1\\0&0&-2&2&-2\\0&0&0&0&0\end{pmatrix}\xrightarrow[-\frac{1}{2}r_3]{\frac{1}{2}r_2}\begin{pmatrix}1&1&2&2&1\\0&1&\frac{1}{2}&\frac{5}{2}&-\frac{1}{2}\\0&0&1&-1&1\\0&0&0&0&0\end{pmatrix}$$

$$\xrightarrow{r_1-r_2}\begin{pmatrix}1&0&\frac{3}{2}&-\frac{1}{2}&\frac{3}{2}\\0&1&\frac{1}{2}&\frac{5}{2}&-\frac{1}{2}\\0&0&1&-1&1\\0&0&0&0&0\end{pmatrix}\xrightarrow[r_2-\frac{1}{2}r_3]{r_1-\frac{3}{2}r_3}\begin{pmatrix}1&0&0&1&0\\0&1&0&3&-1\\0&0&1&-1&1\\0&0&0&0&0\end{pmatrix}.$$

行简化阶梯形矩阵的特点是：非零行的首非零元为1，且所有首非零元所在列的其余元素都是0．

习题 7.2

1. 用高斯—约当消元法解下列方程组：

(1) $\begin{cases} x_1 + 2x_2 + 3x_3 = -7 \\ 2x_1 - x_2 + 2x_3 = -8 \\ x_1 + 3x_2 = 7 \end{cases}$；

(2) $\begin{cases} 2x_1 - 3x_2 + x_3 - x_4 = 3 \\ 3x_1 + x_2 + x_3 + x_4 = 0 \\ 4x_1 - x_2 - x_3 - x_4 = 7 \\ -2x_1 - x_2 + x_3 + x_4 = -5 \end{cases}$.

2. 求下列矩阵的秩：

(1) $\begin{pmatrix} 1 & 2 & -3 \\ -1 & -3 & 4 \\ 1 & 1 & -2 \end{pmatrix}$； (2) $\begin{pmatrix} 4 & 1 & -1 & 2 \\ -2 & 2 & 8 & 14 \\ 1 & -2 & -7 & 13 \end{pmatrix}$；

(3) $\begin{pmatrix} 2 & 0 & 2 & 0 & 2 \\ 0 & 1 & 0 & 1 & 0 \\ 2 & 1 & 0 & 2 & 1 \\ 0 & 1 & 0 & 1 & 0 \end{pmatrix}$； (4) $\begin{pmatrix} 1 & 0 & 0 & 1 & 4 \\ 0 & 1 & 0 & 2 & 5 \\ 0 & 0 & 1 & 3 & 6 \\ 1 & 2 & 3 & 14 & 32 \\ 4 & 5 & 6 & 32 & 77 \end{pmatrix}$.

§7.3 逆矩阵

7.3.1 逆矩阵的概念及性质

代数方程 $ax = b$，当 $a \neq 0$ 时，其解为

$$x = a^{-1}b .$$

那么，矩阵方程(12 - 2)

$$AX = B,$$

当 A 为非零矩阵时，其解是否也可以写成

$$X = A^{-1}B$$

呢?如果可以，A^{-1} 的含义是什么呢?

定义 设 n 阶矩阵 A，如果存在 n 阶矩阵 C，使得

$$AC = CA = I,$$

则称 A 是可逆的，C 叫做 A 的逆矩阵，记作 A^{-1}，即

$$AA^{-1} = A^{-1}A = I .$$

逆矩阵有如下性质：

① 如果 A 有逆矩阵，则其逆矩阵是唯一的.

事实上，设 B、C 都是 A 的逆矩阵，则

$$AB = BA = I,\ AC = CA = I$$

于是

$$B = BI = B(AC) = (BA)C = IC = C .$$

②A 的逆矩阵的逆矩阵是 A，即

$$(A^{-1})^{-1} = A .$$

③ 如果 n 阶矩阵 A、B 的逆矩阵都存在，那么，它们乘积的逆矩阵也存在，并且

$$(AB)^{-1} = B^{-1}A^{-1}.$$

事实上，

$$(AB)B^{-1}A^{-1} = A(BB^{-1})A^{-1} = AIA^{-1} = AA^{-1} = I,$$

$$(B^{-1}A^{-1})(AB) = B^{-1}(A^{-1}A)B = B^{-1}IB = B^{-1}B = I,$$

于是

$$(AB)^{-1} = B^{-1}A^{-1}.$$

7.3.2 逆矩阵的存在性及其求法

定义 如果 n 阶矩阵 A 的行列式 $|A| \neq 0$，则称 A 是非奇异矩阵，否则称 A 为奇异矩阵.

设矩阵

$$A = \begin{pmatrix} a_{11} & a_{12} & a_{13} \\ a_{21} & a_{22} & a_{23} \\ a_{31} & a_{32} & a_{33} \end{pmatrix},\ A^{-1} = \begin{pmatrix} x_{11} & x_{12} & x_{13} \\ x_{21} & x_{22} & x_{23} \\ x_{31} & x_{32} & x_{33} \end{pmatrix}.$$

由 $AA^{-1}=I$，即

$$\begin{pmatrix} a_{11} & a_{12} & a_{13} \\ a_{21} & a_{22} & a_{23} \\ a_{31} & a_{32} & a_{33} \end{pmatrix}\begin{pmatrix} x_{11} & x_{12} & x_{13} \\ x_{21} & x_{22} & x_{23} \\ x_{31} & x_{32} & x_{33} \end{pmatrix}=\begin{pmatrix} 1 & 0 & 0 \\ 0 & 1 & 0 \\ 0 & 0 & 1 \end{pmatrix}.$$

根据矩阵乘法及矩阵相等的概念可得

$$\begin{cases} a_{11}x_{11}+a_{12}x_{21}+a_{13}x_{31}=1 \\ a_{21}x_{11}+a_{22}x_{21}+a_{23}x_{31}=0 \\ a_{31}x_{11}+a_{32}x_{21}+a_{33}x_{31}=0 \end{cases}.$$

如果 $|A|\neq 0$，应用克莱姆法则，有

$$x_{11}=\frac{1}{|A|}\begin{vmatrix} 1 & a_{12} & a_{13} \\ 0 & a_{22} & a_{23} \\ 0 & a_{32} & a_{33} \end{vmatrix}=\frac{A_{11}}{|A|},$$

$$x_{21}=\frac{1}{|A|}\begin{vmatrix} a_{11} & 1 & a_{13} \\ a_{21} & 0 & a_{23} \\ a_{31} & 0 & a_{33} \end{vmatrix}=\frac{A_{12}}{|A|},$$

$$x_{31}=\frac{1}{|A|}\begin{vmatrix} a_{11} & a_{12} & 1 \\ a_{21} & a_{22} & 0 \\ a_{31} & a_{32} & 0 \end{vmatrix}=\frac{A_{13}}{|A|},$$

,

同样可得

$$x_{12}=\frac{A_{21}}{|A|},\ x_{22}=\frac{A_{22}}{|A|},\ x_{32}=\frac{A_{23}}{|A|},$$

$$x_{13}=\frac{A_{31}}{|A|},\ x_{23}=\frac{A_{32}}{|A|},\ x_{33}=\frac{A_{33}}{|A|}.$$

所以

$$A^{-1}=\frac{1}{|A|}\begin{pmatrix} A_{11} & A_{21} & A_{31} \\ A_{12} & A_{22} & A_{32} \\ A_{13} & A_{23} & A_{33} \end{pmatrix}.$$

这就是说，如果矩阵 A 是非奇异矩阵，那么它的逆矩阵 A^{-1} 存在，并且由上式求出.

反过来，如果存在 A^{-1}，使得

$$AA^{-1}=I,$$

则有

$$|AA^{-1}|=|I|=1,$$

可以证明

$$|AA^{-1}| = |A| \cdot |A^{-1}|,$$

所以$|A| \neq 0$，即A是非奇异矩阵.

一般地，有下面的定理：

定理 n阶矩阵A可逆的充要条件是A为非奇异的矩阵，并且

$$A^{-1} = \frac{1}{|A|}A^*,$$

其中

$$A^* = \begin{pmatrix} A_{11} & A_{21} & \cdots & A_{n1} \\ A_{12} & A_{22} & \cdots & A_{n2} \\ \vdots & \vdots & \cdots & \vdots \\ A_{1n} & A_{2n} & \cdots & A_{nn} \end{pmatrix}$$

称为A的伴随矩阵. $A_{ij}(i, j = 1, 2, \cdots, n)$是$A$的元素$a_{ij}$的代数余子式.

例1 判断矩阵

$$A = \begin{pmatrix} 1 & 2 & 3 \\ 2 & 0 & 1 \\ -1 & 1 & 0 \end{pmatrix}$$

是否可逆?如果可逆，求A^{-1}.

解 因为

$$\begin{vmatrix} 1 & 2 & 3 \\ 2 & 0 & 1 \\ -1 & 1 & 0 \end{vmatrix} = 3 \neq 0$$

所以矩阵A是可逆的. 又因为

$$A_{11} = \begin{vmatrix} 0 & 1 \\ 1 & 0 \end{vmatrix} = -1,\ A_{12} = -\begin{vmatrix} 2 & 1 \\ -1 & 0 \end{vmatrix} = -1,\ A_{13} = \begin{vmatrix} 2 & 0 \\ -1 & 1 \end{vmatrix} = 2,$$

$$A_{21} = -\begin{vmatrix} 2 & 3 \\ 1 & 0 \end{vmatrix} = 3,\ A_{22} = \begin{vmatrix} 1 & 3 \\ -1 & 0 \end{vmatrix} = 3,\ A_{23} = -\begin{vmatrix} 1 & 2 \\ -1 & 1 \end{vmatrix} = -3,$$

$$A_{31} = \begin{vmatrix} 2 & 3 \\ 0 & 1 \end{vmatrix} = 2,\ A_{32} = -\begin{vmatrix} 1 & 3 \\ 2 & 1 \end{vmatrix} = 5,\ A_{33} = \begin{vmatrix} 1 & 2 \\ 2 & 0 \end{vmatrix} = -4.$$

所以

$$A^{-1} = \frac{1}{3}\begin{pmatrix} -1 & 3 & 2 \\ -1 & 3 & 5 \\ 2 & -3 & -4 \end{pmatrix} = \begin{pmatrix} -\frac{1}{3} & 1 & \frac{2}{3} \\ -\frac{1}{3} & 1 & \frac{5}{3} \\ \frac{2}{3} & -1 & -\frac{4}{3} \end{pmatrix}.$$

一般说来，用伴随矩阵求逆矩阵是比较麻烦的. 例如，求一个五阶矩阵的逆矩阵，要计算一个五阶行列式和25个四阶行列式. 下面介绍用初等变换求逆矩阵的方法.

首先把方阵 A 和同阶的单位矩阵 I 写成长方矩阵

$$(A \ \vdots \ I),$$

然后对该矩阵施以行初等变换，当 A 化为单位矩阵 I 时，虚线右边的 I 就变成了 A^{-1}，即

$$(A \ \vdots \ I) \xrightarrow{\text{行初等变换}} (I \ \vdots \ A^{-1}).$$

例 2　用初等变换的方法求例 1 矩阵 A 的逆矩阵 A^{-1}，其中

$$A = \begin{pmatrix} 1 & 2 & 3 \\ 2 & 0 & 1 \\ -1 & 1 & 0 \end{pmatrix}.$$

解　$$(A \ \vdots \ I) = \begin{pmatrix} 1 & 2 & 3 & \vdots & 1 & 0 & 0 \\ 2 & 0 & 1 & \vdots & 0 & 1 & 0 \\ -1 & 1 & 0 & \vdots & 0 & 0 & 1 \end{pmatrix}$$

$$\xrightarrow[r_3 + r_1]{r_2 - 2r_1} \begin{pmatrix} 1 & 2 & 3 & \vdots & 1 & 0 & 0 \\ 0 & -4 & -5 & \vdots & -2 & 1 & 0 \\ 0 & 3 & 3 & \vdots & 1 & 0 & 1 \end{pmatrix}$$

$$\xrightarrow[r_3 + \frac{3}{4}r_2]{r_1 + \frac{1}{2}r_2} \begin{pmatrix} 1 & 0 & \frac{1}{2} & \vdots & 0 & \frac{1}{2} & 0 \\ 0 & -4 & -5 & \vdots & -2 & 1 & 0 \\ 0 & 0 & -\frac{3}{4} & \vdots & -\frac{1}{2} & \frac{3}{4} & 1 \end{pmatrix}$$

$$\xrightarrow[-\frac{4}{3}r_3]{-\frac{1}{4}r_2} \begin{pmatrix} 1 & 0 & \frac{1}{2} & \vdots & 0 & \frac{1}{2} & 0 \\ 0 & 1 & \frac{5}{4} & \vdots & \frac{1}{2} & -\frac{1}{4} & 0 \\ 0 & 0 & 1 & \vdots & \frac{2}{3} & -1 & -\frac{4}{3} \end{pmatrix}$$

$$\xrightarrow[r_2 - \frac{5}{4}r_3]{r_1 - \frac{1}{2}r_3} \begin{pmatrix} 1 & 0 & 0 & \vdots & -\frac{1}{3} & 1 & \frac{2}{3} \\ 0 & 1 & 0 & \vdots & -\frac{1}{3} & 1 & \frac{5}{3} \\ 0 & 0 & 1 & \vdots & \frac{2}{3} & -1 & -\frac{4}{3} \end{pmatrix}.$$

于是

$$A^{-1}=\begin{pmatrix}-\frac{1}{3} & 1 & \frac{2}{3}\\ -\frac{1}{3} & 1 & \frac{5}{3}\\ \frac{2}{3} & -1 & -\frac{4}{3}\end{pmatrix}.$$

用初等变换求方阵A的逆矩阵，事先不必考虑A^{-1}是否存在，在初等变换过程中，如果发现虚线左边某一行的元素全为零，这就说明A^{-1}是不存在的.

7.3.3 利用逆矩阵解线性方程组

对于矩阵方程(12-2)

$$AX=B,$$

如果存在A^{-1}，那么

$$X=A^{-1}B.$$

例3 用逆矩阵解线性方程组

$$\begin{cases}x_1+2x_2+3x_3=-6\\ 2x_1+\qquad\quad x_3=0\\ -x_1+x_2\qquad\quad=9\end{cases}.$$

解 由例2知

$$A^{-1}=\begin{pmatrix}-\frac{1}{3} & 1 & \frac{2}{3}\\ -\frac{1}{3} & 1 & \frac{5}{3}\\ \frac{2}{3} & -1 & -\frac{4}{3}\end{pmatrix}.$$

于是

$$X=\begin{pmatrix}-\frac{1}{3} & 1 & \frac{2}{3}\\ -\frac{1}{3} & 1 & \frac{5}{3}\\ \frac{2}{3} & -1 & -\frac{4}{3}\end{pmatrix}\begin{pmatrix}-6\\ 0\\ 9\end{pmatrix}=\begin{pmatrix}8\\ 17\\ -16\end{pmatrix},$$

所以方程组的解为

$$x_1=8,\ x_2=17,\ x_3=-16.$$

习题 7.3

1. 求下列矩阵的逆矩阵：

(1) $\begin{pmatrix} 1 & 2 & -3 \\ 0 & 1 & 2 \\ 0 & 0 & 1 \end{pmatrix}$；　　(2) $\begin{pmatrix} 3 & 2 & 1 \\ 6 & 4 & 2 \\ 1 & 2 & 5 \end{pmatrix}$；

(3) $\begin{pmatrix} \cos\alpha & \sin\alpha & 0 \\ -\sin\alpha & \cos\alpha & 0 \\ 0 & 0 & 1 \end{pmatrix}$；　　(4) $\begin{pmatrix} 3 & 0 & 8 \\ 3 & -1 & 6 \\ -2 & 0 & -5 \end{pmatrix}$；

(5) $\begin{pmatrix} 1 & -1 & 1 \\ 3 & 0 & 5 \\ -1 & 2 & 0 \end{pmatrix}$；　　(6) $\begin{pmatrix} 1 & 0 & 1 \\ 2 & 1 & 0 \\ -3 & 2 & -5 \end{pmatrix}$.

2. 求下列矩阵方程中的未知矩阵 X：

(1) $\begin{pmatrix} 2 & 5 \\ 1 & 3 \end{pmatrix}X = \begin{pmatrix} 4 & -6 \\ 2 & 1 \end{pmatrix}$；　　(2) $\begin{pmatrix} 1 & 2 \\ 2 & 4 \end{pmatrix}X = \begin{pmatrix} 1 & 0 \\ 0 & 1 \end{pmatrix}$；

(3) $\begin{pmatrix} 3 & 0 & 8 \\ 3 & -1 & 6 \\ -2 & 0 & -5 \end{pmatrix}X = \begin{pmatrix} 1 & -1 & 2 \\ -1 & 3 & 4 \\ -2 & 0 & 5 \end{pmatrix}$.

3. 用逆矩阵解下列线性方程组：

(1) $\begin{cases} 2x_1 + 3x_2 + x_3 = 11 \\ x_1 + x_2 + x_3 = 6 \\ 3x_1 - x_2 - x_3 = -2 \end{cases}$；　　(2) $\begin{cases} \frac{5}{8}x_1 - \frac{1}{2}x_2 + \frac{1}{8}x_3 = 0 \\ -\frac{1}{2}x_1 + x_2 - \frac{1}{2}x_3 = 0 \\ \frac{1}{8}x_1 - \frac{1}{2}x_2 + \frac{5}{8}x_3 = 1 \end{cases}$.

4. 设 $|A| \neq 0$，并且 $AB = BA$，求证 $A^{-1}B = BA^{-1}$.

5. 设矩阵 A 是非奇异的，并且 $AX = AY$，求证 $X = Y$.

§7.4 线性方程组

本节主要讨论下面两个问题：

①线性方程组在什么条件下有解？

②如果有解，有多少解？

7.4.1 非齐次线性方程组

设含 n 个未知量，m 个方程的方程组

$$\begin{cases} a_{11}x_1 + a_{12}x_2 + \cdots + a_{1n}x_n = b_1 \\ a_{21}x_1 + a_{22}x_2 + \cdots + a_{2n}x_n = b_2 \\ \quad \vdots \qquad\quad \vdots \qquad \cdots \qquad \vdots \qquad \vdots \\ a_{m1}x_1 + a_{m2}x_2 + \cdots + a_{mn}x_n = b_m \end{cases} \tag{I}$$

式中，系数 a_{ij}、常数 b_i 都是已知数，x_j 是未知数，当右端常数项 b_1，b_2，…，b_m 不全为零时，称方程组（Ⅰ）为非齐次方程组.

由第二节可知，对线性方程组的增广矩阵施以行初等变换，相当于解线性方程组的消元过程，不改变线性方程组的解. 因此，通常采用消元法，即对线性方程组的增广矩阵施以行初等变换，将其化为阶梯形矩阵，求其秩，进而判定线性方程组的解.

例 1 解线性方程组

$$\begin{cases} x_1 + 2x_2 + 3x_3 = -7 \\ 2x_1 - x_2 + 2x_3 = -8 \\ x_1 + 3x_2 \qquad\quad = 7 \end{cases}.$$

解 $\tilde{A} = \begin{pmatrix} 1 & 2 & 3 & -7 \\ 2 & -1 & 2 & -8 \\ 1 & 3 & 0 & 7 \end{pmatrix} \xrightarrow[r_3 - r_1]{r_2 - 2r_1} \begin{pmatrix} 1 & 2 & 3 & -7 \\ 0 & -5 & -4 & 6 \\ 0 & 1 & -3 & 14 \end{pmatrix}$

$$\xrightarrow[r_2 + 5r_3]{r_1 - 2r_3} \begin{pmatrix} 1 & 0 & 9 & -35 \\ 0 & 0 & -19 & 76 \\ 0 & 1 & -3 & 14 \end{pmatrix} \xrightarrow{-\frac{1}{19}r_2} \begin{pmatrix} 1 & 0 & 9 & -35 \\ 0 & 0 & 1 & -4 \\ 0 & 1 & -3 & 14 \end{pmatrix}$$

$$\xrightarrow[r_3 + 3r_2]{r_1 - 9r_2} \begin{pmatrix} 1 & 0 & 0 & 1 \\ 0 & 0 & 1 & -4 \\ 0 & 1 & 0 & 2 \end{pmatrix} \xrightarrow{r_2 \leftrightarrow r_3} \begin{pmatrix} 1 & 0 & 0 & 1 \\ 0 & 1 & 0 & 2 \\ 0 & 0 & 1 & -4 \end{pmatrix} = B.$$

所以方程组的解是

$$x_1 = 1,\ x_2 = 2,\ x_3 = -4.$$

由 B 可知，$R(A) = R(\tilde{A}) = 3$，而且方程组未知量的个数和方程的个数也都是3.

例 2 解线性方程组

$$\begin{cases} x_1 + 2x_2 + 3x_3 = -7 \\ 2x_1 - x_2 + 2x_3 = -8 \\ -3x_1 - 6x_2 - 9x_3 = 21 \end{cases}.$$

解

$$\tilde{A} = \begin{pmatrix} 1 & 2 & 3 & -7 \\ 2 & -1 & 2 & -8 \\ -3 & -6 & -9 & 21 \end{pmatrix} \xrightarrow[r_3 + 3r_1]{r_2 - 2r_1} \begin{pmatrix} 1 & 2 & 3 & -7 \\ 0 & -5 & -4 & 6 \\ 0 & 0 & 0 & 0 \end{pmatrix}$$

$$\xrightarrow{-\frac{1}{5}r_2} \begin{pmatrix} 1 & 2 & 3 & -7 \\ 0 & 1 & \frac{4}{5} & -\frac{6}{5} \\ 0 & 0 & 0 & 0 \end{pmatrix} \xrightarrow{r_1 - 2r_2} \begin{pmatrix} 1 & 0 & \frac{7}{5} & -\frac{23}{5} \\ 0 & 1 & \frac{4}{5} & -\frac{6}{5} \\ 0 & 0 & 0 & 0 \end{pmatrix} = B$$

所以方程组的解是

$$\begin{cases} x_1 = -\frac{23}{5} - \frac{7}{5}c \\ x_2 = -\frac{6}{5} - \frac{4}{5}c \\ x_3 = c \end{cases} \quad (c\text{ 为任意常数}),$$

由 B 可知，$R(A) = R(\tilde{A}) = 2$，而方程组未知量的个数和方程的个数都是3.

例 3 解方程组

$$\begin{cases} x_1 + 2x_2 + 3x_3 = -7 \\ 2x_1 - x_2 + 2x_3 = -8 \\ -3x_1 - 6x_2 - 9x_3 = 22 \end{cases}.$$

解 $\tilde{A} = \begin{pmatrix} 1 & 2 & 3 & -7 \\ 2 & -1 & 2 & -8 \\ -3 & -6 & -9 & 22 \end{pmatrix} \xrightarrow[r_3 + 3r_1]{r_2 - 2r_1} \begin{pmatrix} 1 & 2 & 3 & -7 \\ 0 & -5 & -4 & 6 \\ 0 & 0 & 0 & 1 \end{pmatrix} = B$.

由 B 看出，不论 x_1，x_2，x_3 取哪一组值，都不能使方程 $0 = 1$ 成立，所以方程组无解，由 B 可知，$R(A) = 2$，$R(\tilde{A}) = 3$.

关于线性方程组解的情况，有下面的定理：

定理 1 n 元线性方程组（Ⅰ）有解的充要条件是 $R(A) = R(\tilde{A})$.

① 如果 $R(A) = R(\tilde{A}) = r = n$，则该线性方程组有唯一一组解.

② 如果 $R(A) = R(\tilde{A}) = r < n$，则该线性方程组有无穷多组解.

例 4 设线性方程组

$$\begin{cases} \lambda x_1 + x_2 + x_3 = 1 \\ x_1 + \lambda x_2 + x_3 = \lambda, \\ x_1 + x_2 + \lambda x_3 = \lambda^2 \end{cases}$$

求 λ 为何值时，方程组无解；有唯一解；有无穷多解.

解 $\tilde{A} = \begin{pmatrix} \lambda & 1 & 1 & 1 \\ 1 & \lambda & 1 & \lambda \\ 1 & 1 & \lambda & \lambda^2 \end{pmatrix} \xrightarrow{r_1 + r_2 + r_3} \begin{pmatrix} \lambda+2 & \lambda+2 & \lambda+2 & 1+\lambda+\lambda^2 \\ 1 & \lambda & 1 & \lambda \\ 1 & 1 & \lambda & \lambda^2 \end{pmatrix} = B.$

由 B 可知，当 $\lambda = -2$ 时，$R(A) = 2$，$R(\tilde{A}) = 3$，根据定理1，方程组无解；当 $\lambda \neq -2$ 时，对 B 施行初等变换如下：

$$B = \begin{pmatrix} \lambda+2 & \lambda+2 & \lambda+2 & 1+\lambda+\lambda^2 \\ 1 & \lambda & 1 & \lambda \\ 1 & 1 & \lambda & \lambda^2 \end{pmatrix} \xrightarrow{\frac{1}{\lambda+2}r_1} \begin{pmatrix} 1 & 1 & 1 & \dfrac{1+\lambda+\lambda^2}{\lambda+2} \\ 1 & \lambda & 1 & \lambda \\ 1 & 1 & \lambda & \lambda^2 \end{pmatrix}$$

$$\xrightarrow[r_3 - r_1]{r_2 - r_1} \begin{pmatrix} 1 & 1 & 1 & \dfrac{1+\lambda+\lambda^2}{\lambda+2} \\ 0 & \lambda-1 & 0 & \dfrac{\lambda-1}{\lambda+2} \\ 0 & 0 & \lambda-1 & \dfrac{(\lambda-1)(\lambda+1)^2}{\lambda+2} \end{pmatrix} = C.$$

由矩阵 C 可知，当 $\lambda = 1$ 时，$R(A) = R(\tilde{A}) = 1$，根据定理1，方程组有无穷多解；当 $\lambda \neq 1$ 且 $\lambda \neq -2$ 时，方程组有唯一解：

$$x_1 = -\frac{\lambda+1}{\lambda+2},\ x_2 = \frac{1}{\lambda+2},\ x_3 = \frac{(\lambda+1)^2}{\lambda+2}.$$

7.4.2 齐次线性方程组

如果线性方程组（Ⅱ）中，常数项 $b_1 = b_2 = \cdots = b_m = 0$，即

$$\begin{cases} a_{11}x_1 + a_{12}x_2 + \cdots + a_{1n}x_n = 0 \\ a_{21}x_1 + a_{22}x_2 + \cdots + a_{2n}x_n = 0 \\ \vdots \qquad \vdots \qquad \cdots \qquad \vdots \quad \vdots \\ a_{m1}x_1 + a_{m2}x_2 + \cdots + a_{mn}x_n = 0 \end{cases} \tag{Ⅱ}$$

则称方程组（Ⅱ）为齐次线性方程组.

由于齐次线性方程组（Ⅱ）的系数矩阵 A 与增广矩阵 $\tilde{A}$ 的秩总数相等的，所以齐次线性方程组（Ⅱ）总有解，而且零解一定是它的解. 由定理1可得下面的定理：

定理2 设 n 元线性方程组（Ⅱ）的系数矩阵的秩 $R(A) = r$.

① 如果 $r = n$，则该线性方程组只有零解.

② 如果 $r < n$，则该线性方程组有非零解.

事实上，当 $r = n$ 时，由定理1知只有零解；当 $r < n$ 时，它有无穷多解，所以除零解外，

还有非零解.

推论 1 如果 $m=n$，则齐次线性方程组(Ⅱ)有非零解的充要条件是它的系数行列式 $|A|$ 等于零.

推论 2 如果 $m<n$，则齐次线性方程组(Ⅱ)必有非零解.

例 5 解齐次线性方程组

$$\begin{cases} x_1 - x_2 + 5x_3 - x_4 = 0 \\ x_1 + x_2 - 2x_3 + 3x_4 = 0 \\ 3x_1 - x_2 + 8x_3 + x_4 = 0 \\ x_1 + 3x_2 - 9x_3 + 7x_4 = 0 \end{cases}.$$

解

$$A=\begin{pmatrix} 1 & -1 & 5 & -1 \\ 1 & 1 & -2 & 3 \\ 3 & -1 & 8 & 1 \\ 1 & 3 & -9 & 7 \end{pmatrix} \xrightarrow[\substack{r_3-3r_1 \\ r_4-r_1}]{r_2-r_1} \begin{pmatrix} 1 & -1 & 5 & -1 \\ 0 & 2 & -7 & 4 \\ 0 & 2 & -7 & 4 \\ 0 & 4 & -14 & 8 \end{pmatrix} \xrightarrow[r_4-2r_2]{r_3-r_2} \begin{pmatrix} 1 & -1 & 5 & -1 \\ 0 & 2 & -7 & 4 \\ 0 & 0 & 0 & 0 \\ 0 & 0 & 0 & 0 \end{pmatrix}$$

$$\xrightarrow{r_1+\frac{1}{2}r_2} \begin{pmatrix} 1 & 0 & \frac{3}{2} & 1 \\ 0 & 2 & -7 & 4 \\ 0 & 0 & 0 & 0 \\ 0 & 0 & 0 & 0 \end{pmatrix} \xrightarrow{\frac{1}{2}r_2} \begin{pmatrix} 1 & 0 & \frac{3}{2} & 1 \\ 0 & 1 & -\frac{7}{2} & 2 \\ 0 & 0 & 0 & 0 \\ 0 & 0 & 0 & 0 \end{pmatrix} = B.$$

由 B 可知，$R(A)=2<4$，所以齐次线性方程组有无穷多解.

$$\begin{cases} x_1 = -\frac{3}{2}c_1 - c_2 \\ x_2 = \frac{7}{2}c_1 - 2c_2 \\ x_3 = c_1 \\ x_4 = c_2 \end{cases} \quad (c_1, c_2 \text{ 为任意常数}).$$

例 6 m 取何值时，方程组

$$\begin{cases} x_1 + 2x_2 + 3x_3 = mx_1 \\ 2x_1 + x_2 + 3x_3 = mx_2 \\ 3x_1 + 3x_2 + 6x_3 = mx_3 \end{cases}$$

有非零解.

解 将原方程组整理为

$$\begin{cases} (1-m)x_1 + 2x_2 + 3x_3 = 0 \\ 2x_1 + (1-m)x_2 + 3x_3 = 0 \\ 3x_1 + 3x_2 + (6-m)x_3 = 0 \end{cases},$$

由定理 2 的推论 1 知，它有非零解的充要条件是

$$|A| = \begin{vmatrix} 1-m & 2 & 3 \\ 2 & 1-m & 3 \\ 3 & 3 & 6-m \end{vmatrix} = 0,$$

即

$$|A| = \begin{vmatrix} 1-m & 2 & 3 \\ 2 & 1-m & 3 \\ 3 & 3 & 6-m \end{vmatrix} \xlongequal{c_1 - c_2} \begin{vmatrix} -(m+1) & 2 & 3 \\ m+1 & 1-m & 3 \\ 0 & 3 & 6-m \end{vmatrix}$$

$$\xlongequal{r_2 + r_1} \begin{vmatrix} -(m+1) & 2 & 3 \\ 0 & 3-m & 6 \\ 0 & 3 & 6-m \end{vmatrix} \xlongequal{r_3 - r_2} \begin{vmatrix} -(m+1) & 2 & 3 \\ 0 & 3-m & 6 \\ 0 & m & -m \end{vmatrix}$$

$$\xlongequal{c_2 + c_3} \begin{vmatrix} -(m+1) & 5 & 3 \\ 0 & 9-m & 6 \\ 0 & 0 & -m \end{vmatrix} = m(m+1)(9-m) = 0.$$

所以当 $m=0$ 或 $m=-1$ 或 $m=9$ 时，原方程组有非零解.

习题 7.4

1. 解下列方程组：

(1) $\begin{cases} x_1 + x_2 + 2x_3 + 3x_4 = 1 \\ x_1 + 2x_2 + 3x_3 - x_4 = -4 \\ 3x_1 - x_2 - x_3 - 2x_4 = -4 \\ 2x_1 + 3x_2 - x_3 - x_4 = -6 \end{cases}$；

(2) $\begin{cases} x_1 + 5x_2 - x_3 - x_4 = -1 \\ x_1 - 2x_2 + x_3 + 3x_4 = 3 \\ 3x_1 + 8x_2 - x_3 + x_4 = 1 \\ x_1 - 9x_2 + 3x_3 + 7x_4 = 7 \end{cases}$；

(3) $\begin{cases} 5x_1 - x_2 + 2x_3 + x_4 = 7 \\ 2x_1 + x_2 + 4x_3 - 2x_4 = 1 \\ x_1 - 3x_2 - 6x_3 + 5x_4 = 0 \end{cases}$；

(4) $\begin{cases} x_1 + x_2 + x_3 + x_4 = 0 \\ x_1 + x_2 + 2x_3 + 3x_4 = 0 \\ x_1 + 5x_2 + x_3 + 2x_4 = 0 \\ x_1 + 5x_2 + 5x_3 + 2x_4 = 0 \end{cases}$.

2. 判定下列方程组是否有解：

(1) $\begin{cases} 2x_1 - x_2 + x_3 + x_4 = 1 \\ x_1 + 2x_2 - x_3 + 4x_4 = 2 \\ x_1 + 7x_2 - 4x_3 + 11x_4 = 5 \end{cases}$；　(2) $\begin{cases} x_1 + 2x_2 - x_3 = 1 \\ 2x_1 - 3x_2 + x_3 = 0 \\ 4x_1 + x_2 - x_3 = -1 \end{cases}$.

3. λ 为何值时，方程组有解，并求出它的解：

(1) $\begin{cases} 3x_1 + x_2 - x_3 - 2x_4 = 2 \\ x_1 - 5x_2 + 2x_3 + x_4 = -1 \\ 2x_1 + 6x_2 - 3x_3 - 3x_4 = \lambda + 1 \\ -x_1 - 11x_2 + 5x_3 + 4x_4 = -4 \end{cases}$；　(2) $\begin{cases} 2x_1 - x_2 + x_3 + x_4 = 1 \\ x_1 + 2x_2 - x_3 + 4x_4 = 2 \\ x_1 + 7x_2 - 4x_3 + 11x_4 = \lambda \end{cases}$.

4. 设下列线性方程组有非零解，求：

(1) $\begin{cases} 2x_1 - x_2 + x_3 = 0 \\ x_1 + 2x_2 + 2x_3 = 0 \\ x_1 + 7x_2 + mx_3 = 0 \end{cases}$；　(2) $\begin{cases} 4x_1 + 3x_2 + x_3 = mx_1 \\ 3x_1 - 4x_2 + 7x_3 = mx_2 \\ x_1 + 7x_2 - 6x_3 = mx_3 \end{cases}$.

复习题七

1. 计算下列各题：

(1) $(2, 0, -3)\begin{pmatrix} 4 & -1 & 3 \\ -2 & 0 & 5 \\ 5 & 6 & -7 \end{pmatrix}$；　(2) $\begin{pmatrix} 1 & 2 & -1 \\ 0 & -2 & 1 \\ 0 & 0 & 1 \end{pmatrix}\begin{pmatrix} 2 & -2 \\ 3 & 0 \\ 1 & 4 \end{pmatrix}$.

2. 求下列矩阵的逆矩阵：

(1) $\begin{pmatrix} 1 & 2 & -1 \\ 3 & 5 & 0 \\ -1 & 0 & 5 \end{pmatrix}$；　(2) $\begin{pmatrix} 1 & 2 & 3 & 4 \\ 2 & 3 & 1 & 2 \\ 1 & 1 & 1 & -1 \\ 1 & 0 & -2 & -6 \end{pmatrix}$.

3. 利用逆矩阵解线性方程组：

(1) $\begin{cases} x_1 - x_2 + 3x_3 = 8 \\ 2x_1 - x_2 + 4x_3 = 11 \\ -x_1 + 2x_2 - 4x_3 = -11 \end{cases}$； (2) $\begin{cases} x + 2y - z = 1 \\ x + y + 2z = 2 \\ x - y - z = 3 \end{cases}$.

4. 求下列矩阵的秩：

(1) $\begin{pmatrix} 1 & 2 & 1 \\ 0 & 1 & 0 \\ 2 & 1 & -1 \end{pmatrix}$； (2) $\begin{pmatrix} 1 & 0 & -1 & -2 \\ 1 & -1 & 2 & 3 \\ 0 & 2 & 1 & 1 \\ 1 & -4 & 4 & 5 \end{pmatrix}$.

5. 求下列齐次线性方程组的全部解：

(1) $\begin{cases} x_1 - 3x_2 + x_3 - 2x_4 = 0 \\ -5x_1 + x_2 - 2x_3 + 3x_4 = 0 \\ -x_1 - 11x_2 + 2x_3 - 5x_4 = 0 \\ 3x_1 + 5x_2 + x_4 = 0 \end{cases}$； (2) $\begin{cases} 3x_1 - x_2 - 8x_3 + 2x_4 + x_5 = 0 \\ x_1 + 11x_2 - 12x_3 + 34x_4 - 5x_5 = 0 \\ 2x_1 - x_2 - 3x_3 - 7x_4 + 2x_5 = 0 \\ x_1 - 5x_2 + 2x_3 - 16x_4 + 3x_5 = 0 \end{cases}$.

6. 求下列线性方程组的全部解：

(1) $\begin{cases} 2x_1 + 7x_2 + 3x_3 + x_4 = 6 \\ 3x_1 + 5x_2 + 2x_3 + 2x_4 = 4 \\ 9x_1 + 4x_2 + x_3 + 7x_4 = 2 \end{cases}$； (2) $\begin{cases} 2x_1 + 3x_2 + x_3 = 4 \\ x_1 - 2x_2 + 4x_3 = -5 \\ 3x_1 + 8x_2 - 2x_3 = 13 \\ 4x_1 - x_2 + 9x_3 = -6 \end{cases}$.

7. 当 t 为何值时，下列齐次线性方程组只有零解？有非零解？并求非零解.

$$\begin{cases} x_1 - 2x_2 + x_3 - x_4 = 0 \\ 2x_1 + x_2 - x_3 + x_4 = 0 \\ x_1 + 7x_2 - 5x_3 + 5x_4 = 0 \\ 3x_1 - x_2 - 2x_3 - tx_4 = 0 \end{cases}.$$

8. 设非齐次线性方程组

$$\begin{cases} ax_1 + x_2 + x_3 = 4 \\ x_1 + bx_2 + x_3 = 3 \\ x_1 + 2bx_2 + x_3 = 4 \end{cases},$$

问 a, b 取何值时，方程组无解？有解？有解时求出其解.

【知识拓展】

数学在计算机专业的应用简介

数学是科学和技术的基础，是联系科学和技术的纽带。毫无疑问，计算机科学也是离不开数学这个基础的。计算机的工作原理是以布尔代数和数理逻辑为基础的，解决问题是以各种数学模型为基础的，计算方法也是以计算数学为基础的，计算机科学的数学基础称为“计算理论”，目前的冯—诺依曼体系(存储程序式)计算机的高速发展都是建立在“计算理论基础”上的。

计算机专业是培养德、智、体全面发展，具有良好的科学素养，较好地掌握计算机硬件、软件与应用的基本理论、基本技能与方法，能适应现代化建设和未来社会科技发展需要的应用型专门人才。培养能从事计算机程序设计中代码编写、软件测试、软件文档书写、软件应用维护等工作的高等技术应用型专门人才。部分学生还应具有软件项目开发能力。培养能从事计算机硬件设计与维护，局域网规划设计，网络设备安装、调试与维护，网站规划建设与管理维护，并能从事简单网络程序设计开发等工作的高等技术应用型专门人才。其应具有计算机的专业理论知识及实战能力，内容包括：掌握硬件的理论知识，并具备一定的硬件维护和设计能力；具有平面广告设计、简单动画设计的能力及制作和开发多媒体的能力；掌握软件开发工具的使用，掌握几种程序设计语言、SQL Sever 数据库、具有一定的编程能力；具备网络通信的硬件和软件安装、设置和维护局域网、网站的建设和维护能力。

高职院校计算机专业开设的课程主要有：计算机应用基础、程序设计基础、网页设计与制作、计算机组成与维护、数据结构、数据库系统、算法分析与设计、多媒体技术、计算机图形学等专业课程。这些课程也不同程度的用到了数学知识。如果我们按照以所用到数学知识的比重和难易程度对这些课程进行划分的话，也可以分为三个层次，则第一层次课程主要有计算机应用基础、网页设计与制作、计算机组成与维护；第二层次的课程主要有程序设计基础、多媒体技术和计算机图形学；第三层次的课程主要包括数据结构、数据库系统和算法分析与设计。

第一层课程所用的数学知识较少，难度偏低。计算机应用基础中所用到的仅仅是数学的一些简单换算。例如二进制与十进制的相互转换。网页设计与制作和计算机组成与维护几乎没有用到数学知识。

第二层课程所用到数学知识相对较多，难度适中。一般会涉及到高等数学中的知识，举个例子，程序设计中：为工程设计的程序很可能要计算定积分，有时候还要求极值，这要用到最优化方法。最优化也是数学的分支之一。计算机图形学中：对于计算机图形学的初学者来说，高中的代数和三角学可能是最重要的数学。时常还要解决类似求一些几何图形边长的简单三角学问题。代数和三角学是计算机图形学的最基础的知识。如果精通代数和三角学，就可以开始读一本计算机图形学的入门书了。下一个重要的用于计算机图形学的数学——线性代数，线性代数的思想贯穿于计算机图形学。事实上，只要牵涉到几何数值表示法，就常常抽象出例如 x，y，z 坐标之类的数值，我们称之为矢量。图形学自始至终离不开矢量和矩阵。

第三层课程所用到的数学知识较多且难度比较大。数据结构、数据库系统都需要用到离散数学，离散数学中的集合论、关系、图论、树四个章节就反映了数据结构中四大结构的知识。如集合由元素组成，元素可理解为世上的客观事物。关系是集合的元素之间都存在某种关系。例如雇员与其工资之间的关系。图论是有许多现代应用的古老题目。伟大的瑞士数学家列昂哈德·欧拉在18世纪引进了图论的基本思想，他利用图解决了有名的哥尼斯堡七桥问题。还可以用边上带权值的图来解决诸如寻找交通网络里两城市之间最短通路的问题。而树反映对象之间的关系，如组织机构图、家族图、二进制编码都是以树作为模型来讨论。离散数学中的笛卡儿积是一个纯数学理论，是研究关系数据库的一种重要方法，显示出不可替代的作用。不仅为其提供理论和方法上的支持，更重要的是推动了数据库技术的研究和发展。

以上仅供各位参考。

第8章 数学实验

21 世纪随着各门知识的相互渗透和自身加速更新的形势以及全面提高人才素质的需要，数学的作用显得更加重要.作为高等学校数学基础课，除了作为各门学科的重要工具以外，它在提高人才全面素质中起着重要的培育理性思维和审美能力方面的作用也应得到充分的重视.这就需要一套与之相适应的教材.本章正是在这样的背景之下，在教育部“面向 21 世纪教学内容和课程体系改革”研究课题的支持下完成的.它面向的对象是广大非数学专业的学生.

“数学实验”强调以学生动手为主，在教师指导下用学到的数学知识和计算机技术，选择合适的数学软件，分析、解决一些经过简化的实际问题.在教育部立项的面向 21 世纪高校非数学专业数学教学体系和内容改革的总体构想中，“数学实验”被列为数学基础课之一.

本章介绍世界著名数学软件 Matlab，并利用 Matlab 软件解决有关微积分、线性代数的问题.

§8.1 Matlab 简介

Matlab 是“Matrix Laboratory”的缩写，意为“矩阵实验室”，是当今很流行的科学计算软件.Matlab 在许多诸如控制论、时间序列分析、系统仿真、图像信号处理、科学计算等领域得到了广泛的应用，诸如控制论、时间序列分析、系统仿真、图像信号处理、科学计算等.

Matlab 系统提供了大量的矩阵及其他运算函数，可以方便地进行一些很复杂的计算，而且运算效率极高.Matlab 命令和数学中的符号、公式非常接近，可读性强，容易掌握，还可利用它所提供的编程语言进行编程完成特定的工作.除基本部分外，Matlab 还根据各专门领域中的特殊需要提供了许多可选的工具箱.如 Symbolic Math 符号代数等.

8.1.1 基本命令

(1) help 帮助命令

格式：help 命令名 %会得到相应命令的有关帮助信息.

例如：help plot

help general

(2) what 显示目录内容命令

格式：what [目录名]

例如：what matlab %显示 matlab 目录下的所有 M－文件.

(3) type 显示文件内容命令

格式：type 文件名 %显示 M－文件的内容.

(4) 寻找命令

格式：lookfor 命令或字符串 %寻找命令或字符串是否存在.

例如：lookfor cos

(5) which 寻找函数命令

格式：which 函数名 %显示函数所在的文件位置，给出路径.

例如：which pinv

(6) path 路径控制命令

格式：path 路径 %显示或改变搜索路径.

例如：path (path，'d:\test\aaa')

(7) who，whos 显示变量命令

显示当前变量. whos 命令更详细.

(8) load，save 取出与保存结果命令

从磁盘上读出或保存计算结果.

例如：save test %将变量存入 test. mat 文件中.

save test x y %仅保存 x，y 变量.

(9) clear 清除变量命令

格式：clear 变量名

例如：clear %清除所有变量

clear x y %清除变量 x 和变量 y

(10) disp 显示文本或变量内容命令

例如：x = [1 2 3]；disp(x)

1 2 3

y = 'aaaaaaa'；disp(y)

aaaaaaa

(11) cd 改变目录命令 %与 DOS 类似.

(12) dir 显示目录内容命令 %显示目录里的文件.

例如：dir \matlab\notebook

(13) delete 删除文件或对象命令

格式：delete 文件名 %不能用通配符

例如：H = plot(x，y)

delete (H) %删除图形对象 H

(14) ! 执行系统命令

在 Windows 下运行，“!”用于执行 DOS 命令.

例如:! dir *.exe % 显示当前目录里的 EXE 文件.

8.1.2 Matlab 中的变量名及常用函数

1. MATLAB 中变量的命名规则是:

(1)变量名必须是不含空格的单个词;

(2)变量名区分大小写;

(3)变量名最多不超过 63 个字符(依版本而定);

(4)变量名必须以字母打头,之后可以是任意字母、数字或下划线,变量名中不允许使用标点符号.

Matlab 变量字母区分大小写,如 A 和 a 不是同一个变量,函数名一般使用小写字母,如 inv(A)不能写成 INV(A),否则系统认为是未定义函数.

输入 who 或 whos 命令可检查工作空间中建立的变量. 输入 clear 命令可删除定义过的所有变量.

2. 特殊变量表

表 8-1

特殊变量	意义	特殊变量	意义
ans	用于结果的缺省变量名	pi	圆周率
inf	无穷大 如1/0	flops	浮点运算数
NaN	不定量,如0/0	i 或 j	$i=j=\sqrt{-1}$
nargout nargin	所用函数的输出变量数目 所用函数的输入变量数目	eps	计算机的最小数,当和 1 相加就产生一个比 1 大的数
realmin	最小可用正实数	realmax	最大可用正实数

3. 常用函数表

表 8-2

函 数	名 称	函 数	名 称
sin(x)	正弦函数	asin(x)	反正弦函数
cos(x)	余弦函数	acos(x)	反余弦函数
tan(x)	正切函数	atan(x)	反正切函数
cot(x)	余切函数	acot(x)	反余切函数
abs(x)	绝对值	max(x)	最大值
min(x)	最小值	sum(x)	元素的总和
sqrt(x)	开平方	exp(x)	以 e 为底的指数
log(x)	自然对数	log10(x)	以 10 为底的对数
sign(x)	符号函数	fix(x)	取整

8.1.3 基本运算符与运算

1. 基本运算符

表 8－3

运算	符号	范例
加	+	2+3
减	-	3-4
乘	*	3*5
除	/(左除)或\(右除)	1/2 , 2\3
幂	^	3^2

Matlab 的计算次序与一般数学计算相同，括号只能用小括号，且可多层使用，三角函数中的角度单位是弧度，而不能是度.

Matlab 是一个交互系统，如果对一条命令的用法有疑问的话，可以用 help 菜单中的相应选项查询有关信息，也可以用 help 命令在命令行上查询.

2. 基本运算

Matlab 采用表达式语言，用户输入的语句由 matlab 系统解释.

例 1　求$\{2+2\times[5-3]\}\div2^2$.

解　在 matlab 命令窗口的命令提示符“>>”后输入以下内容：

```
(2+2*(5-3))/2^2
```

后按[enter]键，该命令就被执行，其结果在 Matlab 命令窗口显示如下：

```
>> (2+2*(5-3))/2^2
ans =
    1.5000
```

例 2　求半径为 2 的球的体积.

解　在 matlab 命令窗口的命令提示符“>>”后输入以下内容：

```
V=3/4*pi*2^3 %求半径为 2 的球的体积
```

后按[enter]键，该命令就被执行，其结果在 Matlab 命令窗口显示如下：

```
>> V=3/4*pi*2^3 %求半径为 2 的球的体积
V =
    18.8496
```

命令行中符号“%”后的文字表示对命令的注释，不被执行，可不输入.

习题 8.1

1. 上机熟悉各种命令.

2. 计算下列各式的值：

(1) $\{[(2\times3\div2+1)\div2]+5\}\times2$;

(2) $\cos 60° - 3^2$;

(3) $\dfrac{\lg(5-\tan135°)}{\pi-2}$.

§8.2 数据可视化初步(Matlab 绘图)

在科学研究及工程实践中经常会遇到大批复杂的数据，如果不借助图形来表示它们的关系，一般很难看出这些数据的意义，因此，数据可视化是这方面工作必不可少的有效手段. MATLAB 的图形命令格式简单，可以使用不同的线形、色彩数据点标记等来修饰图形，具有很强的数据可视化功能，方便地进行人机对话.

8.2.1 二维作图

1. 基本绘图命令

plot 是绘制 x-y 坐标二维图形的命令；loglog 命令绘制对数坐标图；semilogx 和 semilogy 命令绘制半对数坐标图；polor 命令绘制极坐标图.

plot 的基本语法：

(1) plot(y) %绘制以 y 为纵坐标的二维曲线

(2) plot(x, y) %绘制以 x 为横坐标，y 为纵坐标的二维曲线

例 1 画出 y = [0, 0.48, 0.84, 1, 0.91, 6.14] 的折线图.

解 y = [0, 0.48, 0.84, 1, 0.91, 6.14]，它是一个向量.

利用命令 plot(y). 它相当于命令 plot(x, y)，其中 x = [1, 2, …, n] 或 x = [1;2;…;n]，即向量 y 的下标编号，n 为向量 y 的长度.

Matlab 会产生一个图形窗口，显示如图 8-1.

图 8-1

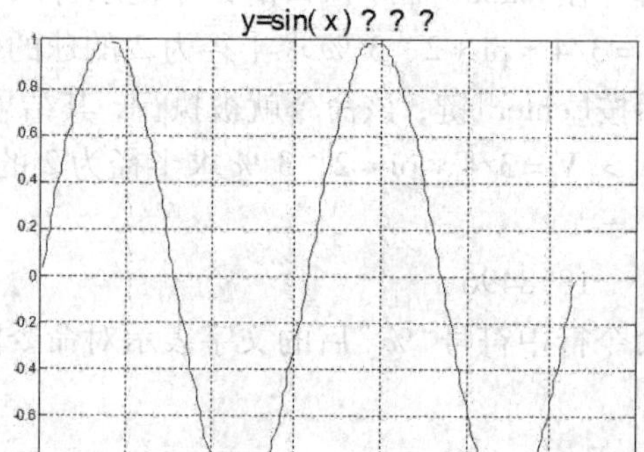

图 8-2

注意:坐标 x 和 y 是由计算机自动绘出的. 图形没有加上 x 轴和 y 轴的标注，也没有标题. 用 xlabel，ylabel，title 命令可以加上.

如果 x，y 是同样长度的向量，plot(x，y)命令可画出相应的 x 元素与 y 元素的 x - y 坐标图.

例 2 做出曲线 y = sin(x)的图形.

解 在 MATLAB 命令窗口中输入的命令语句如下

```
>> x=0:0.05:4*pi;
y=sin(x);
plot(x, y)
grid on, title('y=sin( x ) 曲线图')
xlabel('x = 0 : 0.05 : 4Pi')
```

结果见图 8 - 2

2. 在一窗口多次叠绘

第一种方法是利用 plot 的多变量方式绘制:

语法:plot(x1，y1，x2，y2，...，xn，yn) %同一窗口绘制 n 条曲线

x1，y1，x2，y2，...，xn，yn 是成对的向量，每一对 x，y 在图上产生如上方式的单线. 多变量方式绘图是允许不同长度的向量显示在同一图形上.

第二种方法也是利用 plot 绘制，但加上 hold on/off 命令的配合:

hold on　　%使当前坐标系和图形保留.

hold off　　%使当前坐标系和图形不保留.

hold　　　%在以上两个命令中切换.

第三种方法还是利用 plot 绘制，需要引入矩阵:

如果 plot 用于两个变量 plot(x，y)，并且 x，y 是矩阵，则有以下情况:

(1)如果 y 是矩阵，x 是向量，plot(x，y)用不同的画线形式绘出 y 的行或列及相应的 x 向量，y 的行或列的方向与 x 向量元素的值选择是相同的.

(2)如果 x 是矩阵，y 是向量，则除了 x 向量的线族及相应的 y 向量外，以上的规则也适用.

(3)如果 x，y 是同样大小的矩阵，plot(x，y)绘制 x 的列及 y 相应的列.

3. 线型修饰

如果不指定划线方式和颜色，Matla 会自动为你选择点的表示方式及颜色. 您也可以用不同的符号指定不同的曲线绘制方式.

语法:

plot(x，y，'*')　　%用'*'作为点标记绘制的图形.

plot(x1，y1，':'，x2，y2，'+')　%用':'画第一条线，用'+'画第二条线.

线型、点标记和颜色的取值有以下几种:

表 8-4　　　　　　线型、点标记和颜色控制符

线型		点标记		颜色	
-	实线	.	点	y	黄
:	虚线	o	小圆圈	m	棕色
-.	点划线	x	叉子符	c	青色
——	间断线	+	加号	r	红色
		*	星号	g	绿色
		s	方格	b	蓝色
		d	菱形	w	白色
		^	朝上三角	k	黑色
		v	朝下三角		
		>	朝右三角		
		<	朝左三角		
		p	五角星		
		h	六角星		

如果你的计算机系统不支持彩色显示，Matlab 将把颜色符号解释为线型符号，用不同的线型表示不同的颜色. 颜色与线型也可以一起给出，即同时指定曲线的颜色和线型.

例 3　在同一坐标系下做出 $x=\sin(t)$ 和 $y=\cos(t)$ 的图形.

解

```
>> t = -3.14:0.2:3.14;
   x = sin(t); y = cos(t);
   plot(t, x, '+r', t, y, '-b')
```

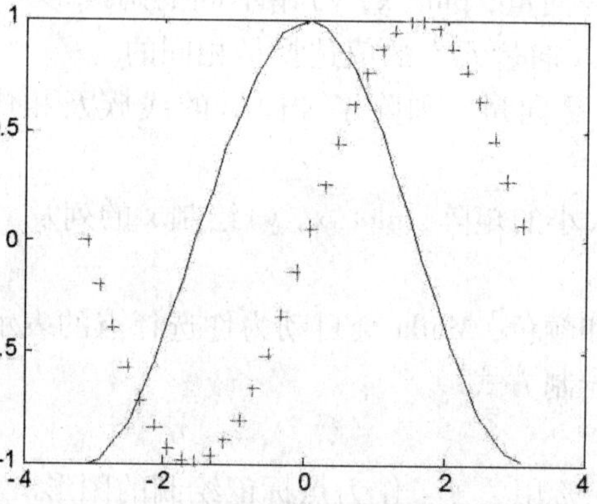

图 8-3

8.2.2 三维作图

1. 三维曲线

在 MATLAB 的三维图形命令中 plot3 最易于理解，plot3 是用来绘制三维曲线的，它的使用格式与二维绘图 plot 命令相似.

语法：

```
plot3(x, y, z, 's')                          %绘制三维曲线
plot3(x1, y1, z1,'s1', x2, y2, z2, …)      %绘制多条三维曲线
```

例 4 做出 $\begin{cases} x = x \\ y = \sin x \\ z = \cos x \end{cases}$ 的图形.

解

```
>>x=0:0.1:20*pi;
plot3(x, sin(x), cos(x))    %按系统默认设置绘图
```

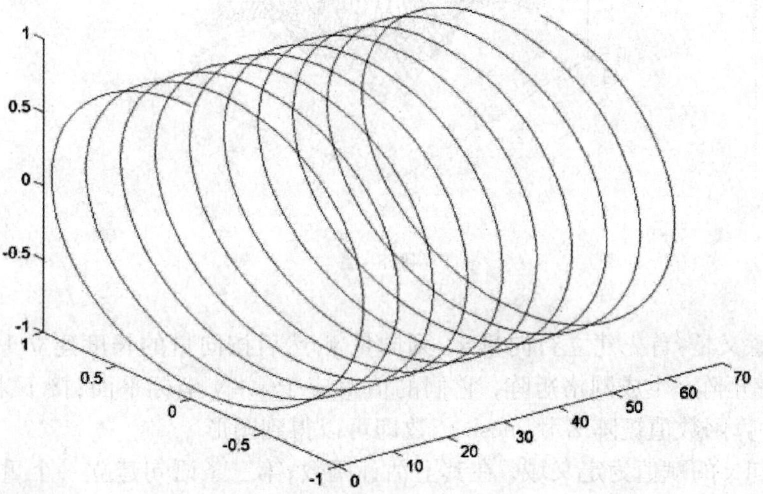

图 8－4

2. 三维网线图

mesh(z)语句可以给出矩阵 z 元素的三维消隐图，网络表面由 z 坐标点定义，与前面叙述的 x－y 平面的线格相同，图形由邻近的点连接而成. 它可用来显示用其他方式难以输出的包含大量数据的大型矩阵，也可用来绘制 z 变量函数.

语法：

```
mesh(z)    %画三维网线图
mesh(x, y, z, c)
```

显示两变量的函数 Z = f(x, y)，第一步需产生特定的行和列的 x－y 矩阵，然后计算函数在各网格点上的值，最后用 mesh 函数输出.

例 5 绘制 sin(R)/R 函数的图形.

解

```
>>x=-8:.5:8;
y=x';
x=ones(size(y))*x;
y=y*ones(size(y))';
R=sqrt(x.^2+y.^2)+eps;
z=sin(R)./R;
mesh(z)    %试运行 mesh(x, y, z)，看看与 mesh(z)有什么不同之处?
```

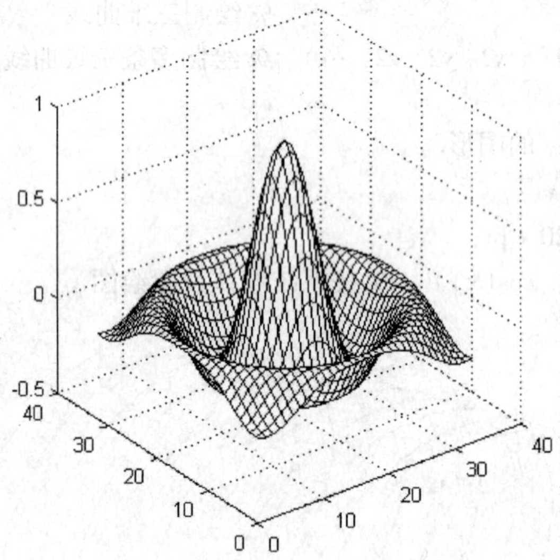

图 8-5

各语句的意义是：首先建立行向量 x，列向量 y；然后按向量的长度建立 1-矩阵；用向量乘以产生的 1-矩阵，生成网格矩阵，它们的值对应于 x-y 坐标平面；接下来计算各网格点的半径；最后计算函数值矩阵 z. 用 mesh 函数即可以得到图形.

第一条语句 x 的赋值为定义域，在其上估计函数；第三条语句建立一个重复行的 x 矩阵，第四条语句产生 y 的响应，第五条语句产生矩阵 R（其元素为各网格点到原点的距离）. 用 mesh 方法结果如上.

另外，上述命令系列中的前 4 行可用以下命令替代：

[x, y] = meshgrid(-8:0.5:8).

3. 图形的控制与修饰

（1）坐标轴的控制函数 axis，调用格式如下：

axis([xmin, xmax, ymin, ymax, zmin, zmax]) %用此命令可以控制坐标轴的范围.

与 axis 相关的几条常用命令还有：

axis auto　　%自动模式，使得图形的坐标范围满足图中一切图元素
axis equal　　%严格控制各坐标的分度使其相等
axis square　　%使绘图区为正方形
axis on　　%恢复对坐标轴的一切设置
axis off　　%取消对坐标轴的一切设置
axis manual　　%以当前的坐标限制图形的绘制

(2)图形的修饰

用图形修饰命令可以使图形美观明了，下面给出图形修饰命令：

表 8－5 Matlab 图形修饰命令

title	添加图形标题	grid on	给图形加上坐标网格
xlabel	添加 x 轴标注	grid off	取消坐标网格
ylabel	添加 y 轴标注	fontname	字体名
zlabel	添加 z 轴标注	fontsize	字体大小
text	添加文本标注	fontweight	字体粗细

xlabel，ylabel，zlabel 分别为 x 轴，y 轴，z 轴添加标注. title 为图形添加标题. 这几个函数的调用格式大同小异，我们以 title 为例，调用格式如下：

title（'标注文本'，'属性 1'，'属性值 1'，'属性 2'，'属性值 2'，…）

这里的属性是标注文本的属性，包括字体大小、字体名、字体粗细等.

例如：

```
[x, y] = meshgrid( -4:.2:4);
R = sqrt(x.^2 + y.^2);
z = -cos(R);
mesh(x, y, z)
xlabel('x\in[ -4, 4]', 'fontweight', 'bold');
ylabel('y\in[ -4, 4]', 'fontweight', 'bold');
zlabel('z = -cos(sqrt(x^2 + y^2))', 'fontweight', 'bold');
title('旋转曲面', 'fontsize', 15, 'fontweight', 'bold', 'fontname', '隶书');
```

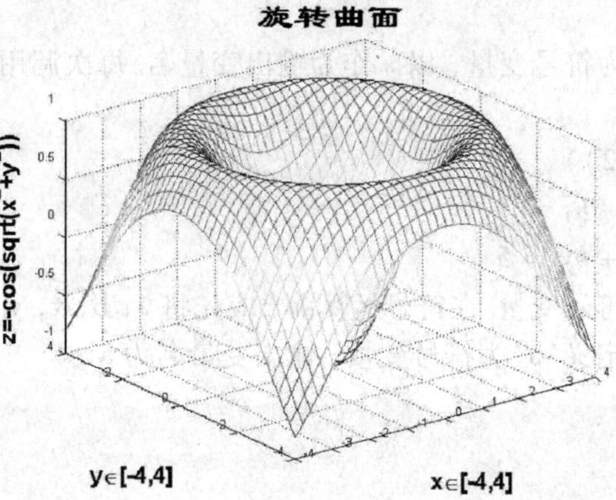

图 8－6

习题 8.2

1. 绘制 x = 1，2，3，4，y = 2，0，1，3 的图像.

2. 绘制 $y = x^3 - 2x^2 + 1$ 的图像.

3. 在同一窗口画出 y = cosx，y = sinx 的图形.

§8.3 微积分计算实验

在数学、物理及应用工程中常常用到符号计算，Matlab 本身具有符号数学工具箱(Symbolic Math Toolbox)，数学工具箱是建立在Maple 基础上的. Matlab 符号运算可以实现几乎涉及数学的所有分支的极限、微分、积分、定积分、微分方程、极值等计算，且十分便捷.

8.3.1 定义符号变量

参与符号运算的对象可以是符号变量、符号表达式或符号矩阵. 符号变量要先定义，后引用. 可以用 sym 函数、syms 函数将运算量定义为符号型数据. 引用符号运算函数时，用户可以指定函数执行过程中的变量参数;若用户没有指定变量参数，则使用 findsym 函数默认的变量作为函数的变量参数.

1. sym 函数

sym 函数的主要功能是创建符号变量，以便进行符号运算，也可以用于创建符号表达式或符号矩阵. 用 sym 函数创建符号变量的一般格式为:

x = sym('x')

例 1 (1)创建变量 x (2)将常量 sin2 转换为变量 a.

解 > > sym x

ans =

x

其目的是将'x'创建为符号变量，以 x 作为输出变量名. 每次调用该函数，可以定义一个符号变量.

(2) > > a = sym(sin(2))

例 2 解方程组 $\begin{cases} ax - by = 1 \\ ax + by = 5 \end{cases}$.

解 a, b, x, y 均为符号变量. 在符号运算前，应先将 a, b, x, y 定义为符号变量

a = sym('a'); %定义'a'为符号变量，输出变量名为 a

b = sym('b');

x = sym('x');

y = sym('y');

[x, y] = solve(a * x - b * y - 1, a * x + b * y - 5, x, y) %以 a, b 为符号常数，x, y 为符号变量

即可得到方程组的解:

x =3/a

y =2/b

例 3 已知一复数表达式 z = x + i * y，试求其共轭复数，并求该表达式与其共轭复数乘积的多项式.

解 为了使乘积表达式 x ^ 2 + y ^ 2 非负，这里，把变量 x 和 y 定义为实数.

```
x = sym('x', 'real');
y = sym('y', 'real');
z = x + i * y;    %定义复数表达式
conj(z);    %求共轭复数
expand(z * conj(z))    %求表达式与其共轭复数乘积的多项式
ans =
    x ^ 2 + y ^ 2
```

若要去掉'x'的属性，可以使用下面语句

```
x = sym('x', 'unreal')
```

将'x'创建为纯格式的符号变量.

2. syms 函数

syms 函数的功能与 sym 函数类似. syms 函数可以在一个语句中同时定义多个符号变量，其一般格式为：

syms arg1 arg2 …argN

用于将 rg1, arg2, …, argN 等符号创建为符号型数据.

3. 符号表达式

符号表达式由符号变量、函数、算术运算符等组成. 符号表达式的书写格式与数值表达式相同. 例如，数学表达式 $\frac{1+\sqrt{5x}}{2}$，其符号表达式为：1 + sqrt(5 * x))/2

注意，在定义表达式前应先将表达式中的字符 x 定义为符号变量.

4. 生成符号函数

将表达式中的自变量定义为符号变量后，赋值给符号函数名，即可生成符号函数. 例如有一数学表达式：$f(x) = \frac{ax^2 + b^2}{c^2}$，其用符号表达式生成符号函数 fxy 的过程为：

```
syms a b c x                   %定义符号运算量
fx = (a * x ^ 2 + b ^ 2)/c ^ 2   %生成符号函数
```

生成符号函数 fx 后，即可用于微积分等符号计算.

5. 常见的 Matlab 的符号运算函数

```
symadd(s1, s2)    %求和
symsub(s1, s2)    %相减
symmul(s1, s2)    %乘积
symdiv(s1, s2)    %相除
sympow(s, p)      %求幂
collect(s, x)     %合并同类项
simple(s)         %把表达式 s 转成最减形式
expand(s)         %展开表达式 s
factor(s)         % 对表达式 s 进行因式分解
simplify(s)       %对表达式 s 进行综合化简
pretty(s)         %已习惯的"书写"方式显示表达式
```

finverse(f, s)　　%对指定变量 s 的函数 f (s)求反函数

compose(f, g)　　%求 f (x) 和 g(y)的复合函数 f (g (y))

8.3.2 符号微积分计算

1. 求极限

函数 limit 用于求符号函数 f 的极限. 系统可以根据用户要求，计算变量从不同方向趋近于指定值的极限值.

语法: limit(f, x, a)　　%求 f 当变量 x 趋近于 a 时的极限值.

limit(f, a)　　%求 f 的变量为默认自变量 x 趋近于 a 的极限值.

limit(f)　　%求 f 的极限值，系统默认自变量 x 趋近于 0.

limit(f, x, a, 'right')　　%求 f 当 x 趋近于 a 的右极限.

limit(f, x, a, 'left')　　%求 f 当 x 趋近于 a 的左极限.

例 4　求极限 $\lim\limits_{x\to 0}\dfrac{x(e^{\sin x}+1)-2(e^{\operatorname{tg}x}-1)}{\sin^3 x}$.

解　>>syms x;　　%定义符号变量

f=(x*(exp(sin(x))+1)-2*(exp(tan(x))-1))/sin(x)^3;　　%定义符号表达式

w=limit(f)　　%求函数的极限

w = -1/2

2. 求导(微分运算)

函数 diff 用于对符号表达式 f 求微分.

语法: diff(f)　　% 求 f 对自由变量的一阶微分.

diff(f, t)　　%求 f 对变量 t 的一阶微分.

diff(f, n)　　%求 f 对自变量的 n 阶微分.

diff(f, t, n)　%求 f 对变量 t 的 n 阶微分.

例 5　求导数 $\dfrac{d\sin x^2}{dx}$.

解　>> syms x t　　%定义符号变量.

diff(sin(x^2))　　%求导运算.

ans =

2*cos(x^2)*x

3. 求积分

函数 int 用于对符号表达式 f 求积分.

语法: int(f)　　%求 f 的不定积分.

int(f, 't')　　%求 f 对变量 t 的不定积分.

int(f, 't'a, b)　%求 f 对变量 t 的从 a 到 b 的定积分.

例 6　计算下列不定积分、定积分、反常积分.

(1) $\int\dfrac{2x}{1+x^2}dx$;

(2) $J=\int_0^{\pi/2}\dfrac{\cos x}{\sin x+\cos x}dx$;

(3)$K=\int_0^{+\infty} e^{-x^2}dx$;

(4)$\int_1^2\int_{\sqrt{x}}^{x^2}\int_{\sqrt{xy}}^{x^2y}(x^2+y^2+z^2)dzdydx$. 注意:内积分上下限都是函数.

解 (1)
```
>> syms x;
>> int(2*x/(1+x^2))
ans =
    log(1+x^2)
```
(2)
```
>>syms x;
g=cos(x)/(sin(x)+cos(x));
J=int(g, 0, pi/2)
J =1/4*pi
```
(3)
```
>>syms x ;
h=exp(-x^2);
K=int(h, 0, inf)
K =
  1/2*pi^(1/2)
```
(4)
```
>> syms x y z;
F2=int(int(int(x^2+y^2+z^2, z, sqrt(x*y), x^2*y), y, sqrt(x), x^2), x, 1, 2)
F2 =
1610027357/6563700+14912/4641*2^(1/4)-6072064/348075*2^(1/2)+64/225*2^(3/4)
VF2=vpa(F2)
VF2 =
224.92153573331143159790710032805
```

8.3.3 符号方程

1. 函数 solve 用于解代数方程:

语法:solve('ep','v') 求方程关于指定变量 v 的解

solve('ep1', 'ep2', ..., 'epN', 'v1', 'v2', ...'vN')

其中,求解代数方程组 ep1, ep2, ..., epN 的根,未知数为 v1, v2, ...vN.

说明:若不指明符号表达式 ep 值,系统默认为 0.

例如给出一个表达式 x^2-3*x-8,则系统将按 x^2-3*x-8=0 进行运算.

例7 求一元二次方程 a*x^2+b*x+c=0 的根.

解
```
>>f=sym('a*x^2+b*x+c'); % 或 f='a*x^2+b*x+c'
solve(f)
ans =
  [1/2/a*(-b+(b^2-4*c*a)^(1/2))]
  [1/2/a*(-b-(b^2-4*c*a)^(1/2))]
```

```
>>solve(f, a)
ans =
  -(b*x+c)/x^2
```

2. 函数 dsolve 用于解微分方程

语法:dsolve('ep', 'con', 'v')　%求解微分方程

　　dsolve('ep1', 'ep2', ..., 'con1, con2, …', ''v1', 'v2', ...')　%求解微分方程组

其中,'eq'为微分方程. con 是方程条件, v 指定变量. 输入表达式时, 用 Dy 表示 y 关于自变量的一阶导数, 用 D2y 表示 y 关于自变量的二阶导数, 依此类推.

例 8　求微分方程 $y' = x$ 的通解.

解

```
>>syms x y;    %定义 x, y 为符号
dsolve('Dy=x', 'x')
ans =
   1/2*x^2+C1
```

试比较:

若写成:

```
syms x y    %定义 x, y 为符号
dsolve('Dy=x')
```

结果将是什么? 是否正确? 为什么?

例 9　求微分方程 $\begin{cases} y'' = x + y' \\ y(0) = 1,\ y'(0) = 0 \end{cases}$ 的特解.

解

```
>>syms x y;
dsolve('D2y=x+Dy', 'y(0)=1', 'Dy(0)=0', 'x')
ans =
   -1/2*x^2+exp(x)-x
```

试比较:

若写成:

```
syms x y
dsolve('D2y=x+Dy', 'y(0)=1', 'Dy(0)=0')
```

结果将是什么? 是否正确? 为什么?

例 10　求微分方程组 $\begin{cases} x' = y + x \\ y' = 2x \end{cases}$ 的通解.

解

```
>>syms x y;
[x, y]=dsolve('Dx=y+x, Dy=2*x')
x =
   1/3*C1*exp(-t)+2/3*C1*exp(2*t)+1/3*C2*exp(2*t)-1/3*C2*exp(-t)
y =
   2/3*C1*exp(2*t)-2/3*C1*exp(-t)+2/3*C2*exp(-t)+1/3*C2*exp(2*t)
```

试比较:

若写成：

(1) dsolve('Dx = y + x, Dy = 2 * x')

结果将是：

```
ans =
x: [1x1 sym]
y: [1x1 sym]
```

试解释此结果的含义.

若写成：

(2) [x, y] = dsolve('Dx = y + x, Dy = 2x')

结果将是：

```
x =
exp(t) * C1 + C2 * exp(t) - C2 - 2 - 2 * t
y =
C2 + 2 * t
```

是否正确？为什么？

习题 8.3

1. 求下列各结果：

(1) 用Matlab 因式分解：$x^{100} - 1$.

(2) 用Matlab 求极限：$L = \lim\limits_{x \to 0} \dfrac{\sin 2x}{x}$.

(3) 用Matlab 求二阶导数：$f(x) = x^2 e^{-3x}$.

(4) 用Matlab 求积分：$\int_0^{+\infty} \sin x^2 dx$.

2. 计算 $\int \dfrac{\sqrt{x+1} + \sqrt{x-1}}{\sqrt{x+1} - \sqrt{x-1}} dx$.

3. 设 $y = (x^2+1)^3 (x+2)^2 x^6$，求 y'.

4. 用 dsolve 求 $\begin{cases} \dfrac{dx}{dt} = 4x - 2y \\ \dfrac{dy}{dt} = 2x - y \end{cases}$ 的通解.

5. 设 $z = x + y - \sqrt{x^2 + y^2}$，求 $\dfrac{\partial z}{\partial x}$，$\dfrac{\partial z}{\partial y}$.

§8.4 线性代数中的数值运算实验

Matlab 能处理数、向量和矩阵. 但一个数事实上是一个 1×1 的矩阵，1 个 n 维向量也不过是一个 1×n 或 n×1 的矩阵. 从这个角度上来讲，Matlab 处理的所有的数据都是矩阵. Matlab 的矩阵处理能力是非常灵活、强大的. MATLAB 的大部分运算或命令都是在矩阵运算的意义下执行的. 在 MATLAB 中，不需对矩阵的维数和类型进行说明，MATLAB 会根据用户所输入的内容自动进行配置.

8.4.1 建立矩阵

建立矩阵可以用：直接输入法、利用函数建立矩阵和利用 M 文件建立矩阵.

1. 直接输入法：

将矩阵的元素用方括号括起来，按矩阵行的顺序输入各元素，同一行的各元素之间用空格或逗号分隔，不同行的元素之间用分号分隔.（也可以用回车键代替分号）

例如，键入命令：A = [1 2 3;4 5 6;7 8 9]

输出结果是：A =

```
1    2    3
4    5    6
7    8    9
```

除了上面的直接列出矩阵元素的输入方法，矩阵还可以通过几种不同的方式输入到 Matlab 中.

2. 通过向量的产生矩阵

最常用的用来产生相同增量的向量的方法是利用“:”算符（即所谓的“描述法”）. 在 Matlab 中，它是一个很重要的字符. 如：

```
    z = 1:5
z =
     1     2     3     4     5
```

即产生一个 1~5 的单位增量是 1 的行向量，此为默认情况.

用“:”号也可以产生单位增量不等于 1 的行向量，语法是把增量放在起始量和结尾量的中间. 如：

```
x = 0:pi/4:pi
```

即产生一个由 0~pi 的行向量，单位增量是 pi/4 = 3.1416/4 = 0.7854.

```
x =
     0    0.7854    1.5708    2.3562    3.1416
```

也可以产生单位增量为负数的行向量. 如：

```
y = 6: -1:1
y =
     6     5     4     3     2     1
```

3. 利用内部函数产生矩阵

Matlab 提供了一批产生矩阵的函数：

表 8－6

zeros	产生一个零矩阵	diag	产生一个对角矩阵
ones	生成全 1 矩阵	tril	取一个矩阵的下三角
eye	生成单位矩阵	triu	取一个矩阵的上三角
magic	生成魔术方阵	pascal	生成 PASCAL 矩阵

例 1 用矩阵函数产生三阶全 1 矩阵、单位矩阵.

解 ones(3)

```
ans =
    1    1    1
    1    1    1
    1    1    1
eye(3)
ans =
    1    0    0
    0    1    0
    0    0    1
```

除了以上产生标准矩阵的函数外，Matlab 还提供了产生随机(向量)矩阵的函数 rand 和 randn，及产生均匀级数的函数 linspace、产生对数级数的函数 logspace 和产生网格的函数 meshgrid 等等. 详细使用请查阅随机文档.

“：”冒号可以用来产生简易的表格，为了产生纵向表格形式，首先用冒号“：”产生行向量，再进行转置，计算函数值的列，然后形成有二列的矩阵. 例如命令：

```
x = (0.0:0.2:3.0)';
y = exp(-x).*sin(x);
[x y]
```

产生结果为

```
ans =
    0         0
    0.2000    0.1627
    0.4000    0.2610
    0.6000    0.3099
    0.8000    0.3223
    1.0000    0.3096
    1.2000    0.2807
    1.4000    0.2430
    1.6000    0.2018
```

```
     1.8000     0.1610
     2.0000     0.1231
     2.2000     0.0896
     2.4000     0.0613
     2.6000     0.0383
     2.8000     0.0204
     3.0000     0.0070
```

通过后缀为.m 的命令文件产生，例如有文件 data.m，其中包括正文：

A = [1 2 3 ;4 5 6;7 8 0]

则用 data 命令执行 data.m，可以产生名为 A 的矩阵.

8.4.2 矩阵元素的访问、修改操作

在 Matlab 中可以对矩阵进行任意操作，包括改变它的形式，取出子矩阵，扩充矩阵，旋转矩阵等.其中最重要的操作符为":"，它的作用是取出选定的行与列.

例如：

A(:, :) 代表 A 的所有元素;试比较 A(:)，将 A 按列的方向拉成长长的 1 列(向量)；

A(:, J) 代表 A 的第 J 列；

A(J:K) 代表 A(J)，A(J+1)，…，A(K)，如同 A(:)的第 J 到第 K 个元素；

A(:, J:K) 代表 A(:, J)，A(:, J+1)，…，A(:, K)，如此类推.

对矩阵可以进行各种各样的旋转、变形、扩充：

Matlab 中有内部函数 fliplr (Flip matrix in the left/right direction)，它对矩阵进行左右旋转.

```
例   x = 1  2  3        fliplr(x)为  3  2  1
         4  5  6                     6  5  4
```

同样有 flipud：

```
     x =1  4          flipud(x)为  3  6
        2  5                       2  5
        3  6                       1  4
```

矩阵的转置用符号"' "表示：

例 2 若 A=[1 2 3; 4 5 6 ; 7 8 0] 计算 B=A'

解 >> A=[1 2 3; 4 5 6 ; 7 8 0];

```
B=A'
A =
      1     2     3
      4     5     6
      7     8     0
B =
      1     4     7
      2     5     8
      3     6     0
```

符号“ ’ ”为矩阵的转置，如果Z为复矩阵，则Z’为它的复数共轭转置，非共轭转置使用Z.’或conj(Z’)求得.

reshape改变矩阵的形状，这是什么意思呢？可举一个例子来说明.

```
A=[A;[10 11 12]]
A =
     1     2     3
     4     5     6
     7     8     0
    10    11    12
```

则 reshape(A, 2, 6)

```
ans =
     1    7    2    8    3    0
     4   10    5   11    6   12
```

可见，reshape是将矩阵元素以列为单位进行重组，原来4×3的矩阵变为了2×6的矩阵.那么以下的语句也不难理解了，它将矩阵A按列打开(size函数返回矩阵A的行数与列数).

reshape(A, 1, size(A, 1) * size(A, 2))，它等价于A(:)’.

还有函数rot90，它可以将矩阵进行各种90度的旋转;tril及triu取出矩阵的下三角及上三角阵等.详细的用法可以在需要使用时查阅手册.

8.4.3 矩阵的基本运算

1.矩阵的加和减

如矩阵A和B的维数相同，则A+B与A-B表示矩阵A与B的和与差.如果矩阵A和B的维数不匹配，Matlab会给出相应的错误提示信息.

例3 若 $A=\begin{pmatrix}1&2&3\\4&5&6\\7&8&0\end{pmatrix}$，$B=\begin{pmatrix}1&4&7\\2&5&8\\3&6&0\end{pmatrix}$，求C=A+B.

解

```
>> A=[1 2 3;4 5 6;7 9 0];
>> B=[1 4 7;2 5 6;3 6 9];
>> A+B
ans =
     2     6    10
     6    10    12
    10    15     9
```

如果运算对象是个标量(即1×1矩阵)，可和其他矩阵进行加减运算.例如：

```
x = -1        y = x-1 = -2
     0                  -1
     2                   1
```

2.矩阵乘法

矩阵乘法用“ * ”符号表示，当A矩阵列数与B矩阵的行数相等时，二者可以进行乘法运算，否则是错误的. 计算方法和线性代数中所介绍的完全相同.

例4 若 A = [1 2 ; 3 4]，B = [5 6 ; 7 8]，求 C = A * B .

解

```
>>A=[1 2 ;3 4];   B=[5 6 ;7 8];
  C=A*B
  C=
      19     22
      43     50
```

如果 A 或 B 是标量，则 A * B 返回标量 A(或 B)乘上矩阵 B(或 A)的每一个元素所得的矩阵.

3. 矩阵除法

在 Matlab 中有两种矩阵除法符号："\\"即左除和"/"即右除. 如果 A 矩阵是非奇异方阵，则 A\B 是 A 的逆矩阵乘 B，即 inv(A) * B；而 B/A 是 B 乘 A 的逆矩阵，即 B * inv(A). 具体计算时可不用逆矩阵而直接计算.

通常：

x = A\B 就是 A * x = B 的解；

x = B/A 就是 x * A = B 的解.

当 B 与 A 矩阵行数相等可进行左除. 如果 A 是方阵，用高斯消元法分解因数. 解方程：A * x(: , j) = B(: , j)，式中的(: , j)表示 B 矩阵的第 j 列，返回的结果 x 具有与 B 矩阵相同的阶数，如果 A 是奇异矩阵将给出警告信息.

右除 B/A 可由 B/A = (A' \B') ' 左除来实现.

4. 矩阵乘方

A ^ P 意思是 A 的 P 次方. 如果 A 是一个方阵，P 是一个大于 1 的整数，则 A ^ P 表示 A 的 P 次幂，即 A 自乘 P 次. 如果 P 不是整数，计算涉及到特征值和特征向量的问题，如已经求得：[V, D] = eig(A)，则：

A ^ P = V * D. ^ P/V(注：这里的. ^ 表示数组乘方，或点乘方，参见后面的有关介绍)

如果 B 是方阵，a 是标量，a ^ B 就是一个按特征值与特征向量的升幂排列的 B 次方程阵. 如果 a 和 B 都是矩阵，则 a ^ B 是错误的.

5. 数组运算

数组运算由线性代数的矩阵运算符" * "、"/"、"\\"、"^"前加一点来表示，即为". * "、"./"、". \\"、".^". 注意没有". + "、". - "运算.

数组的乘用符号. * 表示，如果 A 与 B 矩阵具有相同阶数，则 A. * B 表示 A 和 B 单个元素之间的对应相乘.

例5 x = [1 2 3]，y = [4 5 6]，计算 z = xy.

解

```
>> x=[1 2 3];
y=[ 4 5 6];
z=x. *y
z =
      4     10     18
```

数组的左除(.\\)与数组的右除(./)，由读者自行举例加以体会.

数组乘方用符号.^表示.

例6 若 x=[1 2 3], y=[4 5 6] 求 $z=x^y$.

解 >> x=[1 2 3];y=[4 5 6];

```
>> z=x.^y
z =
     1    32    729
```

注意:(1) 如果指数是个标量, 例如 x.^2, x 同上, 则:

z=x.^2=[1^2 2^2 3^2]=[1 4 9]

(2) 如果底是标量, 例如 2 .^[x y], x、y 同上, 则:

z=2 .^[x y]=[2^1 2^2 2^3 2^4 2^5 2^6]=[2 4 8 16 32 64]

从此例可以看出 Matlab 算法的微妙特性, 虽然看上去与其他乘方没什么不同, 但在 2 和 "."之间的空格很重要, 如果不这样做, 解释程序会把"."看成是 2 的小数点. Matlab 看到符号"^"时, 就会当做矩阵的幂来运算, 这种情况就会出错, 因为指数矩阵不是方阵.

6. 常用矩阵运算函数

例7 设矩阵 $a=\begin{pmatrix}1 & 2 & 3\\4 & 5 & 6\\7 & 8 & 9\end{pmatrix}$, 则其常用运算如表 8-7.

表 8-7

函数名	功能	例子	
		输入	结果
det(x)	计算方阵行列式	det(a)	0
Rank(x)	求矩阵的秩	rank(a)	2
inv(x)	求逆矩阵	inv(a)	-0.4504 0.9007 -0.4504 0.9007 -1.8014 0.9007 -0.4504 0.9007 -0.4504
[v, d]=eig(x)	矩阵特征值 d 矩阵特征向量 v	[v, d] =eig(a)	V= -0.4504 0.9007 -0.4504 0.9007 -1.8014 0.9007 -0.4504 0.9007 -0.4504 d= 16.1168 -1.1168 -0.0000
diag(x)	产生 x 的对角矩阵	diag(a)	1 5 9

续表

函数名	功能	例子	
		输入	结果
[l, u] = lu(x)	方阵分解为三角矩阵	[l, u] = lu(a)	l = 0.1429 1.0000 0 0.5714 0.5000 1.0000 1.0000 0 0 u = 7.0000 8.0000 9.0000 0 0.8571 1.7143 0 0 0.0000
[q, r] = qr(x)	X 分解为一个正交方阵 Q 和一个与 x 同阶的上三角矩阵 R	[q, r] = qr(a)	q = -0.1231 0.9045 0.4082 -0.4924 0.3015 -0.8165 -0.8616 -0.3015 0.4082 r = -8.1240 -9.6011 -11.0782 0 0.9045 1.8091 0 0 -0.0000

7. 解线性方程组

对于线性代数方程组 Ax = b，我们可以运用左除运算符“\”像解一元一次方程那样简单地求解：

$$x = A\backslash b$$

当系数矩阵 A 为 N * N 的方阵时，MATLAB 会自行用高斯消去法求解线性代数方程组. 若右端项 b 为 N * 1 的列向量，则 x = A\b 可获得方程组的数值解 x(N * 1 的列向量)；若右端项 b 为 N * M 的矩阵，则 x = A\b 可同时获得同一系数矩阵 A、M 个方程组数值解 x(为 N * M 的矩阵)，即 x(:, j) = A\b(:, j)，j = 1, 2, …M.

用 rank 命令可判定方程组解的情况.

用命令 rref($\tilde{A}$)也可得出方程组的解. $\tilde{A}$ 为 A 的增广矩阵.

例 8 求解方程组 $\begin{cases} x + 2y + 3z = 17 \\ 2x - y + 2z = 8 \\ x + 3y = 7 \end{cases}$.

解 在 MATLAB 命令窗口输入：

```
A = [1 2 3 ;2 -1 2;1 3 0];    B = [17 8 7];
r1 = rank(A), r2 = rank([A, B']) %求矩阵 A 及其增广矩阵 Ã 的秩
r1 =
     3
r2 =
     3
```

由于 r1 = r2，则方程组有解.

解法 1 在 MATLAB 命令窗口输入：X = A\B' 按[enter]键显示如下：

```
>> X = A\B'
X =
    1
    2
    4
```

方程组的解为 x = 1，y = 2，z = 4.

解法 2 在 MATLAB 命令窗口输入：X = rref([A, B']) 按[enter]键显示如下：

```
>> X = rref([A, B'])
X =
    1    0    0    1
    0    1    0    2
    0    0    1    4
```

即方程组的解为 x = 1，y = 2，z = 4.

习题 8.4

1. 用多种方法创建数组及矩阵熟悉掌握各个命令.

2. 设 $A=\begin{pmatrix}2 & 2 & 3\\ 1 & -1 & 0\\ -1 & 2 & 1\end{pmatrix}$，$B=\begin{pmatrix}1 & 2 & 3\\ 2 & 2 & 1\\ 3 & 4 & 3\end{pmatrix}$，求 $A-B$，$2A+B$，AB，A^2B^T，A^TB.

3. 解线性方程组 $\begin{cases}x+2y+3z=4\\ 4x+2y+6z=1\\ 7x+4y+9z=2\end{cases}$.

§8.5 曲线拟合与插值运算实验

在生产和科学实践实验中，变量之间的函数关系不能直接写出表达式，而只能得到函数在若干点的函数值或导数数值. 当要求知道观测点之外的值时，需要估计函数值在该点的值. MATLAB 软件就能将这些杂乱数据进行分析后得到所需要的值.

8.5.1 曲线拟合

最小二乘法曲线拟合语法：

p = polyfit(x, y, n)　% 求出已知且单调数据 x，y 的 n 阶拟合多项式的系数 p.

例 1 对下面一组数据作二次多项式拟合

xi	0.1	0.2	0.4	0.5	0.6	0.7	0.8	0.9	1
yi	1.978	3.28	6.16	7.34	7.66	9.58	9.48	9.30	11.2

即要求做出多项式 $f(x) = a_1x^2 + a_2x + a_3$ 中的 a_1, a_2, a_3, 使得 $\sum_{i=1}^{11}[f(x_i) - y_i]^2$ 最小.

解 (1)输入以下命令:

```
x=0:0.1:1;
y=[ -0.447 1.978 3.28 6.16 7.08 7.34 7.66 9.56 9.48 9.30 11.2];
A=polyfit(x, y, 2)
z=polyval(A, x);
plot(x, y, 'k+', x, z, 'r')    % 作出数据点和拟合曲线的图形 (图 8-7)
```

(2)计算结果: A = -9.8108 20.1293 -0.0317

$$f(x) = -9.8108x^2 + 20.1293x - 0.0317$$

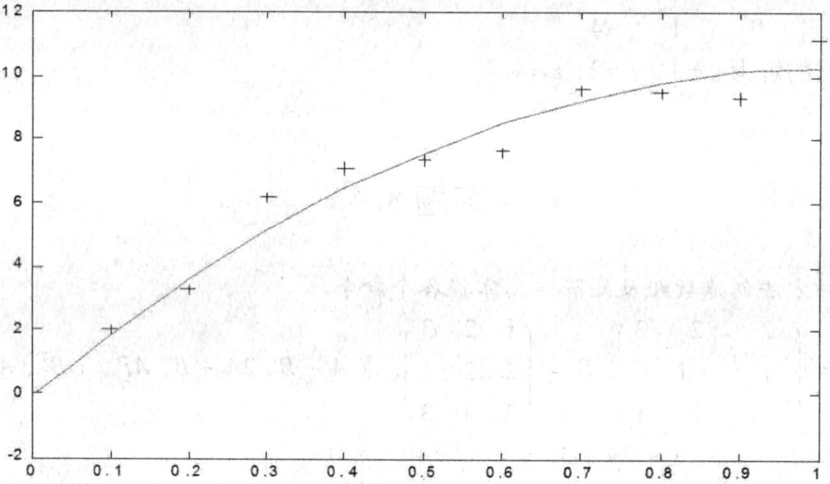

图 8-7

8.5.2 插值函数

1. 一维插值函数

语法:yi = interp1(x, y, xi, 'method')

其中, yi, xi 处的插值结果, x, y 插值节点, xi 被插值点, 'method' 插值方法.

插值方法有:'nearest':最邻近插值'linear':线性插值;'spline':三次样条插值;'cubic':立方插值. 此项缺省时是分段线性插值.

注意:所有的插值方法都要求 x 是单调的, 并且 xi 不能够超过 x 的范围.

例 2 在 1-12 的 11 小时内, 每隔 1 小时测量一次温度, 测得的温度依次为:5, 8, 9, 15, 25, 29, 31, 30, 22, 25, 27, 24. 试估计每隔 1/10 小时的温度值.

解

```
hours=1:12;
temps=[5 8 9 15 25 29 31 30 22 25 27 24];
h=1:0.1:12;
```

t = interp1(hours, temps, h, 'spline'); (直接输出数据将是很多的)

plot(hours, temps, '+', h, t, hours, temps, 'r:')　%作图

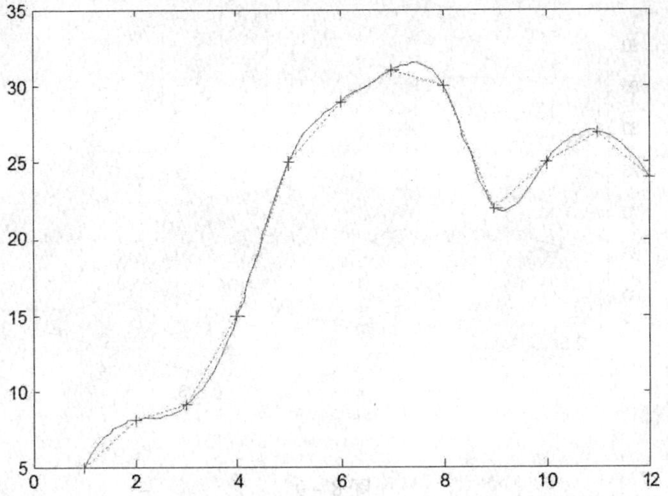

图 8-8

2. 二维插值

用 MATLAB 作网格节点数据的插值，语法：

z = interp2(x0, y0, z0, x, y, 'method')

其中，z 是被插值点的函数值，x0，y0，z0 插值节点，x，y，被插值点，'method'插值方法.

nearest 最邻近插值，linear 双线性插值 cubic，双三次插值，缺省时，双线性插值.

要求 x0，y0 单调；x，y 可取为矩阵，或 x 取行向量，y 取为列向量，x，y 的值分别不能超出 x0，y0 的范围.

例 3　测得平板表面 3 * 5 网格点处的温度分别为

82	81	80	82	84
79	63	61	65	81
84	84	82	85	86

试作出平板表面的温度分布曲面 z = f(x, y)的图形.

解　(1)先在三维坐标画出原始数据，画出粗糙的温度分布曲图.

输入以下命令：

x = 1:5;

y = 1:3;

temps = [82 81 80 82 84;79 63 61 65 81;84 84 82 85 86];

mesh(x, y, temps)

(2)以平滑数据，在 x、y 方向上每隔 0.2 个单位的地方进行插值.

再输入以下命令：

xi = 1:0.2:5;

yi = 1:0.2:3;

zi = interp2(x, y, temps, xi', yi, 'cubic');

mesh(xi, yi, zi) %画出插值后的温度分布曲面图.

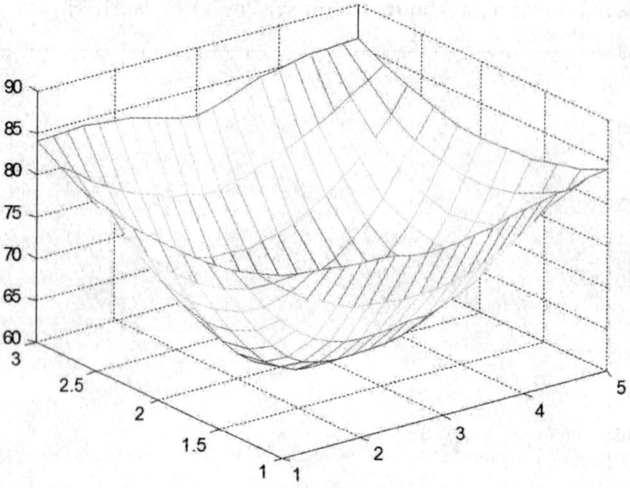

图 8-9

习题 8.5

1. 写出对函数 y = sinx 进行分段线性一维插值的 matlab 操作命令.

2. 分析数据

温度 t(℃)	20.5	32.7	51.0	73.0	95.7
电阻 R(Ω)	765	826	873	942	1032

拟合 $R = a_1t + a_2$ 中的 a_1、a_2 值.

3. 分析数据拟合出最佳多项式曲线.

0	1	2	3	4	5
0	21	61	70	77	110

复习题八

1. 在同一窗口画出 $y = e^x$ 与 $y = 10x$ 的图形.

2. 用 MATLAB 计算下列极限：

(1) $\lim\limits_{x \to 3} \dfrac{x-3}{x^2-9}$; (2) $\lim\limits_{x \to 0} \dfrac{\tan x - \sin x}{\sin^3 x}$.

3. 用 MATLAB 计算下列函数的导数：

(1) $y = \dfrac{1+\sin t}{1+\cos t}$; (2) $y = \dfrac{e^x}{x^2} + \ln 3$; (3) $y = a^x + e^x$.

4. 用 MATLAB 计算下列积分:

(1) $\int (e^x - 3\cos x)\,dx$;　　(2) $\int_{\frac{\pi}{4}}^{\frac{5\pi}{4}} (1 + \sin^2 x)\,dx$;　　(3) $\int_0^{+\infty} x^3 e^{-x^2}\,dx$.

5. 用 MATLAB 解方程 $(x^2 + y^2)\,dx - xy\,dy = 0$.

6. 计算行列式 $\begin{vmatrix} -2 & 5 & -1 & 3 \\ 1 & -9 & 13 & 7 \\ 3 & -1 & 5 & -5 \\ 2 & 8 & -7 & -10 \end{vmatrix}$.

7. 求矩阵 $A = \begin{pmatrix} 3 & 7 & -3 \\ -2 & -5 & 2 \\ -4 & -10 & 3 \end{pmatrix}$ 的逆矩阵.

8. 求矩阵 $A = \begin{pmatrix} 1 & 2 & -1 & 4 \\ 2 & 4 & 3 & 5 \\ -1 & -2 & 6 & -7 \end{pmatrix}$ 的秩.

9. 解方程组 $\begin{cases} x_1 - x_2 + 2x_3 = 1 \\ x_1 - 2x_2 - x_3 = 2 \\ 3x_1 - x_2 + 5x_3 = 3 \\ -2x_1 + 2x_2 + 3x_3 = -4 \end{cases}$.

10. 某种合金中的主要成分为 A, B 两种金属, 经过实验发现: 这两种金属成分之和 x 与合金的膨胀系数 y 有如下关系. 试建立描述这种关系的二次多项式.

x	37	37.5	38	38.5	39	39.5	40	40.5	41	41.5	42	42.5	43
y	3.4	3	3	2.27	2.1	1.83	1.53	1.7	1.8	1.9	2.35	2.54	2.9

习题参考答案

习题 1.1 答案

1. (1) 奇，(2) 非，(3) 偶，(4) 奇.
2. 在$(-\infty,0)$、$(0,+\infty)$上单调减少，不能.
4. $f(-2)=\sqrt{5}$, $f(1)=0$, $f(2)=3$, $f(4)$ 无意义.
5. $V=(a-2x)^2x$, $x\in\left(0,\dfrac{a}{2}\right)$.
6. $f=-1.96\times10^{-2}v$.
7. $y=\begin{cases}0.40x, & 0\leqslant x\leqslant 50\\ 0.65x-12.5, & x>50\end{cases}$.
8. $y=\sqrt{d^2-x^2}$, $x\in(0,d)$.

习题 1.2 答案

1. (1)0，(2)0，(3)2，(4)0，(5)1，(6)3.
2. 略.
3. (1)0，(2)1，(3)1，(4) 不存在，(5) 不存在.
5. (1)2，(2)2，(3) -4，(4)∞，(5)∞，(6)0.
6. (1) $\dfrac{1}{2}$，(2)0，(3)∞，(4) $\dfrac{4}{3}$，(5)2，(6)1，(7) -2.
7. (1)ω，(2) $\dfrac{3}{2}$，(3)3，(4)1，(5)2，(6)0，(7)3，(8)1.
8. (1) $\dfrac{1}{e}$，(2)e^2，(3) $\sqrt{e}$，(4)e^2，(5)e^{-k}，(6)e.

习题 1.3 答案

1. (1) $\Delta x=1$，$\Delta y=17$；(2) $\Delta x=-1$，$\Delta y=-5$；
(3) $\Delta x=\Delta x$，$\Delta y=10\Delta x+6(\Delta x)^2+(\Delta x)^3$；
(4) $\Delta x=x_1-x_0$，$\Delta y=(x_1-x_0)(x_1{}^2+x_0x_1+x_0{}^2-2)$.
2. (a) $\Delta x>0$，$\Delta y<0$；(b) $\Delta x<0$，$\Delta y>0$；(c) $\Delta x<0$，$\Delta y<0$.
3. 在 $x=0$，$x=2$ 点连续，$x=1$ 点不连续.
4. (1) $x=-1$；(2) $x=0$；(3) $x=2$; $x=1$；(4) $x=0$.
5. (1) $\sqrt{3}$，(2) -9，(3) $-\dfrac{e^{-2}+1}{2}$，(4) $\dfrac{1}{2}$，(5) $\dfrac{5\sqrt{3}}{4}$，(6) $\dfrac{1}{20}$，(7) $-\dfrac{\sqrt{2}}{2}$，(8) $-\dfrac{\sqrt{2}}{2}$.

复习题一答案

1. (1) 偶，2π；(2) 非，2π；(3) 非.
2. (1) 偶，(2) 偶，(3) 奇.
3. (1) $\dfrac{4}{3}$，(2) $\dfrac{3}{10}$，(3) 0，(4) ∞，(5) $-\dfrac{1}{64}$，(6) 1，(7) $\dfrac{\sqrt{3}}{2}$，(8) $\dfrac{a}{2}$，(9) $\dfrac{1}{2}$，(10) e^{-1}，(11) 2，(12) 0.
4. $$s(t)=\begin{cases}0, & t\leqslant 0\\ \dfrac{1}{2}t^2, & 0<t\leqslant 1\\ 1-\dfrac{1}{2}(2-t)^2, & 1<t\leqslant 2\\ 1, & t>2\end{cases}.$$

习题 2.1 答案

1. (1) $\bar{v}=7+3\triangle t$; (2) $v|_{t=2}=7$; (3) $\bar{v}=6t_0-5+3\triangle t$; (4) $v|_{t=t_0}=6t_0-5$.

2. gt_0.

3. $i(t_0)=\lim\limits_{\triangle t\to 0}\dfrac{Q(t_0+\triangle t)-Q(t_0)}{\triangle t}$.

4. (2,4).

习题 2.2 答案

1. (1) $y'=6x+\dfrac{4}{x^3}-\sin x$; (2) $y=2x\sin x+(1+x^2)\cos x$;

(3) $y=2x-\dfrac{5}{2x^3\sqrt{x}}-\dfrac{3}{x^4}$; (4) $u'=\dfrac{1}{1+\sin 2t}$;

(5) $\rho'=\dfrac{1}{2\sqrt{\varphi}}\sin\varphi+\sqrt{\varphi}\cos\varphi$; (6) $y'=\dfrac{3}{x}+\dfrac{2}{x^2}+\sec^2 x$;

(7) $y'=\tan x+x\sec^2 x-2\sec x\tan x$; (8) $y'=\dfrac{16}{5}x^{\frac{11}{5}}$;

(9) $y'=\dfrac{9}{4}x^{\frac{5}{4}}$; (10) $y'=2e^x\cos x$;

(11) $y'=-\dfrac{2x}{3\sqrt[3]{(1-x^2)^2}}$; (12) $y'=\omega\cos(\omega x+\varphi)$;

(13) $y'=\tan\dfrac{x}{2}\sec^2\dfrac{x}{2}$; (14) $y'=2\cot 2x$;

(15) $y'=-6x\cos^2(x^2+1)\sin(x^2+1)$; (16) $y'=\dfrac{2x^2-x+1}{\sqrt{x^2+1}}$;

(17) $y'=\dfrac{2}{x}(1+\ln x)$; (18) $y'=-\csc^2 x$;

(19) $y'=\dfrac{3}{x}\sec^3(\ln x)\tan(\ln x)$; (20) $y'=\dfrac{-2x}{x^4-1}$.

2. (1) $y'|_{x=1}=6$; (2) $f'\left(\dfrac{\pi}{4}\right)=\dfrac{\sqrt{2}}{4}\left(1+\dfrac{\pi}{2}\right)$;

(3) $y'|_{x=\pi}=6\pi-1$; (4) $\varphi'(1)=2$;

(5) $y'|_{x=1}=-1$; (6) $y'|_{x=\frac{\pi}{4}}=-1$.

3. (1) $y'=\left(\dfrac{2}{3}\right)^x\ln\dfrac{2}{3}+\dfrac{2}{3}x^{-\frac{1}{3}}$; (2) $y'=-\sin x e^{\cos x}$;

(3) $y'=\dfrac{e^{2x}}{\sqrt{e^{2x}+1}}$; (4) $y'=2^x\ln 2\cos(2^x)$;

(5) $y' = \frac{\ln x - 1}{\ln^2 x} \cdot 2^{\frac{x}{\ln x}} \cdot \ln 2$;　　(6) $y' = \frac{5}{\sqrt{1-25x^2}}$;

(7) $y' = \frac{e^{\sqrt{x}}}{2\sqrt{x}(1+e^{2\sqrt{x}})}$;　　(8) $y' = -\frac{1}{x\sqrt{1-\ln^2 x}}$;

4. (1) $y' = \frac{1+21x^6}{5y^4+2}$;　　(2) $y' = -\sqrt{\frac{y}{x}}$;

(3) $y' = \frac{e^x - y}{x-1}$;　　(4) $y' = -\frac{1+y\sin(xy)}{x\sin(xy)}$;

(5) $y'\big|_{\substack{x=0\\y=1}} = 1$;　　(6) $y'\big|_{\substack{x=0\\y=1}} = \frac{1}{e}$.

5. (1) $y'' = 12(x+3)^2$;　　(2) $y'' = e^x - \frac{1}{x^2}$;

(3) $y'' = \left(\frac{3}{5}\right)^x\left(\ln\frac{3}{5}\right)^2$;　　(4) $y'' = -\frac{1}{2}\cos x$.

6. (1) $y^{(n)} = \cos\left(x + \frac{n\pi}{2}\right)\ (n \in z)$;　　(2) $y^{(n)} = (\ln a)^n a^x$.

7. 切线方程: $y = 2x$.

8. 切线方程: $y = 2x + 2$ 和 $y = 2x - 2$.

9. 当 $t = 2$ 或 $t = 3$ 时, $v = 0$.

10. $v\big|_{t=\frac{T}{4}} = 0$.

11. $(1, e^{-1})$, 切线方程: $y = e^{-1}$.

12. $v\big|_{t=\frac{1}{2a}} = \frac{b}{a}(1 - e^{-\frac{1}{2}})$.

13. $v = -A\omega\sin(\omega t + \varphi)$, $a = -A\omega^2\cos(\omega t + \varphi)$.

习题 2.3 答案

1. (1) $dy = 0.2$, $\triangle y = 0.21$, $\triangle y - dy = 0.01$;
(2) $dy = -0.02$, $\triangle y = -0.0199$, $\triangle y - dy = 0.0001$.

2. (1) $dy = (3x^2 + 4x)dx$;　(2) $dy = \left(2x - \frac{1}{2}x^{-\frac{1}{2}}\right)dx$;　(3) $dy = \frac{-4x}{(x^2-1)^2}dx$;
(4) $dy = (-\sin 2x + \sec^2 x)dx$;　(5) $dy = 3(x+2)^2 dx$;
(6) $dy = e^{-x}[\sin(3-x) - \cos(3-x)]dx$.

3. (略)

4. $3a^2h$ (立方单位).

5. $2\pi r_0 h$ (平方单位).

6. (1) 2.745;　(2) 9.993.

复习题二答案

1. (1) $y' = -\frac{1}{x^2} - \frac{1}{2x\sqrt{x}} - \frac{1}{3x\sqrt[3]{x}}$;　　(2) $y' = 2^x(\ln 2 \cdot x\sin x + \ln 2 \cdot \cos x + x\cos x)$;

(3) $y' = \frac{1}{3\sqrt[3]{(x+1)^2}} e^{\sqrt[3]{x+1}}$;　　(4) $y' = -\frac{1}{\sqrt{x^2-1}}$;

(5) $y' = \frac{1}{2+x^2}$;　　(6) $y' = -\cot^3 x$;

(7) $\left.\frac{dy}{dx}\right|_{\substack{x=e \\ y=\frac{e}{2}}} = \frac{1}{4}$.

2. (1) $dy = \ln 5 \cdot \frac{1}{x} \cdot 5^{\tan \ln x} \cdot \sec^2 \ln x dx$;　　(2) $dy = 3x^2\sin(2x^3)dx$;

(3) $dy = -2^{-\frac{1}{\cos x}}\ln 2 \cdot \frac{\sin x}{\cos^2 x}dx$;　　(4) $dy = \frac{1}{\cos x}dx$;

(5) $dy = \left(9x^3\sqrt{x} - \frac{5}{2}x\sqrt{x} + \frac{3}{2\sqrt{x}} - 6x^2 + 1 + \frac{3}{x^2}\right)dx$.

3. (1) 0.4849;　　(2) 1.013.

4. (1) 在点$\left(\frac{1}{2}, \frac{9}{4}\right)$处的切线平行于$x$轴；(2) 在点$(0,2)$处的切线平行于第Ⅰ象限的角平分线.

5. 当$a = \frac{1}{2e}$时，两曲线相切.

6. $v = s' = e^{-kt}(\omega\cos\omega t - k\sin\omega t)$, $a = s'' = e^{-kt}[(k^2 - \omega^2)\sin\omega t - 2k\omega\cos\omega t]$.

习题 3.1 答案

1. (1) 单调减少； (2) 单调增加； (3) 单调增加.

2. (1) $(-\infty, -1)$ 与 $(3, +\infty)$ 为单调增加区间，$(-1,3)$ 为单调减少区间；

(2) $\left(0, \frac{1}{2}\right)$ 为单调减少区间，$\left(\frac{1}{2}, +\infty\right)$ 为单调增加区间；

(3) $\left(-\infty, \frac{1}{2}\right)$ 为单调减少区间，$\left(\frac{1}{2}, +\infty\right)$ 为单调增加区间.

3. (1) 当 $t=2$ 及 $t=10$ 时速度为零；

(2) 当 t 在 $(2,10)$ 时，质点做后退运动.

4. (1) 在 $(0, +\infty)$ 内，曲线是凸的； (2) 在 $(-\infty, +\infty)$ 内，曲线是凸的；

(3) 在 $(0, +\infty)$ 内，曲线是凹的.

5. (1) $\left(-\infty, -\frac{1}{2}\right)$ 为凸区间，$\left(-\frac{1}{2}, +\infty\right)$ 为凹区间，拐点为 $\left(-\frac{1}{2}, 2\right)$；

(2) $(-\infty, -1)$ 与 $(1, +\infty)$ 为凸区间，$(-1,1)$ 为凹区间，拐点为 $(-1, \ln 2)$ 与 $(1, \ln 2)$.

6. $a=-3$，拐点为 $(1, -7)$；$(-\infty, 1)$ 为凸区间，$(1, +\infty)$ 为凹区间.

7. $a=-\frac{3}{2}$，$b=\frac{9}{2}$.

习题 3.2 答案

1. (1) 当 $x=2$ 时，函数有极小值 -5；

(2) 当 $x=-\frac{1}{2}$ 时，函数有极大值 $\frac{15}{4}$；当 $x=1$ 时，函数有极小值 -3；

(3) 当 $x=0$ 时，函数有极小值 0；

(4) 无极值.

2. (1) 极大值 $f\left(\frac{\pi}{4}\right)=\sqrt{2}$；

(2) 极大值 $f\left(\frac{\pi}{4}\right)=\frac{\sqrt{2}}{2}e^{\frac{\pi}{4}}$，极小值 $f\left(\frac{5\pi}{4}\right)=-\frac{\sqrt{2}}{2}e^{\frac{5\pi}{4}}$.

3. $a=2$.

4. (1) 当 $x=\pm 2$ 时，函数有最大值 13；当 $x=\pm 1$ 时，函数有最小值 4.

(2) 当 $x=-\frac{\pi}{2}$ 时，函数有最大值 $\frac{\pi}{2}$；当 $x=\frac{\pi}{2}$ 时，函数有最小值 $-\frac{\pi}{2}$.

(3) 当 $x=\frac{3}{4}$ 时，函数有最大值 $\frac{5}{4}$；当 $x=-5$ 时，函数有最小值 $-5+\sqrt{6}$.

(4) 当 $x=1$ 时，函数有最大值 -29；当 $x=3$ 时，函数有最小值 -61.

5. 当两数相等时其乘积最大.

6. 当小正方形的边长为$\frac{1}{3}(10-2\sqrt{7})$cm 时，盒子的容积最大.

7. 取$\frac{24\pi}{4+\pi}$cm 的一段做成圆，$\frac{96}{4+\pi}$cm 的一段做成正方形，才能使圆与正方形的面积之和最小.

9. 宽为$\frac{30}{4+\pi}$m 时，才能使横截面的面积最大.

10. 变压器设在在输电干线上离 A 点 1.2km 处时，所需电线最短.

11. 经过 5h 两船相距最近.

习题 3.3 答案

1. (1) $\frac{a}{b}$；(2) $-\frac{3}{5}$；(3)2；(4)$\cos a$；(5) $-\frac{1}{8}$；(6)1；(7) $\frac{1}{2}$；(8) $\frac{1}{2}$；(9) $+\infty$；(10) $-\frac{1}{2}$.

2. (1)1；(2)1；(3)e^2.

复习题三答案

1. (1) $\frac{m}{n}a^{m-n}$；(2) $\frac{1}{3}$；(3) $-\frac{1}{2}$；(4)0；(5)∞；(6)0；(7)1；(8)0.

2. (1)$(-\infty,-1)$与$(3,+\infty)$为单调增加区间；$(-1,3)$为单调减少区间.

(2)$\left(0,\frac{\pi}{3}\right)$与$\left(\frac{5}{3}\pi,2\pi\right)$为单调减少区间；$\left(\frac{\pi}{3},\frac{5}{3}\pi\right)$为单调增加区间.

3. (1) 极小值 $y(1)=0$，极大值 $y(e^2)=\frac{4}{e^2}$；

(2) 极小值 $y(-1)=-1$，极大值 $y(1)=1$.

4. $a=-\frac{1}{27}$、$b=0$、$c=1$、$d=4$.

5. 在地平面上离 B 点 100m 处挖管道时，掘进费最省.

6. 炸药包进埋的深度为 $h=\frac{\sqrt{3}}{3}R$ 时，爆破体积最大.

7. $\left(-\infty,1-\frac{\sqrt{2}}{2}\right)$与$\left(1+\frac{\sqrt{2}}{2},+\infty\right)$为凹区间，$\left(1-\frac{\sqrt{2}}{2},1+\frac{\sqrt{2}}{2}\right)$为凸区间，拐点为$\left(1-\frac{\sqrt{2}}{2},\sqrt{e}\right)$及$\left(1+\frac{\sqrt{2}}{2},\sqrt{e}\right)$.

习题 4.1 答案

1. (略)

2. $y = \frac{x^2}{2} + 1$.

3. $s = \sin t + 9$.

习题 4.2 答案

1. (1) $e^x + x + C$; (2) $\frac{a^x e^x}{1 + \ln a} + C$;

(3) $-\frac{2}{3x\sqrt{x}} + C$; (4) $3x - 2\ln|x| - \frac{1}{x} - \frac{1}{2x^2} + C$;

(5) $\ln|x| + \frac{3^x}{\ln 3} + \tan x - e^x + C$; (6) $x + 4\ln|x| - \frac{4}{x} + C$;

(7) $\frac{2}{3}x\sqrt{x} - 2x + C$; (8) $2\arctan x + \ln|x| + C$;

(9) $x - \arctan x + C$; (10) $x^3 + \arctan x + C$;

(11) $2\sin x + C$; (12) $-\cot x - 2x + C$;

(13) $-\cot x - \tan x + C$; (14) $\frac{1}{2}\tan x + C$.

2. (1) $\frac{1}{5}$; (2) $\frac{1}{6}$; (3) $\frac{1}{2}$; (4) $\frac{1}{8}$; (5) $-\frac{1}{4}$; (6) $\frac{1}{6}$; (7) $\frac{1}{3}$; (8) -2;

(9) $\frac{3}{2}$; (10) $\frac{1}{5}$; (11) $\frac{1}{3}$; (12) $\frac{1}{2}$.

3. (1) $-\frac{1}{2}\ln|1 - 2x| + C$; (2) $-3\cos\frac{t}{3} + C$;

(3) $\frac{1}{4}(x^2 - 3x + 2)^4 + C$; (4) $\frac{1}{12}(2x - 1)^6 + C$;

(5) $-\frac{1}{8}(3 - 2x)^4 + C$; (6) $\sqrt{x^2 - 2} + C$;

(7) $\frac{1}{\cos x} + C$; (8) $2\sqrt{\sin x} + C$;

(9) $\frac{2}{3}\sqrt{a^2 + x^3} + C$; (10) $\frac{2}{3}(2 + e^x)\sqrt{2 + e^x} + C$;

(11) $-\frac{1}{2\ln^2 x} + C$; (12) $\frac{1}{2}\ln(x^2 + 3) + C$;

(13) $-\frac{1}{b}\ln|a + b\cos x| + C$; (14) $\frac{1}{2b}\sin(a + bx^2) + C$;

(15) $-\frac{1}{9}\cos 3x^3+C$;　　(16) $-e^{-x}+C$;

(17) $e^{\sin x}+C$;　　(18) $\frac{a^{x^3}}{3\ln a}+C$;

(19) $-\frac{1}{a}\cos ax-be^{\frac{x}{b}}+C$;　　(20) $\frac{1}{2}\arctan\frac{x}{2}+C$;

(21) $\frac{1}{2}x-\frac{1}{2}\sin x+C$.

4. (1) $\frac{3}{2}\sqrt[3]{(x+1)^2}-3\sqrt[3]{x+1}+3\ln\left|1+\sqrt[3]{x+1}\right|+C$;

(2) $\ln\left|\frac{\sqrt{x+1}-1}{\sqrt{x+1}+1}\right|+C$;　　(3) $\ln\frac{\sqrt{1+e^x}-1}{\sqrt{1+e^x}+1}+C$;

(4) $\frac{9}{2}\arcsin\frac{x}{3}-\frac{x}{2}\sqrt{9-x^2}+C$;　　(5) $\frac{1}{4}\arcsin 2x+\frac{x}{2}\sqrt{1-4x^2}+C$.

5. (1) $-x\cos x+\sin x+C$;　　(2) $\frac{1}{2}x^2\ln x-\frac{1}{4}x^2+C$;

(3) $x\arccos x-\sqrt{1-x^2}+C$;　　(4) $-e^{-x}(x+1)+C$;

(5) $x\ln(1+x^2)-2x+2\arctan x+C$;　　(6) $-\frac{1}{4}x\cos 2x+\frac{1}{8}\sin 2x+C$.

6. (1) $\sqrt{1+2x}+C$;　　(2) $2\arctan\sqrt{x}+C$;

(3) $-\frac{1}{2(1+x^2)}+C$.

7. (1) $\frac{1}{2(2+x)}-\frac{1}{4}\ln\left|\frac{2+x}{x}\right|+C$;　　(2) $\frac{1}{\sqrt{3}}\arctan\frac{2\tan x+1}{\sqrt{3}}+C$;

(3) $\frac{1}{2}\arctan\frac{x+1}{2}+C$.

8. $y=\frac{1}{2}x^2-3x+13$.

9. $y=x-\frac{x^2}{2}-\frac{11}{2}$.

10. $s=t^3+2t^2$.

复习题四答案

1. (1) $\tan x - \cot x + C$;　　(2) $\frac{1}{8}x - \frac{1}{32}\sin 4x + C$;

(3) $-2\cos\sqrt{x} + C$;　　(4) $-2\cot x + \frac{2}{\sin x} - x + C$;

(5) $\frac{1}{6}(2x^2+1)\sqrt{2x^2+1} + C$;　　(6) $\frac{1}{4}(\ln x)^4 + C$;

(7) $2\ln|\ln x| + C$;　　(8) $-2\sqrt{2}\cos\frac{x}{2} + C$;

(9) $\arctan e^x + C$;　　(10) $e^x + e^{-x} + C$;

(11) $\frac{1}{3}(\arctan x)^3 + C$;　　(12) $\frac{1}{2\sqrt{3}}\arctan\frac{2x}{\sqrt{3}} + C$;

(13) $\frac{1}{a}\arctan\frac{\sin x}{a} + C$;

(14) $\frac{1}{3}x^3\ln(x-3) - \frac{1}{9}x^3 - \frac{1}{2}x^2 - 3x - 9\ln(x-3) + C$;

(15) $\frac{3}{4}\cos 2x - \frac{1}{2}x^2\cos 2x + \frac{1}{2}x\sin 2x + C$;

(16) $2\sqrt{x}\sin\sqrt{x} + 2\cos\sqrt{x} + C$.

2. $y = \frac{a}{2}(e^{\frac{x}{a}} + e^{-\frac{x}{a}})$.

3. $y = x^3 - 3x + 2$.

4. $y = x^3 - 6x^2 + 9x + 2$.

5. $s = 45\text{m}$, $t = 6\text{s}$.

6. $s = \frac{2}{3}t^3$.

习题 5.1 答案

1. $A=\int_1^3(x^2+1)dx$.

2. (1)$\int_0^{\frac{\pi}{2}}\sin x dx>0$; (2)$\int_{-\frac{\pi}{2}}^0\sin x\cos x dx<0$; (3)$\int_{-1}^2 x^2dx>0$.

4. (1)$4p+3(b-a)$; (2)$16q+24p+9(b-a)$; (3)$4q-3(b-a)$.

5. (1)$3\leqslant\int_{-1}^2(x^2+1)dx\leqslant15$; (2)$-8e^2\leqslant\int_{-2}^2 xe^{-x}dx\leqslant\frac{4}{e}$.

习题 5.2 答案

1. (1)20; (2)$\frac{\pi}{6}$; (3)$\frac{\pi}{3}$; (4)-4 (5)$1+\frac{\pi}{4}$; (6)$\frac{5}{2}$.

2. (1)$\frac{\pi}{12}$; (2)$2(\sqrt{3}-1)$; (3)$\frac{5}{64}\pi-\frac{1}{8}$; (4)1; (5)$\frac{\pi}{2}$.

3. (1)1; (2)$\frac{\pi}{12}+\frac{\sqrt{3}}{2}-1$; (3)$\frac{1}{4}(1+e^2)$; (4)$4(\ln4-1)$; (5)0.

4. (1)$\frac{1}{3}$; (2)发散; (3)$\frac{1}{2}$; (4)π; (5)π.

习题 5.3 答案

1. (1)$\frac{76}{3}$; (2)$4\frac{1}{2}$.

2. (1)$\frac{1}{2}$; (2)5; (3)$\frac{3}{2}-\ln2$; (4)$\frac{9}{4}$; (5)$\frac{\pi}{2}+\frac{1}{3}$.

3. (1)$\frac{512\pi}{15}$; (2)$\frac{5\pi}{24}$; (3)$\frac{44\pi}{15}$; (4)$\frac{3\pi}{10}$.

4. $\frac{\pi}{16}(m^3)$.

复习题五答案

1. (1)6.5； (2) $\frac{1}{6}(a-b)^3$； (3)0； (4) $\frac{7}{72}$； (5) $\frac{2}{5}$； (6) $\ln\frac{2e}{1+e}$； (7) $\frac{\pi}{4}-\frac{1}{2}$； (8) $\frac{e^{\pi}+1}{2}$； (9) $\frac{3}{2}$； (10) $4\ln 4-4$.

2. $\frac{9}{4}$.

3. $\frac{4}{3}\pi$.

4. (1) $\frac{1}{2}$； (2)1.

习题 6.1 答案

1. (1) -2; (2)0; (3)abc; (4)0 .

3. $A_{11} = 0, A_{41} = 39, A_{44} = 28$.

4. (1)$x_1 = 1$, $x_2 = 2$, $x_3 = -2$;

(2)$x_1 = \dfrac{b-a-1}{2a}$, $x_2 = \dfrac{a-b-1}{2b}$, $x_3 = -\dfrac{a+b+1}{2}$.

习题 6.2 答案

1. (1)189; (2)1; (3)11 .

习题 6.3 答案

1. $x_1 = 3$, $x_2 = -4$, $x_3 = -1$, $x_4 = 1$.
2. $x_1 = 2$, $x_2 = -3$, $x_3 = 4$, $x_4 = -5$.
3. $x_1 = -3$, $x_2 = 3$, $x_3 = 5$, $x_4 = 0$.

复习题六答案

1. $x = -15$ 或 $x = 2$.
2. $(a+b+c)^3$.
3. 当 a、b、c 互不相等时, $x = a$, $y = b$, $z = c$.

习题 7.1 答案

1. $A + A' = \begin{pmatrix} 6 & 8 & 1 \\ 8 & 8 & 9 \\ 1 & 9 & 10 \end{pmatrix}$, $A - A' = \begin{pmatrix} 0 & 4 & 3 \\ -4 & 0 & 5 \\ -3 & -5 & 0 \end{pmatrix}$.

2. $X = \begin{pmatrix} \frac{5}{2} & \frac{1}{2} & -\frac{1}{2} & 0 \\ \frac{5}{2} & -3 & 1 & 0 \\ -\frac{3}{2} & 1 & -4 & -1 \end{pmatrix}$.

3. (1) $\begin{pmatrix} 0 & 1 \\ 0 & 0 \end{pmatrix}$;　(2) $[0]$;　(3) $\begin{pmatrix} -4 & 2 & 0 \\ -2 & 1 & 0 \\ 2 & -1 & 0 \\ -6 & 3 & 0 \end{pmatrix}$;

(4) $\begin{pmatrix} 9 & -2 & -1 \\ 9 & 9 & 11 \end{pmatrix}$.

习题 7.2 答案

1. (1) $x_1 = 1, x_2 = 2, x_3 = -4$.

(2) $x_1 = 1, x_2 = 0, x_3 = -1, x_4 = -2$.

2. (1) 2;　(2) 3;　(3) 3;　(4) 3.

习题 7.3 答案

1. (1) $\begin{pmatrix} 1 & -2 & 7 \\ 0 & 1 & -2 \\ 0 & 0 & 1 \end{pmatrix}$;　(2) 不存在;

(3) $\begin{pmatrix} \cos\alpha & -\sin\alpha & 0 \\ \sin\alpha & \cos\alpha & 0 \\ 0 & 0 & 1 \end{pmatrix}$;　(4) $\begin{pmatrix} -5 & 0 & -8 \\ -3 & -1 & -6 \\ 2 & 0 & 3 \end{pmatrix}$;

(5) $\begin{pmatrix} -10 & 2 & -5 \\ -5 & 1 & -2 \\ 6 & -1 & 3 \end{pmatrix}$;　　(6) $\begin{pmatrix} -\frac{5}{2} & 1 & -\frac{1}{2} \\ 5 & -1 & 1 \\ \frac{7}{2} & -1 & \frac{1}{2} \end{pmatrix}$.

2. (1) $\begin{pmatrix} 2 & -23 \\ 0 & 8 \end{pmatrix}$;　(2) 不存在;　(3) $\begin{pmatrix} 11 & 5 & -50 \\ 10 & 0 & -40 \\ -4 & -2 & 19 \end{pmatrix}$.

3. (1) $x_1 = 1, x_2 = 2, x_3 = 3$.
(2) $x_1 = 1, x_2 = 2, x_3 = 3$.

习题 7.4 答案

1. (1) $x_1 = -1, x_2 = -1, x_3 = 0, x_4 = 1$;

(2) $\begin{cases} x_1 = \frac{13}{7} - \frac{3}{7}c_1 - \frac{13}{7}c_2 \\ x_2 = -\frac{4}{7} + \frac{2}{7}c_1 + \frac{4}{7}c_2 \\ x_3 = c_1 \\ x_4 = c_2 \end{cases}$ (c_1, c_2 为任意常数);

(3) 无解;

(4) $x_1 = x_2 = x_3 = x_4 = 0$.

2. (1) 有; (2) 无.

3. (1) 当 $\lambda = 2$ 时, 方程组有解 $\begin{cases} x_1 = \frac{9}{16} + 3c_1 + 9c_2 \\ x_2 = \frac{5}{16} + 7c_1 + 5c_2 \\ x_3 = 16c_1 \\ x_4 = 16c_2 \end{cases}$ (c_1, c_2 为任意常数);

(1) 当 $\lambda=5$ 时，方程组有解 $\begin{cases} x_1 = \frac{4}{5} - \frac{1}{5}c_1 - \frac{6}{5}c_2 \\ x_2 = \frac{3}{5} + \frac{3}{5}c_1 - \frac{7}{5}c_2 \\ x_3 = c_1 \\ x_4 = c_2 \end{cases}$ （c_1, c_2 为任意常数）.

4. (1)5；　(2) $m=0$ 或 $m=-3\pm 2\sqrt{21}$.

复习题七答案

1. (1) $(-7, -20, 27)$；　(2) $\begin{pmatrix} 7 & -6 \\ -5 & 4 \\ 1 & 4 \end{pmatrix}$.

2. (1) $\begin{pmatrix} -\frac{5}{2} & 1 & -\frac{1}{2} \\ \frac{3}{2} & -\frac{3}{5} & \frac{3}{10} \\ -\frac{1}{2} & \frac{1}{5} & \frac{1}{10} \end{pmatrix}$；　(2) $\begin{pmatrix} 22 & -6 & -26 & 17 \\ -17 & 5 & 20 & -13 \\ -1 & 0 & 2 & -1 \\ 4 & -1 & -5 & 3 \end{pmatrix}$.

3. (1) $x_1=1$, $x_2=-1$, $x_3=2$；　(2) $x_1=\frac{22}{9}$, $x_2=-\frac{2}{3}$, $x_3=\frac{1}{9}$.

4. (1)3；　(2)4.

5. (1) $\eta_1=\left(-\frac{5}{14}, -\frac{3}{14}, 1, 0\right)'$, $\eta_2=\left(-\frac{1}{2}, \frac{1}{2}, 0, 1\right)'$, 全部解为 $X=C_1\eta_1+C_2\eta_2$（C_1, C_2 为任意常数）.

(2) $\eta_1=\left(-\frac{62}{7}, 0, -\frac{25}{7}, 1, 0\right)'$, $\eta_2=\left(\frac{13}{7}, 0, \frac{4}{7}, 0, 1\right)'$, 全部解为 $X=C_1\eta_1+C_2\eta_2$（C_1, C_2 为任意常数）.

6. (1) $X = C_1\begin{pmatrix} \frac{1}{11} \\ -\frac{5}{11} \\ 1 \\ 0 \end{pmatrix} + C_2\begin{pmatrix} -\frac{9}{11} \\ -\frac{1}{11} \\ 0 \\ 1 \end{pmatrix} + \begin{pmatrix} -\frac{2}{11} \\ \frac{10}{11} \\ 0 \\ 0 \end{pmatrix}$ (C_1, C_2 为任意常数).

(2) $X = C\begin{pmatrix} -2 \\ 1 \\ 1 \end{pmatrix} + \begin{pmatrix} -1 \\ 2 \\ 0 \end{pmatrix}$ (C 为任意常数).

7. 当 $t \neq -2$ 时, 只有零解. 当 $t = -2$ 时, 有非零解, 且非零解为 $X = C\begin{pmatrix} 0 \\ 0 \\ 1 \\ 1 \end{pmatrix}$ (C 为任意常数).

8. 当 $a = 1$ 且 $b = \frac{1}{2}$ 时, 方程组有解 $\begin{cases} x_1 = 2 - c \\ x_2 = 2 \\ x_3 = c \end{cases}$ (c 为任意常数);

当 $a = 1$ 且 $b \neq \frac{1}{2}$ 方程组无解;

当 $a \neq 1$ 且 $b \neq 0$ 时, 方程组有解 $x_1 = \frac{2b - 1}{b(a - 1)}$, $x_2 = \frac{1}{b}$, $x_3 = \frac{2ab - 4b + 1}{b(a - 1)}$;

当 $b = 0$ 时方程组无解.

习题 8.1

1.(略)

2.(1)14; (2) -8.5; (3)0.6816 .

习题 8.2

1. x=1:4;y=[2, 0, 1, 3];

plot(x, y)

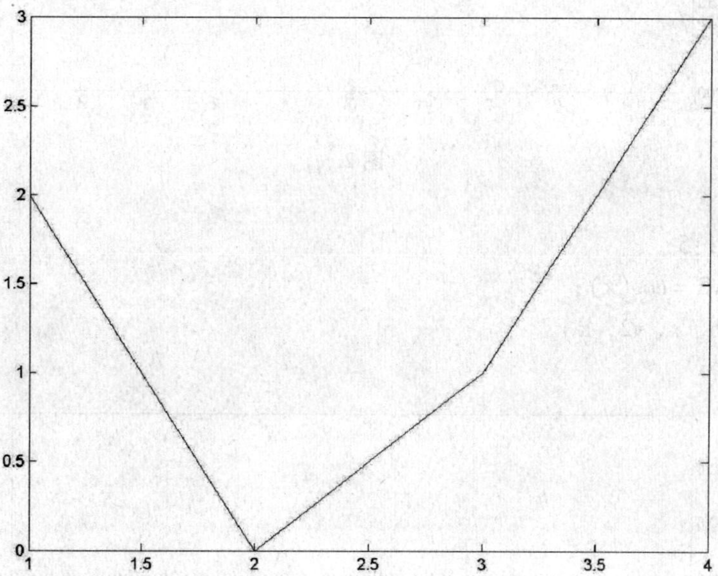

图 1

2. x= -5:0.1:5;

y=x.^3 -2*x.^2+1;

plot(x, y)

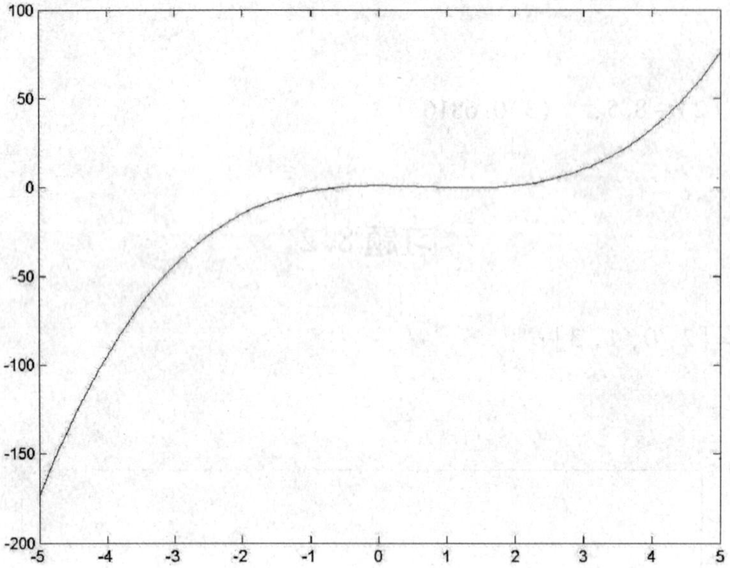

图 2

3. x = −5:0.1:5;
y1 = sin(x); y2 = cos(x);
plot(x, y1, 'b', x, y2, 'k')

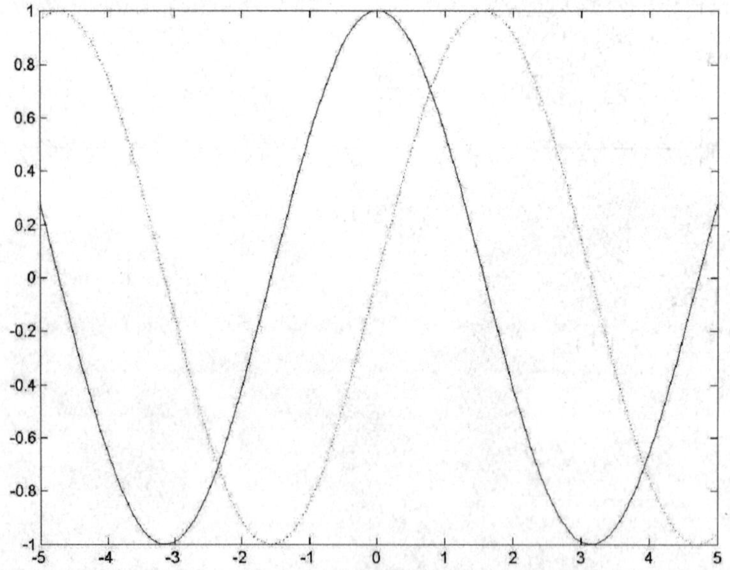

图 3

习题 8.3

1.(1)(x－1)＊(1＋x^4＋x^3＋x^2＋x)＊(1＋x^20＋x^15＋x^10＋x^5)＊(1＋x)＊(1－x＋x^2－x^3＋x^4)＊(1－x^5＋x^10－x^15＋x^20)＊(1＋x^2)＊(x^8－x^6＋x^4－x^2＋1)＊(x^40－x^30＋x^20－x^10＋1)

(2)2

(3)2＊exp(－3＊x)－12＊x＊exp(－3＊x)＋9＊x^2＊exp(－3＊x)

(4)1/4＊2^(1/2)＊pi^(1/2)

2. 1/2＊x^2＋1/2＊(x－1)^(1/2)＊(1＋x)^(3/2)－1/2＊(x－1)^(1/2)＊(1＋x)^(1/2)－1/2＊((1＋x)＊(x－1))^(1/2)/(1＋x)^(1/2)/(x－1)^(1/2)＊log(x＋(x^2－1)^(1/2))

3. 6＊(x^2＋1)^2＊(x＋2)^2＊x^7＋2＊(x^2＋1)^3＊(x＋2)＊x^6＋6＊(x^2＋1)^3＊(x＋2)^2＊x^5

4. x＝C1＋C2＊exp(3＊t)　　y＝1/2＊C2＊exp(3＊t)＋2＊C

5. $\frac{\partial z}{\partial x}$＝1－1/(x^2＋y^2)^(1/2)＊x

$\frac{\partial z}{\partial y}$＝1－1/(x^2＋y^2)^(1/2)＊y

习题 8.4

1.(略)

2. $A-B=\begin{matrix}1 & 0 & 0\\ -1 & -3 & -1\\ -4 & -2 & -2\end{matrix}$　　$2A+B=\begin{matrix}5 & 6 & 9\\ 4 & 0 & 1\\ 1 & 8 & 5\end{matrix}$　　$AB=\begin{matrix}15 & 20 & 17\\ -1 & 0 & 2\\ 6 & 6 & 2\end{matrix}$

$A^2B^T=\begin{matrix}-0.0000 & -6.0000 & 5.0000\\ -0.5000 & -3.0000 & 2.5000\\ 0.0000 & 1.0000 & -1.0000\end{matrix}$　　$A^TB=\begin{matrix}-16.0000 & -18.0000 & -10.0000\\ -18.0000 & -20.0000 & -11.0000\\ 23.0000 & 26.0000 & 15.0000\end{matrix}$

3. x＝－1.5，y＝2，z＝0.5

习题 8.5

1. ＞＞ x＝0:10;y＝sin(x);xi＝0:0.25:10;yi＝interp1(x, y, xi);plot(x, y, 'o', xi, yi)

2. a_1 ＝ 3.3940　　a_2 ＝ 702.4918

3. 四次多项式 f(x) ＝ $1.6667x^4-15.5000x^3+41.0833x^2-4.1071x-0.3571$

复习题八

1. x = -5:0.01:5;
y1 = exp(x);y2 = 10 * x;
plot(x, y1, 'r:', x, y2, 'k')

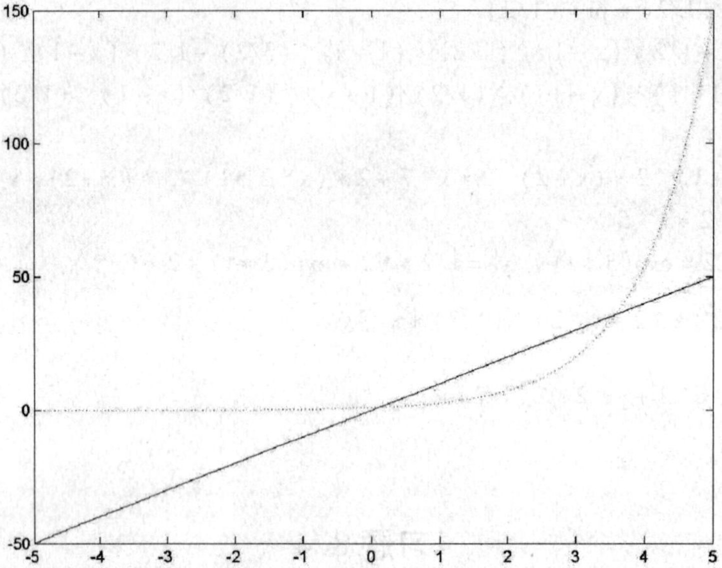

2. (1)1/6; (2)1/2.

3. (1)(cos(t) + sin(t) + 1)/(1 + 2 * cos(t) + cos(t) ^ 2); (2)exp(x) * (x - 2)/x ^ 3; (3)a ^ x * log(a) + exp(x).

4. (1)exp(x) - 3 * sin(x) + C; (2)3/2 * pi; (3)1/2.

5. syms x y;dsolve('x ^ 2 + y ^ 2 - x * y * Dy = 0', 'x')
ans =
[(2 * log(x) + C1) ^ (1/2) * x]
[-(2 * log(x) + C1) ^ (1/2) * x]

6. 312.

7. $A^{-1} = \begin{pmatrix} 5 & 9 & -1 \\ -2 & -3 & 0 \\ 0 & 2 & -1 \end{pmatrix}$.

8. 2 .

9. $x_1 = 1.4286, x_2 = -0.1429, x_3 = -0.2857$.

10. y = 0.166x ^ 2 - 13.3866x + 271.6231.

【附录一】常用的基本初等函数的定义域、值域、图像和特性

类别	函数	定义域与值域	图像	特性
幂函数	$y=x$	$x\in(-\infty,+\infty)$ $y\in(-\infty,+\infty)$	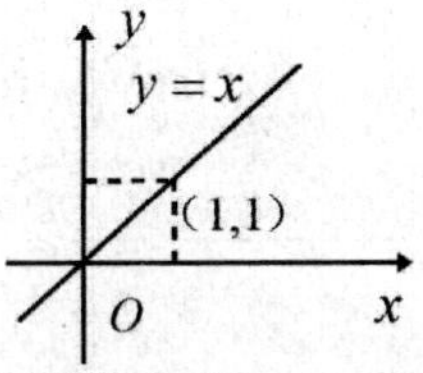	奇函数 单调增加
	$y=x^2$	$x\in(-\infty,+\infty)$ $y\in[0,+\infty)$	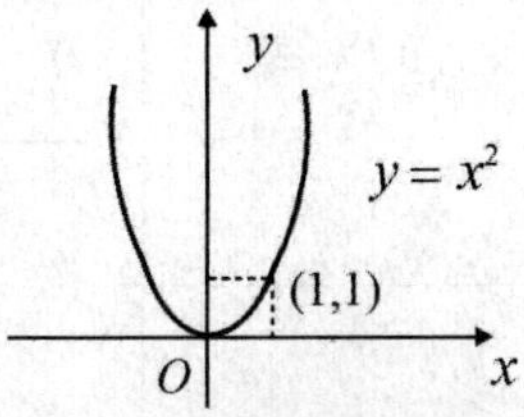	偶函数 在$(-\infty,0)$内 单调减少 在$(0,+\infty)$内 单调增加
	$y=x^3$	$x\in(-\infty,+\infty)$ $y\in(-\infty,+\infty)$	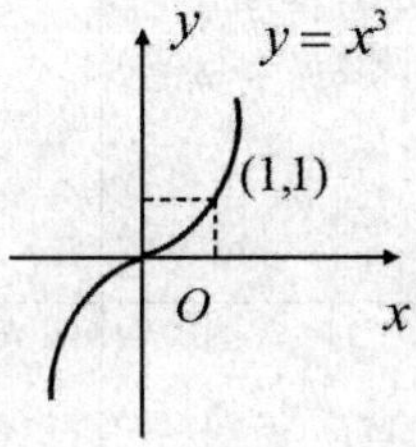	奇函数 单调增加
	$y=\frac{1}{x}$	$x\in(-\infty,0)\cup(0,+\infty)$ $y\in(-\infty,0)\cup(0,+\infty)$	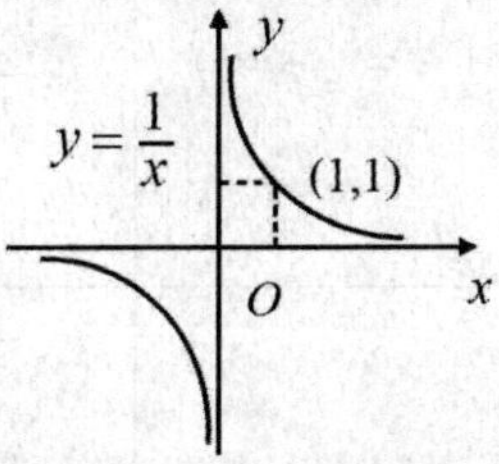	奇函数 单调减少
	$y=\sqrt{x}$	$x\in[0,+\infty)$ $y\in[0,+\infty)$	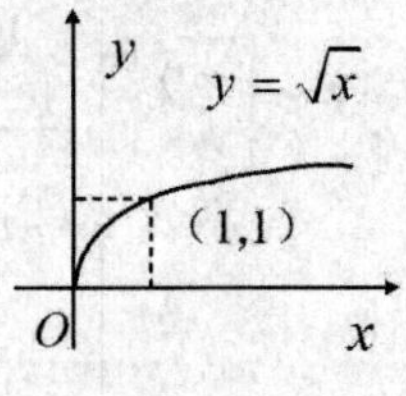	单调增加

续表

类别	函数	定义域与值域	图像	特性
指数函数	$y=a^x$ $(a>1)$	$x\in(-\infty,+\infty)$ $y\in(0,+\infty)$	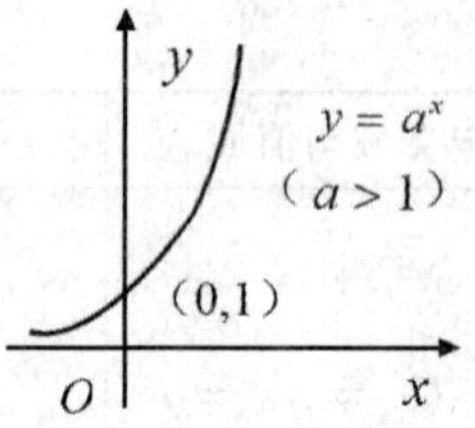	单调增加
	$y=a^x$ $(0<a<1)$	$x\in(-\infty,+\infty)$ $y\in(0,+\infty)$	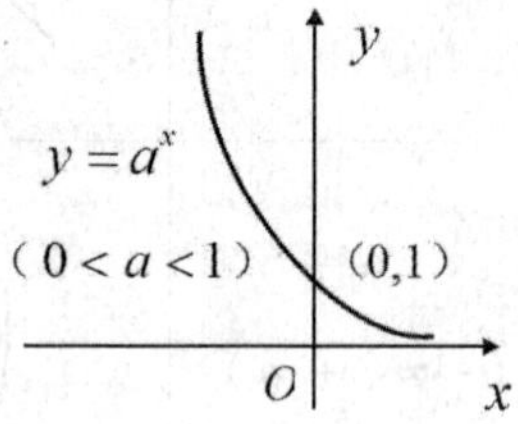	单调减少
对数函数	$y=\log_a x$ $(0<a<1)$	$x\in(0,+\infty)$ $y\in(-\infty,+\infty)$	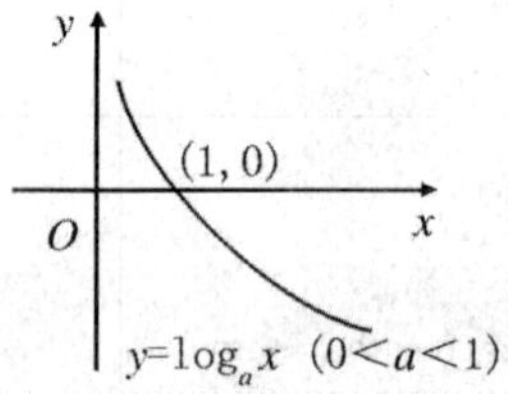	单调减少
	$y=\log_a x$ $(a>1)$	$x\in(0,+\infty)$ $y\in(-\infty,+\infty)$	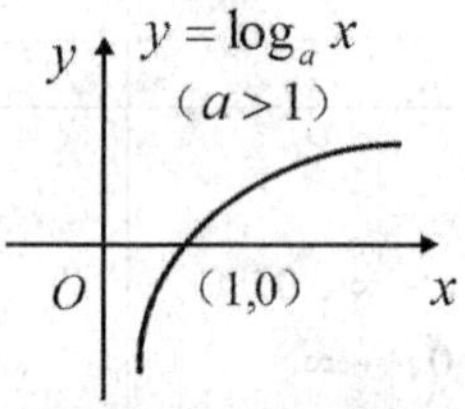	单调增加
三角函数	$y=\sin x$	$x\in(-\infty,+\infty)$ $y\in[-1,1]$	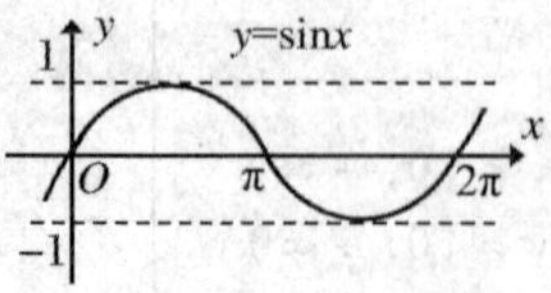	奇函数， 周期为2π，有界，在 $\left(2k\pi-\frac{\pi}{2},2k\pi+\frac{\pi}{2}\right)$ 内单调增加，在 $\left(2k\pi+\frac{\pi}{2},2k\pi+\frac{3\pi}{2}\right)$ 内单调减少

续表

类别	函数	定义域与值域	图像	特性
三角函数	$y=\cos x$	$x\in(-\infty,+\infty)$ $y\in[-1,1]$	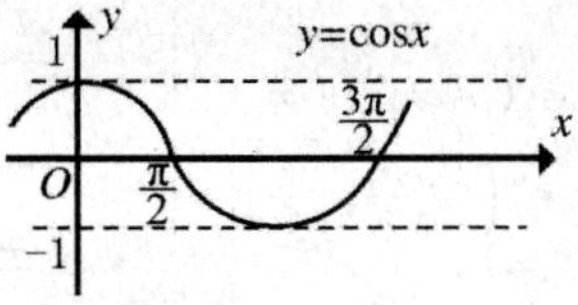	偶函数， 周期为 2π，有界，在 $(2k\pi,2k\pi+\pi)$ 内单调减少，在 $(2k\pi+\pi,2k\pi+2\pi)$ 内单调增加
	$y=\tan x$	$x\neq k\pi+\frac{\pi}{2}$ $(k\in Z)$ $y\in(-\infty,+\infty)$	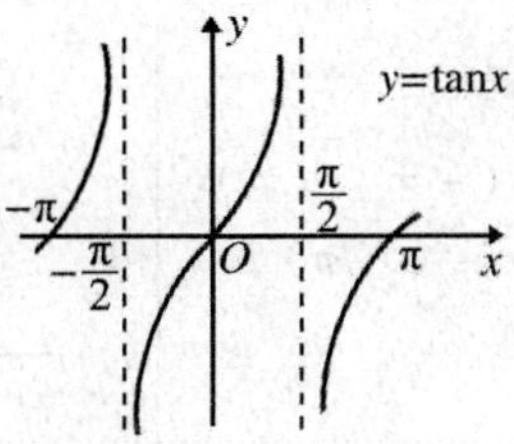	奇函数， 周期为 π，在 $\left(k\pi-\frac{\pi}{2},k\pi+\frac{\pi}{2}\right)$ 内单调增加
	$y=\cot x$	$x\neq k\pi(k\in Z)$ $y\in(-\infty,+\infty)$	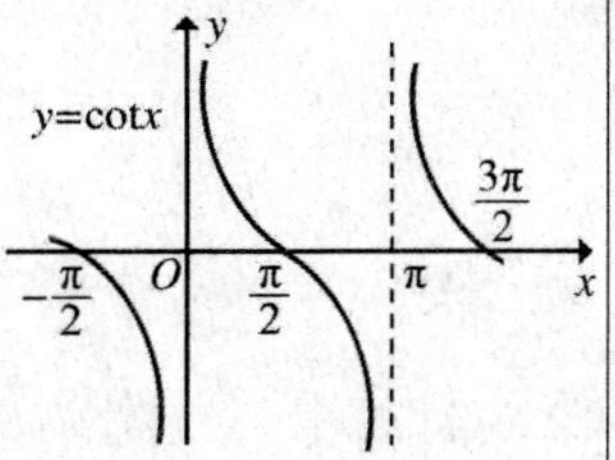	奇函数， 周期为 π，在 $(k\pi,k\pi+\pi)$ 内单调减少
反三角函数	$y=\arcsin x$	$x\in[-1,1]$ $y\in\left[-\frac{\pi}{2},\frac{\pi}{2}\right]$	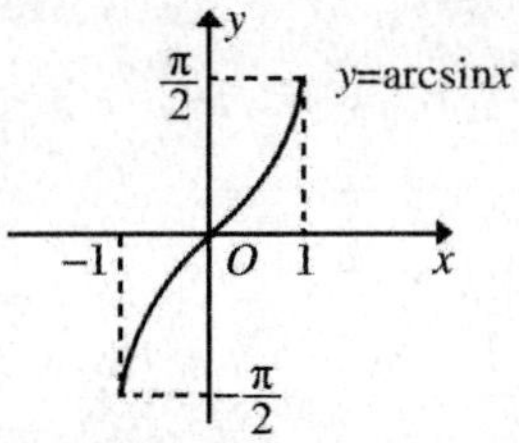	奇函数， 单调增加，有界
	$y=\arccos x$	$x\in[-1,1]$ $y\in[0,\pi]$	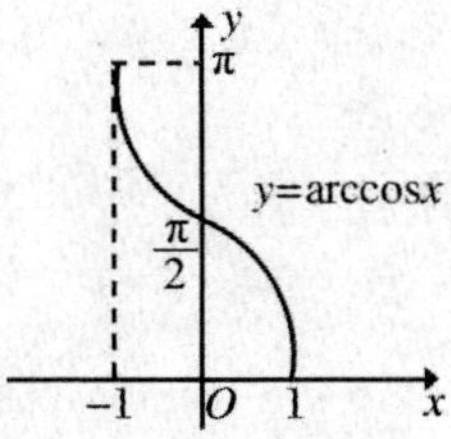	单调减少，有界

续表

类别	函数	定义域与值域	图像	特性
反三角函数	$y=\arctan x$	$x\in(-\infty,+\infty)$ $y\in\left(-\frac{\pi}{2},\frac{\pi}{2}\right)$	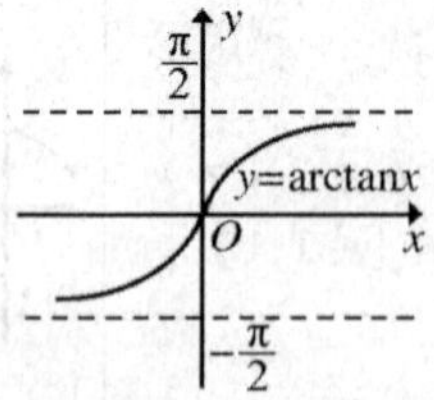	奇函数， 单调增加，有界
	$y=\operatorname{arccot} x$	$x\in(-\infty,+\infty)$ $y\in(0,\pi)$	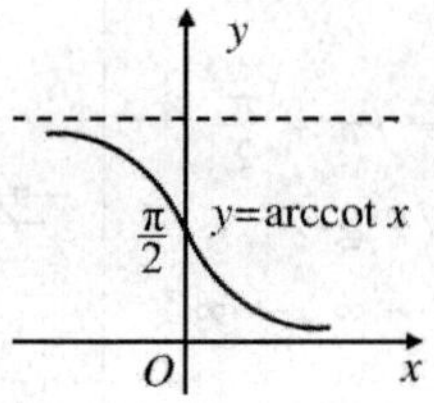	单调减少，有界

【附录二】简易积分表

一、含有 $a+bx$ 的积分

1. $\int \frac{dx}{a+bx} = \frac{1}{b}\ln|a+bx| + C$

2. $\int (a+bx)^n dx = \frac{(a+bx)^{n+1}}{b(n+1)} + C \ (n \neq -1)$

3. $\int \frac{xdx}{a+bx} = \frac{1}{b^2}[a+bx-a\ln|a+bx|] + C$

4. $\int \frac{x^2dx}{a+bx} = \frac{1}{b^3}\left[\frac{1}{2}(a+bx)^2 - 2a(a+bx) + a^2\ln|a+bx|\right] + C$

5. $\int \frac{dx}{x(a+bx)} = -\frac{1}{a}\ln\left|\frac{a+bx}{x}\right| + C$

6. $\int \frac{dx}{x^2(a+bx)} = -\frac{1}{ax} + \frac{b}{a^2}\ln\left|\frac{a+bx}{x}\right| + C$

7. $\int \frac{xdx}{(a+bx)^2} = \frac{1}{b^2}\left[\ln|a+bx| + \frac{a}{a+bx}\right] + C$

8. $\int \frac{x^2dx}{(a+bx)^2} = \frac{1}{b^3}\left[a+bx-2a\ln|a+bx| - \frac{a^2}{a+bx}\right] + C$

9. $\int \frac{dx}{x(a+bx)^2} = \frac{1}{a(a+bx)} - \frac{1}{a^2}\ln\left|\frac{a+bx}{x}\right| + C$

二、含有 $\sqrt{a+bx}$ 的积分

10. $\int \sqrt{a+bx}\,dx = \frac{2}{3b}\sqrt{(a+bx)^3} + C$

11. $\int x\sqrt{a+bx}\,dx = -\frac{2(2a-3bx)\sqrt{(a+bx)^3}}{15b^2} + C$

12. $\int x^2\sqrt{a+bx}\,dx = \frac{2(8a^2-12abx+15b^2x^2)\sqrt{(a+bx)^3}}{105b^3} + C$

13. $\int \frac{xdx}{\sqrt{a+bx}} = -\frac{2(2a-bx)}{3b^2}\sqrt{a+bx} + C$

14. $\int \frac{x^2dx}{\sqrt{a+bx}} = \frac{2(8a^2-4abx+3b^2x^2)}{15b^3}\sqrt{a+bx} + C$

15. $\int \frac{dx}{x\sqrt{a+bx}} = \begin{cases} \frac{1}{\sqrt{a}}\ln\frac{\left|\sqrt{a+bx}-\sqrt{a}\right|}{\sqrt{a+bx}+\sqrt{a}} + C \ (a>0) \\ \frac{2}{\sqrt{-a}}\arctan\sqrt{\frac{a+bx}{-a}} + C \ (a<0) \end{cases}$

16. $\int \frac{dx}{x^2\sqrt{a+bx}} = -\frac{\sqrt{a+bx}}{ax} - \frac{b}{2a}\int \frac{dx}{x\sqrt{a+bx}}$

17. $\int \frac{\sqrt{a+bx}\,dx}{x} = 2\sqrt{a+bx} + a\int \frac{dx}{x\sqrt{a+bx}}$

三、含有 $a^2 \pm x^2$ 的积分

18. $\int \frac{dx}{a^2+x^2} = \frac{1}{a}\arctan\frac{x}{a} + C$

19. $\int \frac{dx}{(x^2+a^2)^n} = \frac{x}{2(n-1)a^2(x^2+a^2)^{n-1}} + \frac{2n-3}{2(n-1)a^2}\int \frac{dx}{(x^2+a^2)^{n-1}}$

20. $\int \frac{dx}{a^2-x^2} = \frac{1}{2a}\ln\left|\frac{a+x}{a-x}\right| + C$

21. $\int \frac{dx}{x^2-a^2} = \frac{1}{2a}\ln\left|\frac{x-a}{x+a}\right| + C$

四、含有 $a \pm bx^2$ 的积分

22. $\int \frac{dx}{a+bx^2} = \frac{1}{\sqrt{ab}}\arctan\sqrt{\frac{b}{a}}\,x + C\ (a>0,\ b>0)$

23. $\int \frac{dx}{a-bx^2} = \frac{1}{2\sqrt{ab}}\ln\left|\frac{\sqrt{a}+\sqrt{b}\,x}{\sqrt{a}-\sqrt{b}\,x}\right| + C$

24. $\int \frac{xdx}{a+bx^2} = \frac{1}{2b}\ln|a+bx^2| + C$

25. $\int \frac{x^2dx}{a+bx^2} = \frac{x}{b} - \frac{a}{b}\int \frac{dx}{a+bx^2}$

26. $\int \frac{dx}{x(a+bx^2)} = \frac{1}{2a}\ln\left|\frac{x^2}{a+bx^2}\right| + C$

27. $\int \frac{dx}{x^2(a+bx^2)} = -\frac{1}{ax} - \frac{b}{a}\int \frac{dx}{a+bx^2}$

28. $\int \frac{dx}{(a+bx^2)^2} = \frac{x}{2a(a+bx^2)} + \frac{1}{2a}\int \frac{dx}{a+bx^2}$

五、含有 $\sqrt{x^2+a^2}$ 的积分

29. $\int \sqrt{x^2+a^2}\,dx = \frac{x}{2}\sqrt{x^2+a^2} + \frac{a^2}{2}\ln(x+\sqrt{x^2+a^2}) + C$

30. $\int \sqrt{(x^2+a^2)^3}\,dx = \frac{x}{8}(2x^2+5a^2)\sqrt{x^2+a^2}\,dx + \frac{3a^4}{8}\ln(x+\sqrt{x^2+a^2}) + C$

31. $\int x\sqrt{x^2+a^2}\,dx = \frac{\sqrt{(x^2+a^2)^3}}{3} + C$

32. $\int x^2 \sqrt{x^2+a^2}\,dx = \frac{x}{8}(2x^2+a^2)\sqrt{x^2+a^2} - \frac{a^4}{8}\ln(x+\sqrt{x^2+a^2}) + C$

33. $\int \frac{dx}{\sqrt{x^2+a^2}} = \ln(x+\sqrt{x^2+a^2}) + C$

34. $\int \frac{dx}{\sqrt{(x^2+a^2)^3}} = \frac{x}{a^2\sqrt{x^2+a^2}} + C$

35. $\int \frac{xdx}{\sqrt{x^2+a^2}} = \sqrt{x^2+a^2} + C$

36. $\int \frac{x^2dx}{\sqrt{x^2+a^2}} = \frac{x}{2}\sqrt{x^2+a^2} - \frac{a^2}{2}\ln(x+\sqrt{x^2+a^2}) + C$

37. $\int \frac{x^2}{\sqrt{(x^2+a^2)^3}}\,dx = -\frac{x}{\sqrt{x^2+a^2}} + \ln(x+\sqrt{x^2+a^2}) + C$

38. $\int \frac{dx}{x\sqrt{x^2+a^2}} = \frac{1}{a}\ln\frac{|x|}{a+\sqrt{x^2+a^2}} + C$

39. $\int \frac{dx}{x^2\sqrt{x^2+a^2}} = -\frac{\sqrt{x^2+a^2}}{a^2x} + C$

40. $\int \frac{\sqrt{x^2+a^2}\,dx}{x} = \sqrt{x^2+a^2} - a\ln\frac{a+\sqrt{x^2+a^2}}{|x|} + C$

41. $\int \frac{\sqrt{x^2+a^2}\,dx}{x^2} = -\frac{\sqrt{x^2+a^2}}{x} + \ln(x+\sqrt{x^2+a^2}) + C$

六、含有 $\sqrt{x^2-a^2}$ 的积分

42. $\int \frac{dx}{\sqrt{x^2-a^2}} = \ln\left|x+\sqrt{x^2-a^2}\right| + C$

43. $\int \frac{dx}{\sqrt{(x^2-a^2)^3}} = -\frac{x}{a^2\sqrt{x^2-a^2}} + C$

44. $\int \frac{xdx}{\sqrt{x^2-a^2}} = \sqrt{x^2-a^2} + C$

45. $\int \sqrt{x^2-a^2}\,dx = \frac{x}{2}\sqrt{x^2-a^2} - \frac{a^2}{2}\ln\left|x+\sqrt{x^2-a^2}\right| + C$

46. $\int \sqrt{(x^2-a^2)^3}\,dx = \frac{x}{8}(2x^2-5a^2)\sqrt{x^2-a^2} + \frac{3a^4}{8}\ln\left|x+\sqrt{x^2-a^2}\right| + C$

47. $\int x\sqrt{x^2-a^2}\,dx = \frac{\sqrt{(x^2-a^2)^3}}{3} + C$

48. $\int x\sqrt{(x^2-a^2)^3}\,dx = \frac{\sqrt{(x^2-a^2)^5}}{5} + C$

49. $\int x^2\sqrt{x^2-a^2}\,dx = \frac{x}{8}(2x^2-a^2)\sqrt{x^2-a^2}-\frac{a^4}{8}\ln\left|x+\sqrt{x^2-a^2}\right|+C$

50. $\int \frac{x^2dx}{\sqrt{x^2-a^2}} = \frac{x}{2}\sqrt{x^2-a^2}+\frac{a^2}{2}\ln\left|x+\sqrt{x^2-a^2}\right|+C$

51. $\int \frac{x^2dx}{\sqrt{(x^2-a^2)^3}} = -\frac{x}{\sqrt{x^2-a^2}}+\ln\left|x+\sqrt{x^2-a^2}\right|+C$

52. $\int \frac{dx}{x\sqrt{x^2-a^2}} = \frac{1}{a}\arccos\frac{a}{x}+C$

53. $\int \frac{dx}{x^2\sqrt{x^2-a^2}} = \frac{\sqrt{x^2-a^2}}{a^2x}+C$

54. $\int \frac{\sqrt{x^2-a^2}}{x}dx = \sqrt{x^2-a^2}-a\arccos\frac{a}{x}+C$

55. $\int \frac{\sqrt{x^2-a^2}}{x^2}dx = -\frac{\sqrt{x^2-a^2}}{x}+\ln\left|x+\sqrt{x^2-a^2}\right|+C$

七、含有 $\sqrt{a^2-x^2}$ 的积分

56. $\int \frac{dx}{\sqrt{a^2-x^2}} = \arcsin\frac{x}{a}+C$

57. $\int \frac{dx}{\sqrt{(a^2-x^2)^3}} = \frac{x}{a^2\sqrt{a^2-x^2}}+C$

58. $\int \frac{xdx}{\sqrt{a^2-x^2}} = -\sqrt{a^2-x^2}+C$

59. $\int \frac{xdx}{\sqrt{(a^2-x^2)^3}} = \frac{1}{\sqrt{a^2-x^2}}+C$

60. $\int \frac{x^2dx}{\sqrt{a^2-x^2}} = -\frac{x}{2}\sqrt{a^2-x^2}+\frac{a^2}{2}\arcsin\frac{x}{a}+C$

61. $\int \sqrt{a^2-x^2}\,dx = \frac{x}{2}\sqrt{a^2-x^2}+\frac{a^2}{2}\arcsin\frac{x}{a}+C$

62. $\int \sqrt{(a^2-x^2)^3}\,dx = \frac{x}{8}(5a^2-2x^2)\sqrt{a^2-x^2}+\frac{3a^4}{8}\arcsin\frac{x}{a}+C$

63. $\int x\sqrt{a^2-x^2}\,dx = -\frac{\sqrt{(a^2-x^2)^3}}{3}+C$

64. $\int x\sqrt{(a^2-x^2)^3}\,dx = -\frac{\sqrt{(a^2-x^2)^5}}{5}+C$

65. $\int x^2\sqrt{a^2-x^2}\,dx = \frac{x}{8}(2x^2-a^2)\sqrt{a^2-x^2}+\frac{a^4}{8}\arcsin\frac{x}{a}+C$

66. $\int \frac{x^2}{\sqrt{(a^2 - x^2)^3}} dx = \frac{x}{\sqrt{a^2 - x^2}} - \arcsin \frac{x}{a} + C$

67. $\int \frac{dx}{x\sqrt{a^2 - x^2}} = \frac{1}{a}\ln\left|\frac{x}{a + \sqrt{a^2 - x^2}}\right| + C$

68. $\int \frac{dx}{x^2\sqrt{a^2 - x^2}} = -\frac{\sqrt{a^2 - x^2}}{a^2 x} + C$

69. $\int \frac{\sqrt{a^2 - x^2}}{x} dx = \sqrt{a^2 - x^2} - a\ln\left|\frac{a + \sqrt{a^2 - x^2}}{x}\right| + C$

70. $\int \frac{\sqrt{a^2 - x^2}}{x^2} dx = -\frac{\sqrt{a^2 - x^2}}{x} - \arcsin \frac{x}{a} + C$

八、含有 $a + bx \pm cx^2 (c > 0)$ 的积分

71. $\int \frac{dx}{a + bx - cx^2} = \frac{1}{\sqrt{b^2 + 4ac}} \ln\left|\frac{\sqrt{b^2 + 4ac} + 2cx - b}{\sqrt{b^2 + 4ac} - 2cx + b}\right| + C$

72. $\int \frac{dx}{a + bx + cx^2} = \begin{cases} \frac{2}{\sqrt{4ac - b^2}}\arctan \frac{2cx + b}{\sqrt{4ac - b^2}} + C \ (b^2 < 4ac) \\ \frac{1}{\sqrt{b^2 - 4ac}} \ln\left|\frac{2cx + b - \sqrt{b^2 - 4ac}}{2cx - b + \sqrt{b^2 - 4ac}}\right| + C \ (b^2 > 4ac) \end{cases}$

九、含有 $\sqrt{a + bx \pm cx^2} \ (c > 0)$ 的积分

73. $\int \frac{dx}{\sqrt{a + bx + cx^2}} = \frac{1}{\sqrt{c}} \ln\left|2cx + b + 2\sqrt{c}\sqrt{a + bx + cx^2}\right| + C$

74. $\int \sqrt{a + bx + cx^2} dx$

$= \frac{2cx + b}{4c}\sqrt{a + bx + cx^2} - \frac{b^2 - 4ac}{8\sqrt{c^3}} \ln\left|2cx + b + 2\sqrt{c}\sqrt{a + bx + cx^2}\right| + C$

75. $\int \frac{xdx}{\sqrt{a + bx + cx^2}} = \frac{\sqrt{a + bx + cx^2}}{c} - \frac{b}{2\sqrt{c^3}} \ln\left|2cx + b + 2\sqrt{c}\sqrt{a + bx + cx^2}\right| + C$

76. $\int \frac{dx}{\sqrt{a + bx - cx^2}} = \frac{1}{\sqrt{c}} \arcsin \frac{2cx - b}{\sqrt{b^2 + 4ac}} + C$

77. $\int \sqrt{a + bx - cx^2} dx = \frac{2cx - b}{4c}\sqrt{a + bx - cx^2} + \frac{b^2 + 4ac}{8\sqrt{c^3}} \arcsin \frac{2cx - b}{\sqrt{b^2 + 4ac}} + C$

78. $\int \frac{xdx}{\sqrt{a + bx - cx^2}} = -\frac{\sqrt{a + bx - cx^2}}{c} + \frac{b}{2\sqrt{c^3}} \arcsin \frac{2cx - b}{\sqrt{b^2 + 4ac}} + C$

十、含有 $\sqrt{\frac{a \pm x}{b \pm x}}$ 的积分和含有 $\sqrt{(x - a)(b - x)}$ 的积分

79. $\int\sqrt{\frac{a+x}{b+x}}dx=\sqrt{(a+x)(b+x)}+(a-b)\ln(\sqrt{a+x}+\sqrt{b+x})+C$

80. $\int\sqrt{\frac{a-x}{b+x}}dx=\sqrt{(a-x)(b+x)}+(a+b)\arcsin\sqrt{\frac{x+b}{a+b}}+C$

81. $\int\sqrt{\frac{a+x}{b-x}}dx=-\sqrt{(a+x)(b-x)}-(a+b)\arcsin\sqrt{\frac{b-x}{a+b}}+C$

82. $\int\frac{dx}{\sqrt{(x-a)(b-x)}}=2\arcsin\sqrt{\frac{x-a}{b-a}}+C$

十一、含有三角函数的积分

83. $\int\sin xdx=-\cos x+C$

84. $\int\cos xdx=\sin x+C$

85. $\int\tan xdx=-\ln|\cos x|+C$

86. $\int\cot xdx=\ln|\sin x|+C$

87. $\int\sec xdx=\ln|\sec x+\tan x|+C=\ln\left|\tan\left(\frac{\pi}{4}+\frac{x}{2}\right)\right|+C$

88. $\int\csc xdx=\ln|\csc x-\cot x|+C=\ln\left|\tan\frac{x}{2}\right|+C$

89. $\int\sec^2 xdx=\tan x+C$

90. $\int\csc^2 xdx=-\cot x+C$

91. $\int\sec x\tan xdx=\sec x+C$

92. $\int\csc x\cot xdx=-\csc x+C$

93. $\int\sin^2 xdx=\frac{x}{2}-\frac{1}{4}\sin 2x+C$

94. $\int\cos^2 xdx=\frac{x}{2}+\frac{1}{4}\sin 2x+C$

95. $\int\sin^n xdx=-\frac{\sin^{n-1}x\cos x}{n}+\frac{n-1}{n}\int\sin^{n-2}xdx$

96. $\int\cos^n xdx=\frac{\cos^{n-1}x\sin x}{n}+\frac{n-1}{n}\int\cos^{n-2}xdx$

97. $\int\frac{dx}{\sin^n x}=-\frac{1}{n-1}\frac{\cos x}{\sin^{n-1}x}+\frac{n-2}{n-1}\int\frac{dx}{\sin^{n-2}x}$

98. $\int \frac{dx}{\cos^n x} = \frac{1}{n-1} \frac{\sin x}{\cos^{n-1} x} + \frac{n-2}{n-1} \int \frac{dx}{\cos^{n-2} x}$

99. $\int \cos^m x \sin^n x dx = \frac{\cos^{m-1} x \sin^{n+1} x}{m+n} + \frac{m-1}{m+n} \int \cos^{m-2} x \sin^n x dx$

$= -\frac{\sin^{n-1} x \cos^{m+1} x}{m+n} + \frac{n-1}{m+n} \int \cos^m x \sin^{n-2} x dx$

$$\left.\begin{aligned}
&100.\ \int \sin mx \cos nx dx = -\frac{\cos(m+n)x}{2(m+n)} - \frac{\cos(m-n)x}{2(m-n)} + C \\
&101.\ \int \sin mx \sin nx dx = -\frac{\sin(m+n)x}{2(m+n)} + \frac{\sin(m-n)x}{2(m-n)} + C \\
&102.\ \int \cos mx \cos nx dx = \frac{\sin(m+n)x}{2(m+n)} + \frac{\sin(m-n)x}{2(m-n)} + C
\end{aligned}\right\}(m \neq n)$$

103. $\int \frac{dx}{a+b\sin x} = \frac{2}{\sqrt{a^2-b^2}} \arctan \frac{a\tan\frac{x}{2}+b}{\sqrt{a^2-b^2}} + C\ (a^2 > b^2)$

104. $\int \frac{dx}{a+b\sin x} = \frac{1}{\sqrt{b^2-a^2}} \ln \left| \frac{a\tan\frac{x}{2}+b-\sqrt{b^2-a^2}}{a\tan\frac{x}{2}+b+\sqrt{b^2-a^2}} \right| + C\ (a^2 < b^2)$

105. $\int \frac{dx}{a+b\cos x} = \frac{2}{\sqrt{a^2-b^2}} \arctan\left(\sqrt{\frac{a-b}{a+b}}\tan\frac{x}{2}\right) + C\ (a^2 > b^2)$

106. $\int \frac{dx}{a+b\cos x} = \frac{1}{\sqrt{b^2-a^2}} \ln \left| \frac{\tan\frac{x}{2}+\sqrt{\frac{b+a}{b-a}}}{\tan\frac{x}{2}-\sqrt{\frac{b+a}{b-a}}} \right| + C\ (a^2 < b^2)$

107. $\int \frac{dx}{a^2\cos^2 x + b^2\sin^2 x} = \frac{1}{ab}\arctan\left(\frac{b\tan x}{a}\right) + C$

108. $\int \frac{dx}{a^2\cos^2 x - b^2\sin^2 x} = \frac{1}{2ab}\ln\left|\frac{b\tan x + a}{b\tan x - a}\right| + C$

109. $\int x\sin ax dx = \frac{1}{a^2}\sin ax - \frac{1}{a}x\cos ax + C$

110. $\int x^2 \sin ax dx = -\frac{1}{a}x^2\cos ax + \frac{2}{a^2}x\sin ax + \frac{2}{a^3}\cos ax + C$

111. $\int x\cos ax dx = \frac{1}{a^2}\cos ax + \frac{1}{a}x\sin ax + C$

112. $\int x^2\cos ax dx = \frac{1}{a}x^2\sin ax + \frac{2}{a^2}x\cos ax - \frac{2}{a^3}\sin ax + C$

十二、含有反三角函数的积分

113. $\int \arcsin\frac{x}{a}dx = x\arcsin\frac{x}{a} + \sqrt{a^2-x^2} + C$

114. $\int x\arcsin\frac{x}{a}dx = \left(\frac{x^2}{2}-\frac{a^2}{4}\right)\arcsin\frac{x}{a}+\frac{x}{4}\sqrt{a^2-x^2}+C$

115. $\int x^2\arcsin\frac{x}{a}dx = \frac{x^3}{3}\arcsin\frac{x}{a}+\frac{1}{9}(x^2+2a^2)\sqrt{a^2-x^2}+C$

116. $\int \arccos\frac{x}{a}dx = x\arccos\frac{x}{a}-\sqrt{a^2-x^2}+C$

117. $\int x\arccos\frac{x}{a}dx = \left(\frac{x^2}{2}-\frac{a^2}{4}\right)\arccos\frac{x}{a}-\frac{x}{4}\sqrt{a^2-x^2}+C$

118. $\int x^2\arccos\frac{x}{a}dx = \frac{x^3}{3}\arccos\frac{x}{a}-\frac{1}{9}(x^2+2a^2)\sqrt{a^2-x^2}+C$

119. $\int \arctan\frac{x}{a}dx = x\arctan\frac{x}{a}-\frac{a}{2}\ln(a^2+x^2)+C$

120. $\int x\arctan\frac{x}{a}dx = \frac{1}{2}(x^2+a^2)\arctan\frac{x}{a}-\frac{ax}{2}+C$

121. $\int x^2\arctan\frac{x}{a}dx = \frac{x^3}{3}\arctan\frac{x}{a}-\frac{ax^2}{6}+\frac{a^3}{6}\ln(a^2+x^2)+C$

十三、含有指数函数的积分

122. $\int a^x dx = \frac{a^x}{\ln a}+C$

123. $\int e^{ax}dx = \frac{e^{ax}}{a}+C$

124. $\int e^{ax}\sin bx dx = \frac{e^{ax}(a\sin bx-b\cos bx)}{a^2+b^2}+C$

125. $\int e^{ax}\cos bx dx = \frac{e^{ax}(b\sin bx+a\cos bx)}{a^2+b^2}+C$

126. $\int xe^{ax}dx = \frac{e^{ax}}{a^2}(ax-1)+C$

127. $\int x^n e^{ax}dx = \frac{x^n e^{ax}}{a}-\frac{n}{a}\int x^{n-1}e^{ax}dx$

128. $\int xa^{mx}dx = \frac{xa^{mx}}{m\ln a}-\frac{a^{mx}}{(m\ln a)^2}+C$

129. $\int x^n a^{mx}dx = \frac{x^n a^{mx}}{m\ln a}-\frac{n}{m\ln a}\int x^{n-1}a^{mx}dx$

130. $\int e^{ax}\sin^n bx dx = \frac{e^{ax}\sin^{n-1}bx(a\sin bx-nb\cos bx)}{a^2+b^2n^2}+\frac{n(n-1)}{a^2+b^2n^2}b^2\int e^{ax}\sin^{n-2}bx dx$

131. $\int e^{ax}\cos^n bx dx = \frac{e^{ax}\cos^{n-1}bx(a\cos bx+nb\sin bx)}{a^2+b^2n^2}+\frac{n(n-1)}{a^2+b^2n^2}b^2\int e^{ax}\cos^{n-2}bx dx$

十四、含有对数函数的积分

132. $\int \ln x dx = x\ln x-x+C$

133. $\int \frac{dx}{x\ln x} = \ln(\ln x)+C$

134. $\int x^n \ln x dx = x^{n+1}\left[\frac{\ln x}{n+1} - \frac{1}{(n+1)^2}\right] + C$

135. $\int \ln^n x dx = x\ln^n x - n\int \ln^{n-1} x dx$

136. $\int x^m \ln^n x dx = \frac{x^{m+1}}{m+1}\ln^n x - \frac{n}{m+1}\int x^m \ln^{n-1} x dx$

十五、定积分

137. $\int_{-\pi}^{\pi} \cos nx dx = \int_{-\pi}^{\pi} \sin nx dx = 0$

138. $\int_{-\pi}^{\pi} \cos mx \sin nx dx = 0$

139. $\int_{-\pi}^{\pi} \cos mx \cos nx dx = \begin{cases} 0, & m \neq n \\ \pi, & m = n \end{cases}$

140. $\int_{-\pi}^{\pi} \sin mx \sin nx dx = \begin{cases} 0, & m \neq n \\ \pi, & m = n \end{cases}$

141. $\int_{0}^{\pi} \sin mx \sin nx dx = \int_{0}^{\pi} \cos mx \cos nx dx = \begin{cases} 0, & m \neq n \\ \frac{\pi}{2}, & m = n \end{cases}$

142. $I_n = \int_0^{\frac{\pi}{2}} \sin^n x dx = \int_0^{\frac{\pi}{2}} \cos^n x dx$

$I_n = \frac{n-1}{n} I_{n-2}$

$$\begin{cases} I_n = \frac{n-1}{n}\cdot\frac{n-3}{n-2}\cdot\cdots\cdot\frac{4}{5}\cdot\frac{2}{3}\ (n \text{ 为正奇数}),\ I_1 = 1 \\ I_n = \frac{n-1}{n}\cdot\frac{n-3}{n-2}\cdot\cdots\cdot\frac{3}{4}\cdot\frac{1}{2}\cdot\frac{\pi}{2}\ (n \text{ 为正偶数}),\ I_0 = \frac{\pi}{2} \end{cases}$$

参考文献

[1]康永强．应用数学与数学文化．北京:高等教育出版社，2011
[2]刘树利．计算机数学基础(第二版)．北京:高等教育出版社，2011
[3]叶东毅．计算机数学基础．高等教育出版社,2004
[4]侯风波．高等数学(第二版)．北京:高等教育出版社,2003
[5]赵益坤．高等数学应用基础．北京:化学工业出版社,2005
[6]盛祥耀．高等数学(第二版)．北京:高等教育出版社,2003
[7]宜立新．高等数学．北京:高等教育出版社,2003
[8]李心灿．高等数学(第二版)．北京:高等教育出版社,2003
[9]彭玉芳．线性代数(第二版)．北京:高等教育出版社,2003
[10]钱椿林．线性代数．北京:高等教育出版社,2003
[11]马凤敏．高等数学．北京:高等教育出版社,2009
[12]李天然．工程数学．北京:高等教育出版社,2003
[13]顾静相．经济数学基础(第二版)．北京:高等教育出版社,2006
[14]赵树嫄．微积分(第三版)．北京:高等教育出版社,2006
[15]方鸿珠．应用数学(电气类)．机械工业出版社,2005
[16]同济大学应用数学系．线性代数(工程数学 第四版)．北京:高等教育出版社,2004

读者反馈意见

亲爱的读者：

感谢您对《计算机数学基础》的支持和热爱，为了今后为您提供更好的服务，请您抽出宝贵的时间来填写下面的意见反馈表，以便我们更好地对本教材做进一步改进，同时如果您在使用本教材的过程中遇到了什么问题，或者有什么好的建议，也请您来信、来电告诉我们。

地址：北京市丰台区科学城南极星大厦 108 室

电话：010 - 83794590/83794403

电子邮箱：caikai6223@263. net　QQ：649319527　QQ：1694299827

网址：WWW. KFHWH. CN

教材名称：《计算机数学基础》

个人资料：

姓名：__________年龄：________所在院校/专业____________

文化程度：__________通讯地址：__________________

联系电话：__________电子信箱：__________________

您使用本书是作为：□指定教材□选用教材□辅导教材

您对封面设计的满意度：

□很满意□满意□一般□不满意□改进建议______________

您对本书印刷质量的满意度：

□很满意□满意□一般□不满意□改进建议______________

您对本书的总体满意度：

从语言质量角度看□很满意□满意□一般□不满意□

从科技含量角度看□很满意□满意□一般□不满意□

本书最令您满意的是：

□指导明确□内容充实□讲解详尽□实例丰富

您认为本书在哪些地方应进行修改？（可附页）

____

____

您希望本书在哪些方面可进行改进？（可附页）

____

____